21世纪

项目案例开发
规划丛书

微信小程序 贯穿式

项目实战 微课视频版

兰红 曾鹏程 管希东◎编著

U0272934

清华大学出版社

北京

内 容 简 介

本书是针对教育部高等院校计算机专业教学改革的需要,结合作者讲授"互联网新技术:微信小程序开发"课程的教学经验编写而成的。全书分为6篇,共23章。第1篇为快速入门,由前4章组成,涵盖了微信小程序前端框架的基本内容。第2篇为开发进阶,由第5~7章组成,结合实际案例讲解小程序项目全局配置、页面配置以及生命周期等内容。第3篇为小程序的UI开发,由第8~12章组成,主要讲解UI开发的页面布局、样式、组件使用等内容。第4篇为小程序的后台开发,由第13~16章组成,综合讲解云开发的项目构建及数据库等相关内容。第5篇为小程序的API,由第17~22章组成,分别讲解一些重要API函数的使用。第6篇为综合案例实战,即第23章,是微信小程序项目案例的综合设计与实现。

本书以云开发的"扶贫超市购物程序"项目案例贯穿全书知识点,每篇都提供了相应案例,内容丰富,实用性强,侧重案例教学。

本书适合具有前端基础的本专科学生学习使用,也可作为高等学校相关专业的教学用书,以及微信小程序应用的社会培训教材和计算机爱好者的参考书籍。

图书在版编目(CIP)数据

微信小程序贯穿式项目实战:微课视频版/兰红,曾鹏程,管希东编著.—北京:清华大学出版社,2021.1
(2021.11重印)
　(21世纪项目案例开发规划丛书)
　ISBN 978-7-302-56205-4

　Ⅰ.①微…　Ⅱ.①兰…②曾…③管…　Ⅲ.①移动终端-应用程序-程序设计　Ⅳ.①TN929.53

中国版本图书馆CIP数据核字(2020)第143446号

策划编辑:魏江江
责任编辑:王冰飞　张爱华
封面设计:刘　键
责任校对:焦丽丽
责任印制:宋　林

出版发行:清华大学出版社
　　　网　　　址:http://www.tup.com.cn,http://www.wqbook.com
　　　地　　　址:北京清华大学学研大厦A座　　　　　　邮　　编:100084
　　　社　总　机:010-62770175　　　　　　　　　　　邮　　购:010-83470235
　　　投稿与读者服务:010-62776969,c-service@tup.tsinghua.edu.cn
　　　质量反馈:010-62772015,zhiliang@tup.tsinghua.edu.cn
　　　课件下载:http://www.tup.com.cn,010-83470236
印　装　者:三河市龙大印装有限公司
经　　　销:全国新华书店
开　　　本:203mm×260mm　　印　张:28　　　　　字　　数:699千字
版　　　次:2021年1月第1版　　　　　　　　　　　印　　次:2021年11月第2次印刷
印　　　数:2001~3000
定　　　价:89.90元

产品编号:088609-01

前言
FOREWORD

微信小程序的发展趋势

微信小程序是一种不需要下载安装即可使用的应用,它实现了应用"触手可及"的梦想,用户只需要使用微信扫一扫或搜一下即可打开应用。经过近几年的发展,微信小程序已经形成了新的开发者生态,有超过 150 万的开发者加入微信小程序的开发队伍,它可以和开发者已有的 App 后台用户数据进行打通,使得开发成本降低。目前,微信小程序应用数量已超过了一百万,覆盖 200 多个细分的行业,日活用户达到两亿,微信小程序还在许多城市实现了对地铁、公交服务的支持。同时微信小程序的发展带来了更多的就业机会,2017 年小程序带动就业 104 万人,社会效益不断提升。2019 年小程序日活用户超过 3 亿人,总成交金额达到 8000 亿元,人均使用小程序的个数和活跃小程序的平均留存都有了不同程度的增长,各类小程序的表现齐头并进,电商行业和零售行业的交易能力不断攀升。

本书特点

微信小程序官方发布的开发文档内容详细,并不断更新,开发者要掌握相关 API 比较费时。本书以实战案例贯穿讲解,便于初学者和有一定项目经验的开发者找到合适的内容并快速掌握,提高学习效率。本书特点如下。

1. 内容由浅入深、由易到难

全书共 6 篇,分为快速入门、开发进阶、小程序的 UI 开发、小程序的后台开发、小程序的 API 和综合案例实战,每一篇都通过大量实例讲解,内容由浅入深、由易到难,初学者可循序渐进地学习,有一定经验的开发者可直接进入第 2 篇。

2. 注重实战应用

本书以"扶贫超市购物程序"案例贯穿全书,并针对每个知识点提供单独示例驱动模式进行知识点讲解。本书的示例采用先给出目标运行结果再给出代码分析的方式进行介绍,读者可以先行思考或独立实现,再对比具体的实现代码。本书注重实战应用,让读者边学边练以达到快速入门的目的,同时拥有更强的实战技能。

3. 注重原理的讲解

本书力求通过合适的示例和简明的语言讲清楚原理,并将需要注意的问题和容易出现错误的地方重点标记,让读者不仅能够明确重点、难点,也能对每个知识点做到深入理解和应用。

4. 配套资源丰富

本书提供教学大纲、教学课件、电子教案、程序源码、教学进度表等配套资源；本书还提供 900 分钟的微课视频。

资源下载提示

课件等资源：扫描封底的"课件下载"二维码，在公众号"书圈"下载。

素材（源码）等资源：扫描目录上方的二维码下载。

视频等资源：扫描封底刮刮卡中的二维码，再扫描书中相应章节中的二维码，可以在线学习。

读者对象

本书适合具有前端基础的学生学习使用，也可作为高等学校相关专业的教学用书，以及微信小程序应用的社会培训教材和计算机爱好者的参考书籍。

致谢

本书的编写由兰红、曾鹏程、管希东共同完成。特别感谢谭敏、王得江、邬思强同学，"扶贫超市购物程序"项目案例是由兰红老师指导、3 名同学共同完成的大学生创新项目作品，目前已投入使用；感谢黄敏、刘秦邑、张浦芬、何璠等同学对文稿的校对；衷心感谢支持本书出版的各位领导和同事；也感谢为本书顺利出版做出努力的清华大学出版社。

意见反馈

本书代码基于开发工具基础库版本 2.10.3，调试使用的是微信开发者工具 Stable v1.02.1911180 版本，书中代码均已验证通过（部分案例 Demo 需要用到真机调试，在书中会给出相应提示）。

由于编者水平有限，书中难免存在疏漏，敬请读者批评指正。

编　者

2020 年 6 月

目 录
CONTENTS

源码下载

第1篇 快速入门

第 2 篇　开 发 进 阶

第3篇　小程序的 UI 开发

第 4 篇　小程序的后台开发

第5篇 小程序的 API

第6篇 综合案例实战

第 1 篇

快速入门

第1章

浅谈微信小程序

本章学习目标

- 了解小程序发展史、优势与发展前景,以及其与普通网页、公众号、订阅号的区别。
- 完成正式编写小程序之前的准备工作,包括在公众平台注册开发账号、完善小程序信息、安装开发工具等。
- 熟悉开发工具的使用。
- 认识小程序的目录结构,分清项目文件与页面文件。能清楚地知道页面文件的构成以及4种页面文件所用语言和简单特性。

1.1 小程序简介

现如今,几乎每部智能手机上都会安装微信客户端,微信用户也遍布全球。微信小程序(本书中简称为"小程序")英文名为 MiniProgram,嵌在微信客户端内部,不需要下载安装,用户扫一扫二维码或者在微信客户端内搜索一下名称即可使用海量的应用程序。

2016 年 9 月 21 日,小程序正式开始内测。在微信生态下,这个不需要下载安装、用完即走的小程序引起了大家广泛的关注。2016 年 1 月 11 日,"微信之父"张小龙指出,越来越多的产品注册了公众号,因为其开发、推广和传播产品的成本比较低,但拆分出来的服务号功能做得却并不理想,因此微信内部正在研究一个新的应用形态,即小程序。

2017 年 1 月 9 日 0 点,小程序正式低调上线,其为开发人员提供了全新的组件和 API 技术,为用户开启了不一样的应用体验。

小程序是一个不需要下载安装就可使用的应用,它实现了应用触手可及的梦想,用户扫一扫二维码或者搜索名称即可打开应用,用户不用关心是否安装太多应用的问题。应用将无处不在,随时可用,但又无须安装、卸载。

小程序可以为开发者提供一系列表单、导航、地图、媒体和位置等开发组件,让他们在微信客户端的网页里构建一个类似于 HTML 5 但又比 HTML 5 交互性以及功能性更强的应用。与此同时,微信还开放了登录和支付等众多接口,让小程序可以和用户的微信账号完全打通,省去大部分应用都需要的登录注册的功能。小程序就像一颗冉冉升起的星星,随着官方 API 以及组件功能的完善,其应用前景十分广阔,并在逐步地壮大。

1.1.1 小程序的优势与不足

1. 优势

在 App 时代,如果要利用某个应用程序完成某项功能,通常需要完成以下步骤:

（1）在 App Store 或 Android 应用市场,寻找能实现相应功能的应用;

（2）下载并安装该应用;

（3）在手机桌面,找到应用;

（4）打开并使用应用。

在小程序时代,只需要搜索或者使用"扫一扫"功能,即可打开应用。没有了下载安装环节,人和应用的连接变得更加简单直接。

除了使用更加便捷之外,小程序的"小体积"也能为用户的手机大大减轻负担。用户手机里都装了不少应用程序,一般情况下,安装一个 App,需花上几十兆字节甚至几吉字节的内存。手机容量小的用户一旦多装了几个 App,就要面临内存不够的困扰。在这种情况下,大小不超过 2MB 的小程序就成了手机内存不够用的救星。而且,小程序还不需要安装,那些平时大部分时间用不上又不得不装的 App 一旦变身小程序,就可以彻底地从手机中移除。

小程序问世后,也许手机桌面上的许多 App 将会消失。那些功能简单、使用频率低的 App 将会被小程序替代,并折叠在微信客户端这个"超级 App"里面,等到使用时再"召唤"出来。

2. 不足

尝试小程序之前,还需要清晰地认识到小程序的局限性。首先,小程序不能承载所有的用户需求。无论是游戏娱乐、文档处理等"重需求",还是带有传播能力的营销需求,小程序都不能很好地满足。如果要满足这些需求,App 或 HTML 5 会是更好的选择。其次,小程序的体系整体依赖于微信。如果业务与微信设定的规则有冲突,或主营业务在微信渗透力不强的地区(如国外),小程序就不是一个好的选择。另外,小程序目前还不能主动地发送消息(包括群发和模板消息),需要相应的触发条件才能向用户推送类似于支付成功的模板消息。如果需要向用户提供客服业务,或是希望向用户推送自定义信息,订阅号或服务号等具有相应功能的账户形态则更加适合。如果想在小程序中新增客服功能,还需要开发者自己去实现。

1.1.2 小程序的影响

其实早在前几年,这种轻应用的模式就已被大家所关注,不管是百度、UC 还是谷歌,都在尝试基于 Web 模式做一种小成本、跨平台性好的轻应用,由于各种原因,最后都没有实现。一直沉默的微信团队在 2017 年发布了新产品——小程序,打破了这个一直不能解决的问题。如今微信拥有数亿用户,也成为目前国内用户量最大的 App 应用。统计数据表明,微信用户日常在微信上花费的时间平均超过 4 小时。未来,这个昔日免费的社交应用将成为集社交、游戏、购物、生活服务于一身的"超级 App",进一步影响人们的生活方式。具体影响有如下几个方面。

1. 对于开发者的影响

小程序的语法与前端语法基本一致，甚至可以说是进行了更好的封装。对前端开发者来说，从网页迁移到小程序成本极低。可以预见的是，由于现在安卓（Android）与 iOS 开发基本趋于饱和，在同等情况下，如果小程序能实现相同的功能，相对于 App 开发成本也更低，无疑各行各业对小程序的需求会更多，这就会让小程序开发者迅速增长，对于只会原生的安卓和 iOS 系统的 App 开发者来说无疑压力会更大。

2. 对于互联网创业企业的影响

近年来，原生 App 的开发和推广成本日益上涨，从而造成创业型企业早期用户积累的成本也越来越高。而小程序依托于微信，其有庞大的用户量，可以以更低的成本来完成早期用户的积累。在开发 App 之前，可以先用小程序开发，这样可以以更快、成本更低的方式进行试错和更新。

3. 对于小城市企业的影响

一直以来小城市缺乏技术人员的问题难以解决，小程序出现后，这个问题无疑可以得到更好的解决。小城市的企业培养一个前端技术开发人员远比培养一个后端开发人员、架构师、App 开发人员要容易得多，而且成本也降低了很多。

4. 对生活方式的影响

小程序在很多场景中都可以应用，比如在餐馆点餐、在医院挂号、叫出租车、办理会员卡等。以医院挂号场景为例，病人可在家里或者在医院扫描二维码使用小程序绑定病人信息，无须排队就可以直接使用手机支付挂号费，凭唯一的标识打印挂号条，还能利用小程序在线查询自己需要挂号的科室，大大节约了时间。因此，小程序的出现无疑极大程度上改变了人们的生活方式。

1.1.3　小程序与其他产品的区别

1. 与 HTML 5 的区别

小程序出现以后，有很多人将它与 HTML 5 进行比较，甚至有人把它们混淆在一起。但实际上，小程序和 HTML 5 本质上是两种不同的东西。

对用户而言，HTML 5 实际上是一个网页，需要在浏览器中进行渲染。因此在微信上打开 HTML 5，需要完成网页加载的步骤，并且在切换页面时也是需要时间加载的，这就会给人一种"卡顿"的感觉，用户会觉得不是十分流畅。而小程序由于其代码包不会超过 2MB，运行在微信内部时则不会有网页的"卡顿"感觉，整体更贴近 App，使用更流畅。

对开发者而言，由于在网页开发中渲染线程和脚本线程是互斥的，因此长时间的脚本运行可能会导致页面失去响应，而在小程序中，二者是分开的，分别运行在不同的线程中。网页开发者可以使用各种浏览器暴露出来的文档对象模型应用程序接口（Document Object Model Application Interface，DOM API），进行 DOM 的操作。由于小程序的逻辑层和渲染层分开，逻辑层运行在 JSCore（一个被广泛运用在 iOS 操作系统以及 Safari 浏览器上用于解释执行 JavaScript 的引擎）中，并没有一个完整的浏览器对象，因而缺少相关的 DOM API 和浏览器对象模型应用程序接口（Browser Object Model Application Interface，BOM API），如前端开发中常使用的 window 和 document 对象就属于 DOM 和 BOM 的内容，在小程序中均无法使用。这一区别还导致前端开发非常熟悉的一些库，如 jQuery、Zepto 等，在小程序中无法运行。同时由于 JSCore 的环境同 Node.js 环境也不尽相同，所以一些 NPM（一款随 Node.js 一起安装的包管理工具)的包在小程序中也是无法运行的。

网页开发者需要面对的环境是各式各样的浏览器,PC 端需要面对 IE、Chrome、QQ 浏览器等,在移动端需要面对 Safari、Chrome 以及 iOS、Android 系统中的各式 WebView 等。小程序开发过程中需要面对的是两大操作系统 iOS 和 Android 的微信客户端。

2. 与订阅号与服务号的区别

微信的订阅号、服务号和小程序都属于微信生态下的产品。订阅号是用户在微信中订阅文章所使用的公众账户。订阅号可以向用户推送文章和信息,也可以管理订阅用户,与用户交流,它是一种带有媒体属性的产品。订阅号主要的功能是帮助企业或个人在微信中向用户传达消息,为企业或个人提供一种新的信息传播方式。

服务号是一种服务导向的公众账户,它可以帮助机构在微信中向用户提供服务,同时,服务号还可以让用户直接与机构的客服系统进行沟通,为用户提供品牌信息等。服务号为企业和组织提供了更强大的业务服务与用户管理能力。

对于开发者而言,最直观的区别在于,订阅号和服务号都是在功能、界面既定的前提下,进行开发,是以"聊天界面"为基础的;而小程序允许开发者自定义界面,因此不用局限于微信的聊天界面。开发者不仅可以提供更好的使用体验,也无须考虑对接公众账户对话,开发门槛较低。

对企业或商户而言,订阅号与服务号作为腾讯线上对线上模式的重要组成部分。低成本的推广模式配合微信庞大的用户群,使订阅号与服务号成为中小企业和个人商户的首选。

小程序同样继承了微信的用户广和成本低的优势,但是其更主要的作用是打开线上对线下的大门,让人们在日常生活中经常接触的东西通过一种非常简易的模式在互联网上连接起来,达到更便捷的效果。目前较为常见的其实是小程序配合服务号的模式,二者各取所长,使企业或组织为用户提供更加完善的服务。

1.2　小程序开发准备

1.2.1　注册微信开发账号

(1) 开发小程序的第一步是在微信公众平台(https://mp.weixin.qq.com)根据指引填写信息,注册一个小程序账号成为该小程序的管理员。开发账号的注册如图 1-1 所示,单击右上角的"立即注册"按钮进行注册。

图 1-1　注册账号

（2）选择账号的类型为"小程序"，如图 1-2 所示。

图 1-2 选择账号类型

（3）填写相关信息，包括账号信息、邮箱激活和信息登记。"账号信息"页面如图 1-3 所示。注意，用于注册的邮箱必须未用于注册过微信工作平台、微信开发平台，并且一个邮箱地址只能注册一个小程序。填写完成后继续根据指引完成邮箱激活与信息登记。

图 1-3 "账号信息"页面

（4）邮箱账号激活完成后就进入了"信息登记"页面，其中"注册国家/地区"保持默认内容"中国大陆"，然后根据实际情况进行主体类型的选择，如图1-4所示。

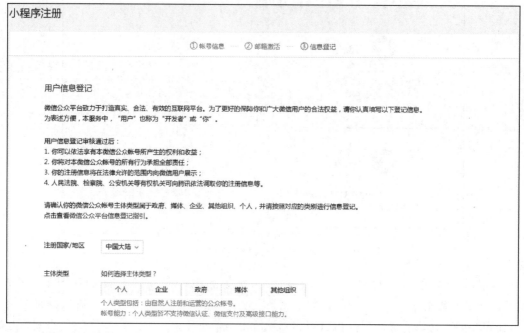

图1-4　"信息登记"页面

目前小程序允许注册的主体类型共有5种，包括个人、企业、政府、媒体以及其他组织等，仅用于个人开发测试时选择"个人"，如果涉及支付功能的商户需选择"其他组织"。所有主体类型及其解释如表1-1所示。

表1-1　主体类型及其解释

账号主体类型	解　　释
个人	必须是年满18岁以上的微信实名用户，并且具有国内身份信息
企业	企业、分支机构、个体工商户或企业相关品牌
政府	国内各级各类政府机构、事业单位、具有行政职能的社会组织等。目前主要覆盖公安机构、党团机构、司法机构、交通机构、旅游机构、工商税务机构、市政机构等
媒体	报纸、杂志、电视、电台、通讯社、其他等
其他组织	不属于政府、媒体、企业或个人的其他类型

1.2.2　完善小程序的具体信息

账号注册完成后，下一步是填写小程序的一些信息，具体内容如表1-2所示。

表1-2　需要填写的小程序的具体信息

填写内容	填写要求	修改次数
小程序名称	4～30个字符，并且不得与平台内已经存在的其他账号名称重名	发布前有两次改名机会，改名次数用完后，须先发布再通过微信认证改名

续表

填写内容	填写要求	修改次数
小程序头像	图片格式要求为 png、bmp、jpeg、jpg 或 gif 中的一种,且文件不得大于 2MB	每个月可修改 5 次
小程序介绍	字数必须为 4～120 个字符,介绍内容不得含有国家相关法律法规禁止的内容	每个月可以申请修改 5 次
服务范围选择	服务范围分为两级,每级都要求填写;服务范围为 1～5 个;特殊行业需提供资质证明	每个月可以修改 1 次

1.2.3 管理员登录小程序管理平台

注册好小程序账号后,管理员可以利用填写的邮箱以及密码登录小程序管理平台(https://mp. weixin. qq. com/),出于安全性考虑,在登录以及在小程序管理平台进行相关信息修改时都需要管理员利用自己的微信客户端在规定时间内进行扫描二维码的操作。

在小程序管理平台,可以查看小程序的用户使用情况,进行版本、成员和小程序权限的管理,查看数据报表,发布小程序以及设置等操作。小程序重要的身份标识 AppID 也可以在小程序管理平台进行查看,如图 1-5 所示。

图 1-5 小程序管理平台

(1)版本管理。在软件开发周期中,软件版本一般分为多种,如开发版、线上版、审核版等。根据软件功能的完善程度给这些版本分别编号以示区别,并标注开发者与一些备注信息等,如图 1-6所示。

(2)成员管理。小程序管理平台的成员管理功能页面可添加项目开发成员以及小程序的体验成员,并设置成员的权限,如图 1-7 所示。

(3)设置。在设置界面,分为基本设置、第三方设置、关联设置以及公众号相关设置,具体设置功能如图 1-8 所示。

（4）AppID。在左侧菜单栏选择"设置"→"基本设置"命令，在底部可以看到小程序的 AppID，它相当于小程序的唯一标识，在开发中涉及某些具体权限或接口的调用时需要用到。AppID 界面如图 1-9 所示。

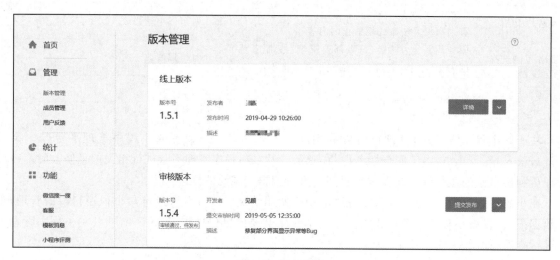

图 1-6　版本管理

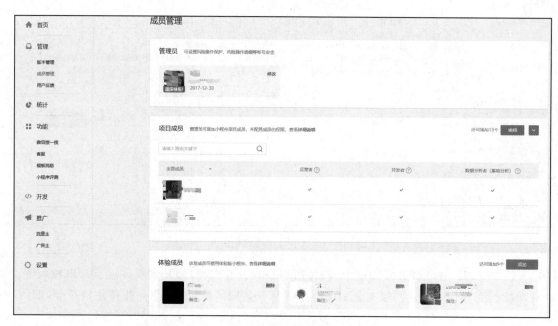

图 1-7　成员管理

微信公众平台 | 小程序
文档
社区
工具
首页
管理
版本管理
成员管理
用户反馈
统计
功能
微信搜一搜
客服
模板消息
小程序评测
设置
基本设置
第三方设置
关联设置
关注公众号
违规记录
基本信息
说明
操作
小程序名称
小程序发布后，个人帐号可一年内修改2次名称，当前还能修改1次。
修改
用户满意度
评价人数不足
来源于微信随机邀请的用户，结果将显示在小程序资料页
隐藏满意度
小程序简称
未设置
一年内可申请修改2次
今年还可修改2次
修改
小程序头像
一年内可申请修改5次
今年还可修改5次
修改

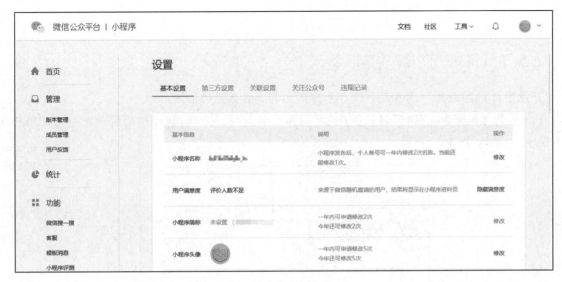

图 1-8　设置

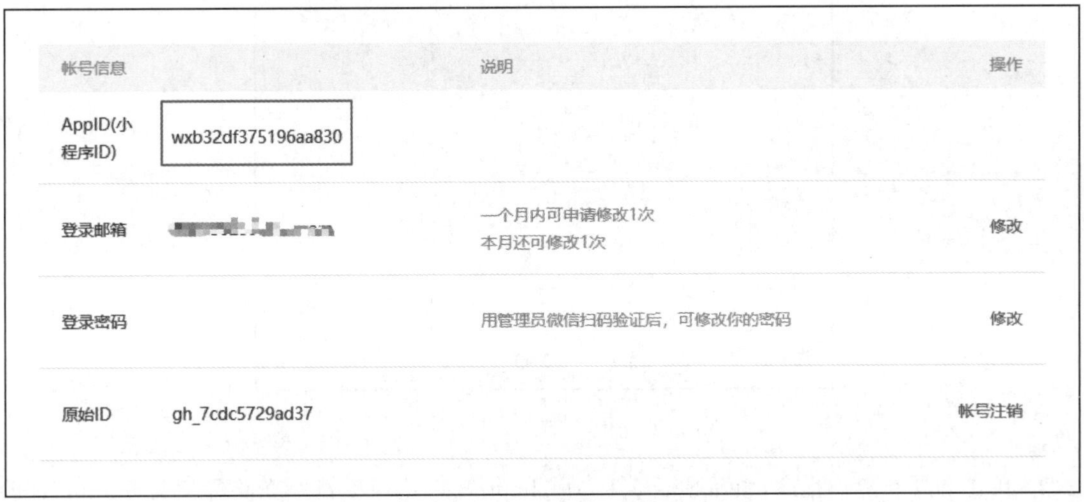

帐号信息
说明
操作
AppID(小程序ID)
wxb32df375196aa830
登录邮箱
一个月内可申请修改1次
本月还可修改1次
修改
登录密码
用管理员微信扫码验证后，可修改你的密码
修改
原始ID
gh_7cdc5729ad37
帐号注销

图 1-9　小程序的 AppID 界面

1.2.4　微信开发工具

为了帮助开发者更加简单和高效地开发和调试小程序，微信官方推出了微信开发编辑工具，集成了公众号网页、小程序、小游戏以及代码片段等多种开发与调试模式。开发工具（以下均指开发者工具，即微信开发者工具）的下载地址为 https://developers.weixin.qq.com/miniprogram/dev/devtools/download，用户根据自己的操作系统下载对应的安装包进行安装。本书基于 Windows 64 版本的开发工具进行案例与项目的编写。

1.3 小程序开发工具的使用

1.3.1 第一个小程序

开发工具安装完成后,开始第一个小程序的编写。具体过程如下:

(1)运行微信开发工具,管理员使用"微信客户端"扫描二维码进行登录后选择左边菜单栏的"小程序"一项,如图 1-10 所示。

图 1-10 新建一个小程序

(2)单击加号新建小程序,填写项目名称为 Chapter01,选择项目所在路径。关于 AppID 的填写,如果是正式项目可填写在小程序管理平台创建的 AppID(参见 1.2.3 节);如果仅是用于测试与学习,不打算正式发布小程序,也可以选择测试号,这时会随机生成一个 AppID,具体操作如图 1-11 所示。

如果选择测试号,则下方关于"后端服务"中有关云开发的项会消失,具体的云开发项目的构建与使用会在第 4 篇详细讲解,此处暂时忽略。

(3)单击"新建"按钮,项目新建完毕,进入开发工具首页。

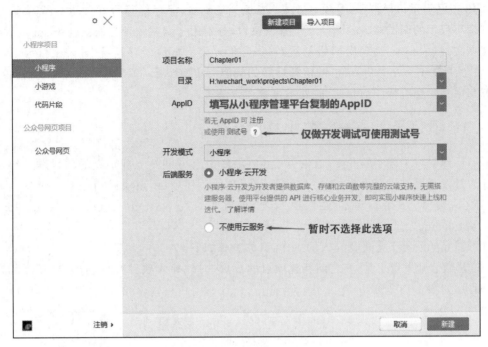

图 1-11 填写项目相关信息

1.3.2 开发者工具页面介绍

项目新建完成后进入开发者工具首页,如图 1-12 所示。

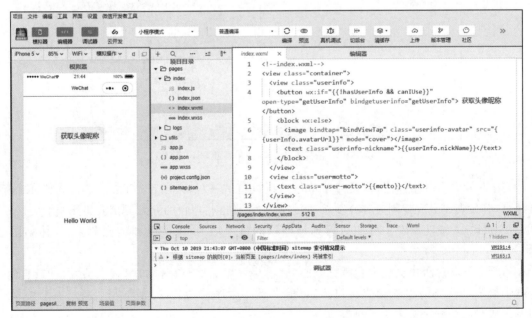

图 1-12 微信开发者工具主界面

图 1-12 左侧为手机模拟器,可预览效果;右侧为编辑器,保存代码后可自动编译运行。主界面的右下方是小程序的调试器,一共有 10 个选项窗口,分别用于调试和日志输出(Console)、显示当前项目的脚本文件(Sources)、观察网络情况(Network)、显示本地缓存情况(Storage)等,具体参见 1.3.5 节。在开发工具左上角,单击微信开发者的头像可切换账号,顶部菜单栏的功能可自行熟悉,后面章节有用到处会进行详细介绍,此处不再赘述。

1.3.3 项目导入——微信小程序示例

为了更快地学习小程序的开发,有时候会到 GitHub 官方网站下载别人的项目进行导入学习,微信官方为开发者提供了一个叫"微信小程序示例"的小程序项目,该项目涵盖了小程序组件、API、云开发等内容,十分有参考价值。项目地址为 https://github.com/wechat-miniprogram/miniprogram-demo。

项目下载完毕后接下来进行导入的工作,具体步骤如下:

(1) 打开微信开发者工具,在之前新建项目的首页选择"导入项目",再选择项目目录,单击"导入"按钮即可,如图 1-13 所示。

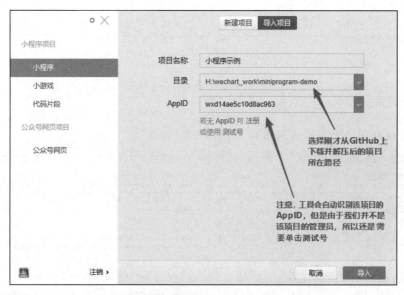

图 1-13 在开发者工具的引导页导入项目

(2) 在开发者工具主界面,在顶部菜单栏选择"项目"→"导入项目"命令也能进入图 1-13 所示的引导页,开发者工具允许同时打开多个项目窗口,并且这些项目的开发调试互不影响。

(3) 项目导入成功后在主界面可看到该项目的目录结构、源代码和运行效果,具体如图 1-14 所示。

在后续的学习过程中会经常参考官方的"微信小程序示例"项目,如图 1-15 所示的二维码是一个示例小程序,可以用手机扫描直接进入,体验示例小程序的功能,并根据需要参考其官方源代码以快捷完成自己小程序所需功能的搭建。

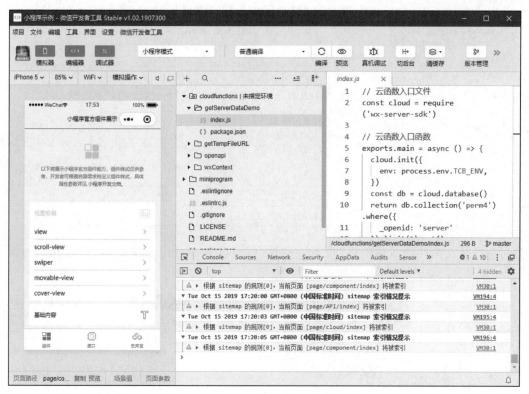

图 1-14　导入项目示例

图 1-15　"微信小程序示例"体验码

1.3.4　代码编辑

微信开发者工具与其他功能强大的 IDE 类似，提供了代码自动补全功能，不过此功能只针对逻辑层 JavaScript（以下简称 JS）文件、页面的描述文件 WXML（WeiXin Markup Language）以及样式文件 WXSS（WeiXin Style Sheets）。JSON 文件是不具备代码提示的，所以在更改全局配置与页面配置时要注意语法规则，特别要注意 JSON 文件代码不能添加注释。

目前的微信开发者工具中，菜单栏和工具栏还不太完备，如常用的保存文件之类的操作都没有提供相应的菜单命令和按钮，只能通过快捷键来进行相应的操作。常用快捷键如表 1-3 所示，其中前 3 个最为常用。

表 1-3　开发者工具常用的快捷键

快 捷 键	作 用
Ctrl+S	保存文件
Shift+Alt+F	格式化代码
Ctrl+/	代码整行注释或取消注释,在空白行此快捷键可添加注释
Ctrl+F	查找关键字,并可进行替换等
Ctrl+End	移动到文件结尾
Ctrl+Home	移动到文件开头
Ctrl+I	选中当前行
Shift+End	选择从光标到行尾处
Shift+Home	选择从行首到光标处

也可以在开发工具顶部菜单栏"设置"→"快捷键"设置中自定义快捷键,操作界面如图 1-16 所示。

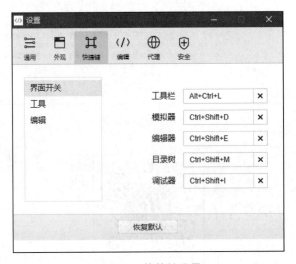

图 1-16　快捷键设置

1.3.5　项目调试

1. 真机调试

小程序调试有两种方式,第一种是在开发者工具的右上角工具栏中单击"真机调试",如图 1-17 所示。

此时管理员或体验者可扫描调试二维码,在真机中预览小程序的页面,并进行功能的测试。为了避免重复扫描二维码,也可以选择"自动真机调试"。在真机调试过程中,开发者工具会弹出一个独立的调试窗口,以监测小程序运行过程中打印的日志与错误信息,如图 1-18 所示。

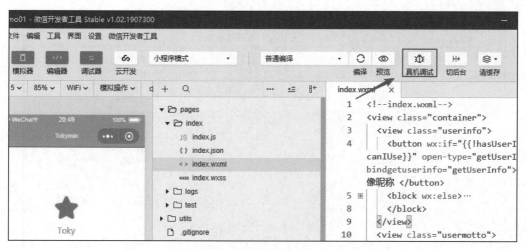

图1-17 单击"真机调试"

(a) 扫描二维码

(b) 手机端效果

图1-18 真机调试

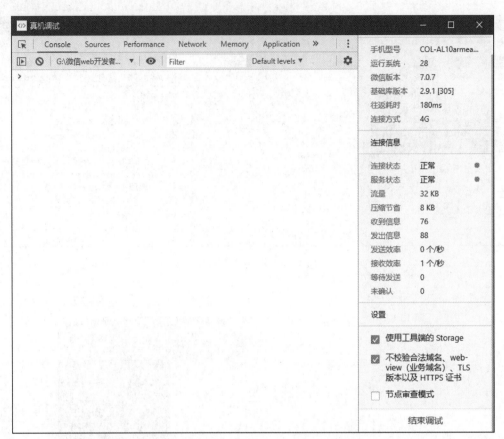

(c) 开发者工具中弹出的调试窗口

图 1-18 （续）

2. 开发工具的调试器

真机调试需要扫码，时间通常较慢，在开发过程中更为常用的是第二种调试方式：直接观察微信开发工具的调试器输出。

小程序的调试器一共有 10 个功能模块，下面对几个主要功能模块进行介绍。打开谷歌浏览器 Chrome，按 F12 快捷键进入调试模式会发现浏览器调试模块与小程序的调试器十分类似，如图 1-19 所示。

1) Console 面板

Console 即控制台的意思，在这里指小程序的控制面板。在代码执行有错误时，错误信息将显示在这个面板中。

```
console.log("填上你想打印的信息")          //这是一句 JS 代码
```

上述代码是 JS 代码，属于小程序项目的逻辑层，在小程序页面的 xx.js 文件中解释执行。当然，与其他语言类似，也可以在控制台直接输入 JS 代码执行，如图 1-20 所示。

图 1-19　Chrome 浏览器某网页的 index.js 文件代码

图 1-20　在 Console 面板直接执行 JS 代码

2）Sources 面板

Sources 面板用于显示当前项目的脚本文件以及进行重要的断点或者单步调试，详细的调试步骤参见 17.3 节调试 API。Sources 面板如图 1-21 所示，左侧显示的是源文件的目录结构，中间显示的是经过处理之后的脚本文件，右侧显示的是调试相关按钮及变量的值等信息。

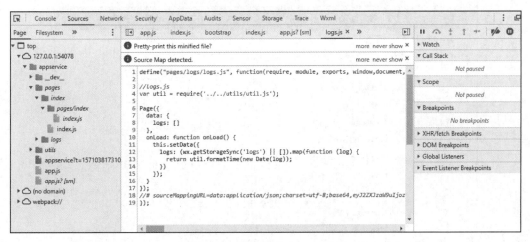

图 1-21　小程序的 Sources 面板

与浏览器开发不同，小程序框架会对脚本文件进行编译的工作，所以在 Sources 面板中看到的文件是经过处理之后的脚本文件。

3）Network 面板

不带云开发后台的小程序与 App 或网页一样只作为完整项目的前台表示层，与后台的交互需要通过网络接口进行。Network 面板可看到前后端交互时的网络请求与返回数据等信息，如图 1-22 所示。

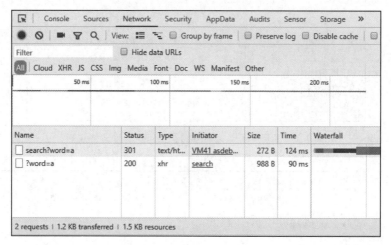

图 1-22　Network 面板

4）AppData 面板

AppData 面板用于显示当前项目运行时的具体数据，在接收到后台所返回的数据时，除了可以在 Console 控制面板输出以外，还可以在 AppData 面板进行查看，甚至还可以进行数据的编辑，并及时地反馈到界面上，如图 1-23 所示。

(a) AppData面板

图 1-23　AppData 面板

(b) 更改数据　　　　　　　　　　　　　　　(c) 更改后效果

图 1-23 （续）

5）Storage 面板

Storage 面板可以看到项目中使用小程序的 API 接口 wx.setStorage 或者 wx.setStorageSync 后本地数据缓存的情况，如图 1-24 所示。数据以键值对（key-value）的方式进行存储，还能看到数据的类型（type）等。与 AppData 面板类似，也可以直接在 Storage 面板上对数据进行删除（按 Delete 键）、新增或修改。

Key	Value	Type
logs	- Array (11)	Array
	0: 1571038174212	
	1: 1571035717444	
	2: 1571035405442	
	3: 1570975642688	
	4: 1570781042153	
	5: 1570715484299	
	6: 1570714987042	
	7: 1570714983198	
	8: 1570714898164	
	9: 1570714704156	
	10: 1570714675908	
	length: 11	

图 1-24　Storage 面板

6）Wxml 面板

与网页中的 HTML 文件一样，在小程序的前端框架中，使用 WXML 文件进行表示层页面的布局，类似的还有 WXSS 文件。Wxml 面板与 Chrome 调试器的 Elements 面板一样，可以看到页面布局文件的源代码。通过调试模块左上角的选择器，将鼠标光标停留在代码上时，左边模拟器可实时看到对应的布局元素及其大小,能快速定位 WXML 代码对应的页面组件。也可以双击代码进行修改,或选中某个元素,在右侧的 style 属性中进行其属性的调试(仅为实时预览,无法保存到文件),在页面样式调试时经常使用。Wxml 面板的操作界面如图 1-25 所示。

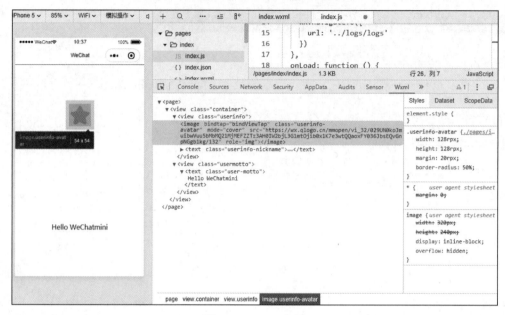

图 1-25　Wxml 面板

由于在各大机型中样式的显示效果可能会有偏差,因此页面 UI 样式调试中还常使用真机预览,"预览"按钮在开发工具上方,如图 1-26 所示。

图 1-26　真机预览进行页面查看和功能使用

1.3.6　项目发布

图 1-18(a)所示的"预览"按钮生成的二维码只能用于开发者测试小程序的性能和表现,如果希望更多人使用小程序,需要进行代码上传,只有上传后的代码才可以由管理员进一步选择发布为体验版或正式版。项目发布的具体步骤如下:

(1) 上传代码。单击开发者工具顶端的"上传"按钮,填写好本次发布项目的版本号及备注信息,将代码上传到小程序后台管理端。上传代码步骤详情如图 1-27 所示。

(2) 管理员提交体验版。管理员登录小程序管理平台,进入"管理"→"版本管理页面",可在底部看到刚刚提交的开发版本,单击"提交审核"按钮右边的下拉按钮,选择"选为体验版本"选项,管理员可以将开发版本提交成为体验版,体验版目前最多可以供 15 名体验者使用,如图 1-28 所示。

图 1-27 上传代码

图 1-28 设置开发版本为体验版

（3）体验版本的设置。为了方便体验者使用，可以设置进入小程序启动页时所需携带的参数，以免去一些烦琐的身份认证，没有参数则无须设置。设置成功后体验版本即可生效，最后需要在成员管理里添加体验者（详情见 1.2.3 节成员管理）。体验版设置步骤如图 1-29 所示。

(a) 体验版设置

(b) 获得体验版二维码

图 1-29 体验版设置步骤

（4）提交审核。管理员可以将开发版或体验版进一步提交给微信团队审核，通过审核后的版本将成为正式的线上版，线上版本没有权限限制，所有微信用户都可以使用，如图 1-30 所示。

图 1-30　提交审核

单击"提交审核"按钮,会出现一个提示弹窗(即对话框),如图 1-31 所示。提交的小程序要求功能完整,可正常打开和运行,而不是测试版或 Demo(示例程序)。多次提交测试内容或 Demo 会受到相应处罚,如果是新建的 Demo 程序则不建议提交审核。

图 1-31　确认提交审核

1.4　小程序项目目录结构

视频讲解

完整的小程序项目的目录结构如图 1-32 所示。

1.3.1 节创建的 Chapter01 项目目录结构如图 1-33 所示。可以看到,项目的根目录下有两个子目录分别是 pages 和 utils,以及 5 个与这两个文件夹并列的文件,分别是 app. js、app. json、app. wxss、project. config. json 和 sitemap. json。前 3 个以 app 开头的是小程序项目的全局描述文件; project. config. json 文件用于定义小程序的项目名称和 AppID 等; sitemap. json 用于配置是否可被搜索以及页面的优先级信息。在 pages 目录下有两个子文件夹 index 和 log,表示小程序现有的两个页面。index 文件夹里面的 4 个文件即页面的描述文件,其中 JSON 文件用于配置页面入口, WXML 文件用于添加组件,WXSS 可设置组件样式与页面布局,通过 JS 文件与 WXML 文件的相互作用完成页面的渲染。

实际上,图 1-33 所示目录的有些文件并不是必需的,如页面的 JSON 文件与 WXSS 样式文件。一个精简版的小程序只需要如图 1-34 所示的目录结构。

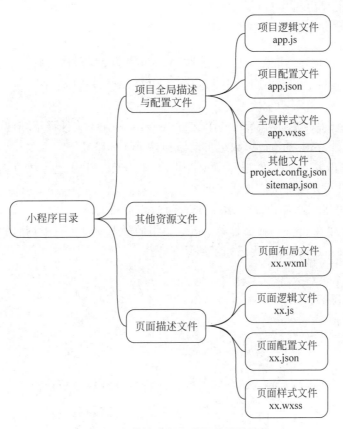

图 1-32　完整的小程序项目的目录结构

图 1-33　Chapter01 目录结构

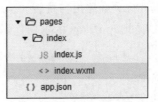

图 1-34　最精简的小程序目录

1.4.1　新建页面的 3 种方法

由 app 开头的全局描述与配置文件在新建项目时开发工具会自动创建,不过小程序项目中往往有多个页面,各个页面名字各不相同,如 Chapter01 中有 index 和 logs 两个页面。本节将讲述 3 种新建页面的方法。

第 1 种方法:在 pages 目录下新建一个文件夹 test,在 test 文件夹下新建一个 page(页面),也命名为 test。这时 app.json 的 pages 数组自动添加该页面的路径。

第 2 种方法:右击 pages 目录,选择硬盘打开,在本地目录中新建存放页面的文件夹,再新建 4 种文件。不过此方法不会触发微信开发工具在 app.json 文件的 pages 数组中添加页面的路径,需要在 app.json 文件里手动添加,否则无法完成页面的路由等工作。

第 3 种方法:直接在 app.json 文件的 pages 数组的最上面一排写上页面的路径,保存后会发现项目重启后自动进入新建的页面,代码如下所示:

```
1.  "pages": [
2.      "pages/test/test",
3.      "pages/index/index",
4.      "pages/logs/logs"
5.  ],
```

其中,test 页面的路径是新加入的。保存后项目运行效果如图 1-35 所示。

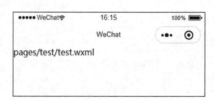

图 1-35　第 3 种方式新建页面

1.4.2　项目全局文件

1. 全局配置文件 app.json

app.json 是全局配置文件,必须填写。app.json 在整个项目中比 app.js 和 app.wxss 更加重要,因为在此文件中会进行许多属性的配置,如 pages 属性,所有页面的路径都必须写入 pages 数组中,才能正确地进行页面路由与跳转。

Chapter01 项目 app.json 的示例代码如下:

```
1.  {
2.      "pages": [
3.          "pages/index/index",
4.          "pages/logs/logs",
5.          "pages/test/test"
```

```
6.      ],
7.      "permission": {
8.        "scope.userLocation": {
9.          "desc": "你的位置信息将用于小程序位置接口的效果展示"
10.       }
11.     },
12.     "window": {
13.       "backgroundTextStyle": "light",
14.       "navigationBarBackgroundColor": "#fff",
15.       "navigationBarTitleText": "WeChat",
16.       "navigationBarTextStyle": "black"
17.     },
18.     "sitemapLocation": "sitemap.json"
19.   }
```

上述代码中,pages 属性是一个数组,里面包含 3 个页面的路径。permission 属性用于配置小程序需要获取的用户权限,内容是当小程序要获取用户定位时弹出的授权弹窗所需填写的描述信息(desc)。window 属性用于配置全局的窗口属性,如顶部导航栏文字(navigationBarTitleText)为WeChat、导航栏背景颜色(navigationBarBackgroundColor)为 #fff 等。

2. 项目逻辑文件 app.js

在 app.js 文件中,首先看到的是如下结构:

```
App({ …
})
```

从上述代码可以看出,app.js 中最外层只有一个叫作 App 的方法,传入了一个很大的 Object对象作为参数(JS 语法中以花括号表示 Object 对象,也称为 json 对象),例如可以将 Chapter01 项目的 app.js 源代码写成如下形式:

```
1.   //app.js
2.   var config = {
3.     onLaunch: function () {          //这是自动新建的小程序生命周期函数 onLaunch
4.       //展示本地存储能力
5.       var logs = wx.getStorageSync('logs')
6.       logs.unshift(Date.now())
7.       wx.setStorageSync('logs', logs)          //一个写入本地缓存的 API 函数
8.       /* 登录过程 */
9.       wx.login({                       //以 wx. 开头的是微信提供的 API 接口函数
10.        success: res => {              //称为 success 回调函数,即成功调用后又要执行下
11.                                       //面的逻辑
12.          //发送 res.code 到后台换取 openId, sessionKey, unionId
13.        }
14.      })
15.      //获取用户信息
16.      wx.getSetting({
```

```
17.          success: res => {
18.            if (res.authSetting['scope.userInfo']) { //如果已经授权,可以直接调
                //用下面的 getUserInfo 获取头像昵称,不会出现弹框
19.              wx.getUserInfo({
20.                success: res => {
21.                      //可以将 res 发送给后台解码出 unionId
22.                    this.globalData.userInfo = res.userInfo
23.                    //由于 getUserInfo 是网络请求,可能会在 Page.onLoad 之
24.                    //后才返回
25.                    //所以此处加入 Callback 以防止这种情况
26.                    if (this.userInfoReadyCallback) {
27.                        this.userInfoReadyCallback(res)
28.                    }
29.                }
30.              })
31.            }
32.          }
33.        })
34.    },
35.    globalData: {
36.      userInfo: null
37.    }
38.  };
39.  App(config);
```

以上代码新建了一个叫 config 的变量用于暂存 App 方法需要传入的参数,最后在第 39 句代码调用 App 方法。全局逻辑描述文件 JS 是必填的,因为 App 函数用于进行小程序的注册。上述代码第 3 句的 onLaunch 函数是小程序生命周期初始化函数,除此之外还有 onHide(监听小程序进入后台)以及 onShow(监听小程序重新打开)等生命周期函数,详情可参见 5.6 节小程序的生命周期。

另外,在 App 函数传入参数里其实还可定义一些全局的变量与函数,如上述代码段第 35 句的 globalData,在其他页面的 JS 文件里可通过获取 app 对象实例,进而再使用这些全局的变量与函数,代码如下:

```
1.  //index.js
2.  const app = getApp()                    //获取应用实例 app 对象
3.  var userInfo = app.globalData.userInfo  //使用 app 对象获取全局变量
```

3. 项目样式文件 app.wxss

全局样式文件 app.wxss 可选。WXSS 是一套样式语言,用于描述类似于 HTML 等页面文件的组件样式。WXSS 与网页开发中的 CSS(Cascading Style Sheets,层叠样式表)语法基本一致。不过为了适应广大的前端开发者,同时也为了更适应微信小程序开发者,WXSS 对 CSS 进行了扩充以及修改,包括尺寸单位样式导入等。详细的语法改动以及特性将在 1.4.4 节的介绍中进行展开。

app.wxss 用于定义全局样式,这样可以避免多个页面有相同的样式时进行重复定义。app.wxss 文件如下面代码段所示:

```
1.  /** app.wxss **/
2.  .container {
3.    height: 100%;
4.    display: flex;
5.    flex-direction: column;
6.    align-items: center;
7.    justify-content: space-between;
8.    padding: 200rpx 0;
9.    box-sizing: border-box;10.}
```

上述代码从第2句开始定义了名为container的样式,由于app.wxss是全局样式文件,因此,在局部的页面WXML文件中使用了名为container的样式时,首先会在本页面的WXSS文件中寻找对应名称的样式,若未找到,则应用此处定义的全局样式container。

1.4.3 页面布局文件 xx.wxml

xx.wxml文件是页面的描述文件,在此文件中,开发者需要根据小程序的具体功能自行编写类似于HTML一样的标签代码。在浏览器打开任意网页,按F12快捷键开启调试窗口,可以看到网页的HTML源代码类似于:

```
1.  <body class="">
2.  <div class="head">
3.      这是一些可以嵌套其他标签的内容
4.  </div>
5.  </body>
```

在小程序的xx.wxml文件里则类似于:

```
<view>这是一些可以嵌套其他标签的内容</view>
```

这些成对的标签也称为组件,根据组件功能的不同又分为视图容器组件、基础内容组件、表单组件等,这些内容将在第10章组件中进行更为详细的阐述。

1.4.4 页面样式文件 xx.wxss

xx.wxss是页面的样式文件,可选。此文件与HTML的CSS文件语法基本一致,不同之处在于其自定义了一个新的尺寸单位rpx以及新增了import关键字进行公共样式的导入。

1. 尺寸单位

小程序规定了全新的尺寸单位rpx(responsive pixel),可以根据屏幕宽度进行自适应。其原理是无视设备原先的尺寸大小,统一规定屏幕宽度为750rpx。

rpx不是固定值,屏幕越大,1rpx对应的像素就越大。例如在iPhone 6手机屏幕宽度为375px,共有750个物理像素,则750rpx=375px=750物理像素,1rpx=0.5px=1物理像素。由于iPhone 6换算较为方便,建议开发者用该设备作为视觉稿的标准,如图1-36所示。

图 1-36　选择 iPhone 6 作为视觉稿的标准

2. 样式导入

小程序在 WXSS 样式文件中使用@import 语句导入外联样式表,@import 后跟需要导入的外联样式表的相对路径,用英文分号";"表示语句结束。其使用步骤如下:

(1) 定义公共样式表 common.wxss,代码如下:

```
1.  /* common.wxss */
2.  .background - image1 {
3.    height: 100 % ;
4.    position: absolute;
5.    width: 100 % ;
6.    left: 0px;
7.    background - repeat: no - repeat;
8.    background - attachment: fixed;
9.    top: 0px;
10. }
```

(2) 在 a.wxss 样式表中使用@import 语句对其进行引用,此时,相当于在新的 a.wxss 中多了名为 background-image1 的样式,代码如下:

```
1.  /* a. wxss */
2.  @ import "../common.wxss";
3.  . background - image2 {
4.    height: 80 % ;
5.    position: absolute;
6.    width: 80 % ;
7.    left: 0px;
8.  }
```

3. 两种关联样式的方式

小程序框架组件上支持使用 style 和 class 属性来控制组件的样式,组件的样式通过 style 属性写入 WXML 文件时,会增长标签的长度,影响代码的美观。因此,style 仅用于设置少量需要动态更改的样式属性,而 class 通过选择器选择的静态样式全部写入 WXSS 文件。另外,style 接收动态的样式,在运行时才会进行解析,因此静态的样式写进 style 中会影响渲染速度。

（1）style：利用 style 动态接收样式时,组件中的文本颜色可由页面 JS 文件的 data. color 属性动态改变,代码如下：

```
< view style = "color:{{color}};" />
```

（2）class：小程序使用 class 属性指定样式规则,其属性值是一个或多个自定义样式类名组成,多个样式类名之间用空格分隔。

4. 选择器

小程序目前在 WXSS 样式表中支持的选择器如表 1-4 所示。

表 1-4　WXSS 样式表中支持的选择器

选　择　器	样　　例	样　例　描　述
. class	. demo	选择所有拥有 class＝"demo"属性的组件
♯ id	♯ test	选择拥有 id＝"test"属性的组件
element	view	选择所有 view 组件
element, element	view, text	选择所有文档的 view 组件和所有的 text 组件
::after	view::after	在 view 组件后边插入内容
::before	view::before	在 view 组件前边插入内容

1.4.5　页面配置文件 xx. json

页面配置文件中可进行页面窗口的个性化配置,并覆盖 app. json 中关于 window 属性的配置内容,1.4.2 节全局配置文件 app. json 中关于窗口的配置代码如下：

```
1.  {
2.    "window": {
3.      "backgroundTextStyle": "light",
4.      "navigationBarBackgroundColor": "♯fff",
5.      "navigationBarTitleText": "WeChat",
6.      "navigationBarTextStyle": "black"
7.    }
8.  }
```

在页面的 JSON 文件可进行类似配置,且由于页面单独的 JSON 文件只针对当前页面,因此可省略 window 属性,代码如下所示：

```
1.  {
2.    "backgroundTextStyle": "light",
3.    "navigationBarBackgroundColor": "♯77c9d4",
4.    "navigationBarTitleText": "这是顶部导航栏显示的文字",
5.    "navigationBarTextStyle": "white",
6.    "backgroundColor": "♯eeeeee"
7.  }
```

运行上述代码,结果如图 1-37 所示,可以看到顶部导航栏与文字都进行了更新,即页面的 xx. json 内容会对 app.json 的配置内容进行覆盖。

(a) 原始状态

(b) 页面JSON文件覆盖后

图 1-37　xx. json 配置会覆盖 app. json 内容

1.4.6　页面逻辑文件 xx. js

xx. js 文件中主要是 JS 代码,用于控制页面的交互逻辑。与 app. js 类似,每个页面的 xx. js 文件也调用一个 Page 方法,并传入 Page 函数所需的参数以完成页面的初始化工作。传入的参数有一些固有的属性,如页面数据 data,然后通常是控制页面的生命周期函数,如 onLoad(监听页面加载)、onShow(监听页面显示)等。当然,为了实现自己小程序项目独有的页面逻辑,还需要自定义很多函数完成各类操作。如 Chapter01 的 index.js 的部分示例代码如下:

```
1.  Page({
2.    data: {
3.      motto: 'Hello World',
4.      userInfo: {},
5.      hasUserInfo: fàlse,
6.      canIUse: wx.canIUse('button.open-type.getUserInfo')
7.    },
8.    //自定义的事件处理函数
9.    bindViewTap: function() {
10.     wx.navigateTo({              //这是一个自定义的页面跳转函数
11.       url: '../logs/logs'
12.     })
```

```
13.     },
14.     onLoad: function () {              //页面生命周期函数 onLoad
15.     },
16.     getUserInfo: function(e) {
17.     }
18. })
```

1.5　本章小结

　　本章作为快速入门的第 1 章，介绍了小程序的背景、小程序开发准备、项目开发工具使用和小程序项目的目录结构。小程序项目创建需要到微信公众平台申请账号成为小程序的开发者，获取 AppID，然后下载开发工具，开始项目编写。本章还介绍了 Chapter01 项目，围绕该项目讲解了新建页面的 3 种方法，介绍了各个目录文件的作用以及代码格式和文件配置。本章中开发环境的搭建以及项目创建是开发小程序必须要掌握的，并且要求熟练掌握。

第 2 章

小程序的视图与渲染

本章学习目标
- 了解小程序视图层的视图与渲染过程。
- 学会 WXML 文件代码的基础语法特点。
- 通过 button 组件的简单使用案例学会 WXML 页面中组件的使用。
- 清楚数据绑定的作用范围，通过综合实例了解数据渲染的过程。
- 学会两种渲染标签的使用。
- 学习模板的定义与使用，以及如何引用其他页面的 WXML 代码片段。

2.1 视图与渲染过程

2.1.1 基本概念

在第 1 章中详细介绍了小程序的目录结构，知道了视图层由页面文件 WXML 和样式文件 WXSS 共同组成。在 WXML 页面中有多个组件(component)，每个组件都有自己特有的属性，有的组件为了完成某些业务逻辑还需要绑定事件与数据。事件是视图层和逻辑层沟通的纽带，用户操作触发事件后可通过同名的事件处理函数执行相应的逻辑，处理完成后，更新的数据又将再次渲染到页面上。小程序的视图与渲染过程如图 2-1 所示。

2.1.2 WXML 页面

WXML 是框架设计的一套标签语言，结合基础组件和事件系统可构建出页面的结构。WXML 文件是由类似于 HTML 的元素及属性来进行页面描述的，在小程序中，这些元素即可称为组件。组件是视图的基本组成单元，组件的显示效果是由页面样式文件中定义的样式进行控制的。小程序的组件大部分都有开始标签与结束标签，每个组件都可设置不同的属性并且可以进行嵌套，如下述代码所示：

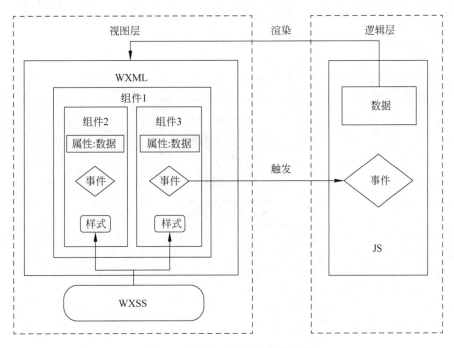

图 2-1　小程序的视图与渲染过程

```
1.  <! -- index.wxml --> 
2.  <view class = "container">
3.     <view class = "userinfo">
4.        <button = "{{!hasUserInfo &&canIUse}}" open - type = "getUserInfo"
    bindgetuserinfo = "getUserInfo">获取头像昵称</button>
5.        <block wx:else>
6.           <image bindtap = "bindViewTap" src = "{{userInfo. avatarUrl}}" ></image>
7.           <text class = "userinfo - nickname"> {{userInfo. nickName}} </text>
8.        </block>
9.     </view>
10.    <view class = "usermotto">
11.       <text class = "user - motto">{{motto}} </text>
12.    </view>
13. </view>
```

在上面的代码中可看到,最外层是样式(即 class 属性)为 container 的 view 组件,这里的 view 组件类似于 HTML 里面的 div 标签。在最大层 view 的下一级又嵌套了两个 view,class 分别叫 userinfo 和 usermotto。在前一个 view 的内部还有 button 组件,根据这些组件作用的不同又分为视图组件、表单组件、媒体组件等,组件的详细介绍可参见本书第 10 章。值得注意的是,第 5 句代码所涉及的 block 属于包装元素,并不是组件,不会进行页面的渲染。

视频讲解

2.1.3 button 组件简单使用案例

1. 实现效果

本节关于 button 组件的简单使用案例最终实现效果如图 2-2 所示。

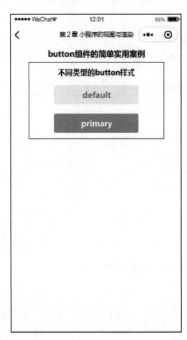

图 2-2 button 组件预览效果

2. 新建 Chapter02 项目与页面

新建 Chapter02 项目与 button 页面，如图 2-3 所示。

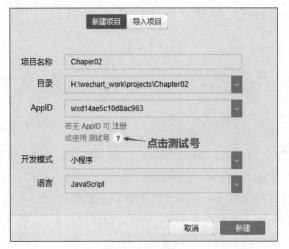

(a) 新建Chapter02项目   (b) 新建button页面

图 2-3 新建项目与页面

3. 使用官方文档复制示例代码

多数组件的使用都需要在开发文档上查看其属性说明，并参考示例代码，其具体步骤如下。

（1）进入微信官方小程序开发文档，其链接为 https://developers.weixin.qq.com/miniprogram/dev/framework/。

（2）选择"组件"→"表单组件"→button，如图 2-4 所示。

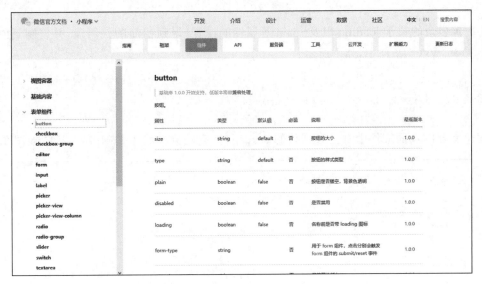

图 2-4 button 组件

这里可以看到关于 button 组件所有可设置的属性，以及属性的可选值，还有一些使用的注意事项等。将页面拖动到底部可以看到微信官方的示例代码与演示效果，如图 2-5 所示。

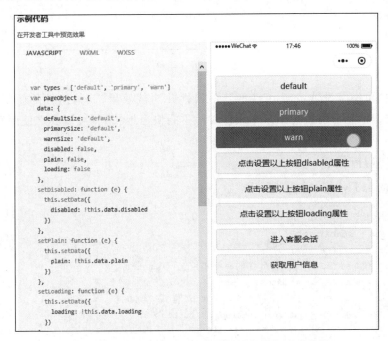

图 2-5 官方文档的 button 组件示例代码与演示效果

（3）现在仅仅想要一个简单的按钮，复制上述 WXML 文件中部分代码，如下所示：

```
1.  < button type = "default" size = "{{defaultSize}}" loading = "{{loading}}" plain = "{{plain}}"
2.         disabled = "{{disabled}}" bindtap = "default" hover - class = "other - button - hover">
    default </button>
3.  < button type = "primary" size = "{{primarySize}}" loading = "{{loading}}" plain = "{{plain}}"
4.         disabled = "{{disabled}}" bindtap = "primary"> primary </button>
```

（4）去掉多余的关于 loading 以及 plain 等属性的设置，得到精简的代码段，并复制到刚才新建页面的 button. wxml 文件中，如下所示：

```
1.  < button type = "default"> default </button>
2.  < button type = "primary"> primary </button>
```

在每个新建的页面文件中都会有默认的 text 组件，它的分类属于基础内容组件，如图 2-6 所示。

图 2-6   text 组件

参考官方文档可继续设置 text 组件的其他属性并测试效果，其他组件的使用同样与之类似。由于官方文档十分庞大，有时候想用某个组件时并不能快速地找到，可以尝试使用官方文档右上角的搜索功能。

4. 完整 WXML 代码

本案例完整的 HTML 代码如下所示：

```
1.  <!-- pages/demo2 - 1/button.wxml -->
2.  < view class = 'container'>
3.    < view class = 'page - body'>
4.      < text class = 'h1'> button 组件的简单实用案例</text>
5.        < view class = 'demo - box'>
6.        < view class = "title">不同类型的 button 样式</view>
7.          < button type = "default"> default </button>
```

```
8.        < button type = "primary"> primary </button >
9.      </view >
10.    </view >
11. </view >
```

上述代码的第 7、8 句为关键代码,其他行可忽略。关于页面的 class 样式等可参考本书配套代码。

2.2 数据绑定

在 WXML 页面中可以用双花括号里面添加变量名的形式表示动态数据,这称为 Mustache 语法,形如：{{变量名}}。Mustache 是一个模板解析引擎,其作用是使用户界面与数据分离,可生成特定格式标准的 HTML 文档。Mustache 语法特点是使用一对双花括号"{{}}"引用逻辑 JS 文件里的页面数据。

WXML 中的动态数据均来自对应 JS 文件中 Page 的 data 属性,分别可以作用于 WXML 页面的内容、组件属性、控制属性等。除此之外,在双花括号内还可以支持简单的运算以及字符串的拼接等操作。

2.2.1 内容绑定

在 2.1.3 节中学习了 button 组件的基本使用,现在将 button 里面的文字内容进行简单的内容绑定,代码如下所示：

```
1.  <!-- WXML 页面代码 -->
2.  < button type = "primary">{{btnText}}</button >
3.  < text >{{content}}</text >
```

上述代码双花括号内部的 btnText 与 content 就是绑定的变量,需在页面的 JS 文件中进变量的初始化,在页面加载时便可将数据渲染到 WXML 文件中,代码如下所示：

```
1.  //JS 代码
2.  Page({
3.    data: {
4.      btnText:"按钮文字",
5.      content:"这是要显示的内容"
6.    }
7.  })
```

2.2.2 组件属性绑定

组件的属性也可以使用动态数据,例如组件的 id、class 等属性值。例如在 WXML 文件里可添加如下代码：

```
<view id = '{{id}}'>测试组件属性绑定</view>
```

与简单绑定一样,需在当前页面对应的 JS 文件的 data 属性里添加名为 id 的变量才能实现正确的组件属性绑定。值得注意的是,组件属性数据最外层的单引号(双引号)不可省略。

2.2.3 控制属性绑定

控制属性也可以使用动态数据,但必须在引号内,代码如下所示:

```
1.  <!-- WXML 页面代码 -->
2.  <view wx:if = '{{condition}}'>测试控制属性绑定</view>
```

在文件里添加变量 condition,暂时初始化为 true,代码如下所示:

```
1.  //JS 代码
2.  Page({
3.    data: {
4.      condition:true
5.    }
6.  })
```

当更改变量 condition 的值为 false 时,view 组件将不再显示,可以自行测试。wx:if 也叫条件渲染标签,将在 2.3 节详细介绍。

2.2.4 true 和 false 关键字绑定

在双花括号内部除了引用 data 里的变量名之外,还可以直接写入一些关键字进行运算,如布尔类型的关键字 true 和 false,代码如下所示:

```
1.  <view wx:if = '{{false}}'>关键字绑定测试 false</view>
2.  <view wx:if = '{{true}}'>关键字绑定测试 true</view>
```

不可以去掉双花括号直接写成 wx:if= 'false',此时 false 会被认为是一个字符串,并且转换为布尔值后表示 true。

2.2.5 运算绑定

双花括号内部还可以进行简单的运算,支持的运算方式包括三元运算、算术运算、逻辑判断、字符串运算、数据路径运算等。

1. 三元运算

三元运算在 C 或 Java 语言里面十分常见,其书写起来简洁,代码量少,因此运用十分广泛。其语法表达式为:条件表达式? 表达式 1:表达式 2。其中问号前面的位置是判断的条件,判断结果为布尔型,为 true 时调用表达式 1,为 false 时调用表达式 2。

在小程序的页面中三元运算经常这样使用：

```
1.  <!-- WXML 页面代码 -->
2.  < view hidden = '{{ result ? true : false}}'>该组件将被隐藏</view>
```

JS 代码如下：

```
1.  //JS 代码
2.  Page({
3.      data: {
4.          result : false
5.      }
6.  })
```

2. 算术运算

双花括号内部也支持基本的四则运算，代码如下所示：

```
1.  <!-- WXML 页面代码 -->
2.  < view > {{a + b}} + {{c}} + d </view>
```

JS 代码如下：

```
1.  //JS 代码
2.  Page({
3.      data: {
4.          a : 3, b : 4, c : 5
5.      }
6.  })
```

上述代码最后运算结果为"7＋5＋d"。

3. 逻辑判断

逻辑判断也就是支持大于和小于号，形成一个最后值为 true 或 false 的表达式。逻辑判断同样可以用于控制组件的显示，代码如下：

```
< view wx:if = "{{length > 3}}">当 length 的值大于 3 时该组件显示 </view>
```

4. 字符串运算

字符串运算会用到字符串连接符＋，这应与算术运算中的＋号运算符进行区别，代码如下所示：

```
1.  <!-- WXML 页面代码 -->
2.  < view >{{"Hello, " + name}}</view>
3.  < view >{{msg + name}}</view>
```

JS 代码如下：

```
1.  //JS 代码
2.  Page({
3.    data: {
4.      name:"Toky",
5.      msg: "Hi, "
6.    }
7.  })
```

在双花括号内部，若＋号两边都是数值，则进行加运算。若＋号两边的变量有任意一个是双引号引起来的字符串，则看作字符串连接符。

5. 数据路径运算

上述提到的普通变量只需要直接引用其变量名即可，还有些数据结构稍微复杂的变量，如 json 对象、数组等。数据路径运算针对这些变量，如对 json 对象，只需要用"."运算符即可取到其下一层的属性。而数组变量的书写和其他语言的语法基本一致，采用一对中括号的形式，下标从 0 开始，代码如下所示：

```
1.  <!-- WXML 页面代码 -->
2.  < view>{{object.key2}} {{array[1]}}</view>
```

JS 代码如下：

```
1.  //JS 代码
2.  Page({
3.    data: {
4.      object: { key1: 'Hello ', key2:'Hi' },
5.      array: ['Toky','Bob','Nike']
6.    }
7.  })
```

上述代码可在 WXML 页面显示"Hi Bob"。

2.2.6　组合绑定

1. 数组组合

在双花括号内还可以直接进行变量和值的组合，构成新的对象或者数组，代码如下所示：

```
1.  <!-- WXML 页面代码 -->
2.  < view wx:for = '{{[1,2,x,4]}}'>{{item}}</view> <!-- 最终组合成数组[1, 2, 3, 4] -->
```

JS 代码如下：

```
1.  //JS 代码
2.  Page({
```

```
3.     data: { x : 3 }
4.   })
```

上述代码最终组合成数组[1,2,3,4]。wx:for 与 wx:if 都是渲染标签,wx:for 用于循环一个数组或列表,这个用于循环的数组元素值将默认赋值给 item,因此上述代码可在页面依次显示该数组的元素值。渲染标签的使用参考 2.3 节。

值得注意的是,双花括号和引号之间如果有空格,将最终被解析成为字符串,代码如下所示:

```
1.   < view wx:for = "{{[1,2,3]}} ">{{item}}</view>
2.   < view wx:for = "{{[1,2,3] + ' '}}">{{item}}</view>
```

上述两句代码作用效果完全相同,此时循环会执行 6 次,item 还包括其中两个逗号与末尾的空格,在 WXML 调试面板可看到最终渲染的 WXML 代码,如图 2-7 所示。

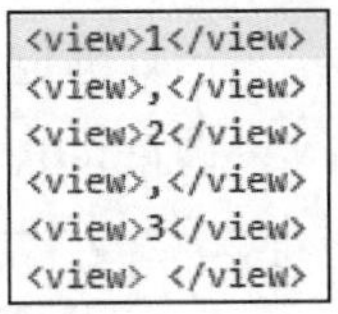

```
<view>1</view>
<view>,</view>
<view>2</view>
<view>,</view>
<view>3</view>
<view> </view>
```

图 2-7 组合绑定特殊

2. 对象的组合与展开

对象的组合是指在双花括号内部通过 key:变量名的形式可以将 data 里的数据组合到页面中,代码如下所示:

```
1.   <!-- WXML 页面代码 -->
2.   < template is = "test" data = "{{username: value1, password: value2}}"></template>
```

JS 代码如下:

```
1.   //JS 代码
2.   Page({
3.       data: {
4.           value1 : 'Toky',
5.           value2 : '123456'
6.       }
7.   })
```

最终组合成的对象是{username: Toky, password: 123456}。

对象的展开可利用拓展运算符…完成,示例代码如下:

```
1.   <!-- WXML 页面代码 -->
2.   < template is = "objectCombine" data = "{{...obj1, ...obj2, e: 5}}"></template>
```

JS 代码如下:

```
1.   //JS 代码
2.   Page({
3.     data: {
4.       obj1: { a: 1, b: 2 },
```

```
5.        obj2: { c: 3, d: 4 }
6.    }
7.  })
```

最终组合成的对象是{a：1，b：2，c：3，d：4，e：5}。在展开时，若存在 obj2 中的变量与 obj1 中的变量名相同的情况，后面的变量值会覆盖前面的变量值。

视频讲解

2.2.7 数据绑定综合案例

1. 案例实现效果

本节关于数据绑定的综合案例主要用于测试内容绑定、组件属性绑定、控制属性绑定、关键字绑定与运算绑定，并给按钮绑定了简单的点击事件以实现内容的更新。具体的事件讲解参见第 3 章。案例运行效果如图 2-8 所示。

(a) 点击按钮

(b) 控制台打印语句

(c) 数据被重新渲染

图 2-8　数据绑定综合案例实现效果

2. 页面 WXML 代码

图 2-8 所示的案例综合数据绑定，测试多种属性的绑定，并给按钮组件添加了点击事件。在 JS 逻辑代码中重新渲染了页面的变量，其 WXML 代码如下：

```
1.  <!-- pages/demo2 - 2/dataBind.wxml -->
2.  < view class = 'container'>
3.    < view class = 'page - body'>
```

```
4.        < text class = 'h1'>数据绑定综合案例</text>
5.        < view class = 'demo - box'>
6.          < view class = "title">1.内容绑定</view>
7.          < button type = "primary" bindtap = "btnClick">{{btnText}}</button>
8.          < text>{{content}}</text>
9.        </view>
10.       < view class = 'demo - box'>
11.         < view class = "title">2.组件属性绑定</view>
12.         < view id = '{{id}}'>这是带有 id 的 view1 </view>
13.       </view>
14.       < view class = 'demo - box'>
15.         < view class = "title">3.控制属性与关键字绑定</view>
16.         < text class = "content">当 condition 初始化为 false 时,view 不显示</text>
17.         < view wx:if = '{{condition}}'> view2 </view>
18.         < view wx:if = '{{false}}'>关键字绑定测试 false </view>
19.         < view wx:if = '{{true}}'>关键字绑定测试 true </view>
20.       </view>
21.       < view class = 'demo - box'>
22.         < view class = "title">4.运算绑定</view>
23.         < view hidden = '{{result ? true : false}}'>三元运算:result 为真时显示</view>
24.         < view>算术运算:{{a + b}} + {{c}} + d </view>
25.         < view wx:if = "{{length > 3}}">逻辑判断:当 length 的值大于 3 时该组件显示 </view>
26.         < view>字符串运算:{{"Hello, " + name}}</view>
27.         < view>字符串运算:{{msg + name}}</view>
28.         < view>数据路径运算:{{object.key2}} {{array[1]}}</view>
29.       </view>
30.     </view>
31. </view>
```

3.　页面数据

页面数据在 JS 文件的 data 属性中进行初始化,全部变量如下所示:

```
1.   data: {
2.       btnText: "按钮文字",
3.       content: "该按钮已经绑定 btnClick 事件",
4.       condition: false,
5.       a: 3, b: 4, c: 5,
6.       object: {
7.         key1: 'Hello ', key2: 'Hi'
8.       },
9.       array: ['Toky', 'Bob', 'Nike'],
10.      message1: "这是简单绑定的数据",
11.      id: 'testpage02View',
12.      msg: "Hi, ",
13.      name: "Toky",
14.      result: false
15.   },
```

4. 页面点击事件处理函数

点击按钮后需要相应的处理函数执行逻辑代码,其完整代码如下:

```
1.  //pages/demo2-2/dataBind.js
2.  Page({
3.    data: {
4.      content: "该按钮已经绑定 btnClick 事件",
5.      //省略其他变量
6.    },
7.    //按钮点击事件处理函数
8.    btnClick: function() {
9.      console.log("按钮被点击")
10.     this.setData({
11.       content: "这是更新后的内容..."
12.     })
13.   },
14. })
```

上述代码第10句的this指代page函数,page函数中固有的setData方法用于更新data域中的页面数据。由第11句可以看出,setData里同样是传入一个json对象作为参数,该对象里可以添上多个data中已定义或未定义的变量名,这里的"未定义"的意思是:当在data属性里未对变量定义和初始化时,该方法依旧可以动态地往data属性里面添加数据。另外,所有的页面数据的值都可以在调试器的AppData面板中观察到。

2.3　渲染标签

2.3.1　条件渲染

条件渲染是指根据绑定表达式的逻辑值来判断是否渲染当前组件。view组件拥有控制是否显示的hidden属性,代码如下所示:

```
1.  <!-- WXML 页面代码 -->
2.  <view class="content" hidden="{{flag ? true : false}}">
3.  </view>
```

JS代码如下:

```
1.  //JS代码
2.  Page({
3.    data: {
4.      flag:false
5.    }
6.  })
```

在上面的代码中,当 flag 变量的值为 true 时,view 组件及其包含的子组件将不会渲染;当 flag 变量的值为 false 时,将 view 组件渲染输出到页面。

1. wx:if

在小程序的 WXML 文件中,提供了另一种方式来进行类似的条件渲染。就是使用 wx:if 来控制是否渲染当前组件,其实在 2.2 节的数据绑定中已经使用过,具体代码如下:

```
< view wx: if = " ({{condition}}) "> true </view>
```

在上面的代码中,当 condition 变量的值为 true 时,view 组件将渲染输出;当 condition 变量的值为 false 时,view 组件将不渲染。

值得注意的是,不能在双花括号与引号之间留空格。如下面代码段会导致 true 恒显示,代码如下:

```
< view wx:if = "{{condition}} "> true </view>
```

看起来 wx:if 属性与组件的 hidden 类似,不同的是,控制是否渲染的逻辑变量值刚好相反。wx:if 可以更方便地控制,还可以使用 wx:elif、wx:else 来添加多个分支块,当控制表达式的值为 true 时渲染一个分支,控制表达式的值为 false 时渲染另一个分支。代码如下所示:

```
1.   <!-- WXML 页面代码 -->
2.   < view wx:if = "{{length > 10}}"> case1 </view>
3.   < view wx:elif = "{{length > 5}}"> case2 </view>
4.   < view wx:else > case3 </view>
```

JS 代码如下:

```
1.   //JS 代码
2.   Page({
3.       data: {
4.           length:6
5.       }
6.   })
```

以上代码中,当 length 的值大于 10 时,在界面中渲染输出的是 case1 字样,当 length 的值大于 5 且小于 10 时,在界面中渲染输出的是 case2 字样,而当 length 的值小于或等于 5 或是其他情况时,在界面中渲染输出的是 case3。

2. block wx:if

从上面的例子可看到,wx:if 控制属性需要添加到一个组件中,作为组件的一个属性来使用。当需要通过一个表达式去控制多个组件时,一种方式是为每个组件都添加一个 wx:if 控制属性。但更好的方式是使用<block>标签将一个包含多节点的结构块包装起来,然后在<block>标签中添加一个 wx:if 控制属性即可。代码如下所示:

```
1.  <!-- WXML 页面代码 -->
2.  < block wx:if = "{{condition}}">
3.  < view > view1 </view >
4.  < view > view2 </view >
5.  </block >
```

JS 代码如下:

```
1.  //JS 代码
2.  Page({
3.      data: {
4.        condition:true
5.      }
6.  })
```

以上代码中,只有当 condition 变量的值为 true 时,才会渲染输出其包含的两个 view 组件的内容,即 wx:if 作用于 block 所包含的结构块。

2.3.2　列表渲染

常用的控制结构还有循环,小程序使用 wx:for 提供循环渲染的控制属性。

1. wx:for 简单列表渲染

1) 循环对象数组

在组件上使用 wx:for 控制属性绑定一个数组,即可使用数组中的各项数据重复渲染该组件。数组的当前项的下标变量名默认为 index,数组当前项的变量名默认为 item。代码如下所示:

```
1.  <!-- WXML 页面代码 -->
2.  < view wx:for = "{{array}}">
3.  {{index}}: {{item.message}}
4.  </view >
```

JS 代码如下:

```
1.  //JS 代码
2.  Page({
3.      data: {
4.        array: [{ "message": "mes1" }, { "message": "mes2" },
5.              { "message": "mes3" }, { "message": "mes4" }]
6.        },
7.      }
8.  })
```

上述代码的运行结果如图 2-9 所示。

从图 2-9 中可以看出,默认数组的当前项的下标 index 从 0 开始,并依次循环输出数组的条目 item,且 item 也可以是 json 对象,利用 2.2.5 节提到的"."运算符取到下一级的属性。

图 2-9　wx:for 列表渲染

2) wx:for-item 与 wx:for-index

循环对象数组中 index 和 item 都是默认变量名,在使用 wx:for 时也可以将数组当前下标和当前元素变量进行重命名,使用 wx:for-item 可以指定数组当前元素的变量名,使用 wx:for-index 可以指定数组当前下标的变量名。代码如下所示:

```
1.  <!-- WXML 页面代码 -->
2.  <view>
3.  <view wx:for = "{{users}}" wx:for-index = "myindex" wx:for-item = "user">
4.  <text>{{myindex}}-{{user.name}}-{{user.age}}</text>
5.  </view>
6.  </view>
```

JS 代码如下:

```
1.  //JS 代码
2.  Page({
3.     data: {
4.        users:[{ name: "Toky", age: 21 },
5.                { name: "Nike", age: 19 },
6.                { name: "Lisa", age: 20 }],
7.     }
8.  })
```

2. wx:for 嵌套列表

wx:for 在进行列表的循环渲染时还可以支持嵌套,可参考 2.5 节九九乘法表案例。

3. block wx:for 包装

与 block wx:if 类似,block:for 同样可以作用于循环渲染标签,渲染包含多个节点,例如输出九九乘法表可用 block 包装写成如下形式:

```
1.    <view class = "jiu-box">
2.       <view class = "aa">
3.          <block wx:for = "{{arr}}" wx:for-item = "j">
4.             <view class = "jiu">
5.                <block wx:for = "{{arr}}" wx:for-item = "i">
6.                   <view wx:if = "{{i >= j}}" class = "jiu-item">
7.                      {{j}} * {{i}} = {{j * i}}
8.                   </view>
9.                   <view wx:else hidden = "{{true}}"></view>
10.                </block>
11.             </view>
12.          </block>
13.       </view>
14.    </view>
```

4. wx:key 属性

wx:key 属性用于在渲染列表时是否需要依据列表的某一关键字或自定义关键字进行排序,如果列表中的项目位置会动态改变或者有新的项目添加到列表中,可能会导致列表乱序。但如果列表是静态或者顺序不重要,则可以不采用该属性。wx:key 的值由以下两种形式提供:

(1) 保留关键字 * this:默认情况。* this 代表在 wx:for 循环时关键字就是数组元素本身,这种表示需要项目本身是唯一的字符串或者数字。

(2) 字符串:该字符串代表在 wx:for 循环数组中的一个元素,该元素值需要是列表中唯一的字符串或数字,且不能动态改变。代码如下所示:

```
1.    <view wx:for = "{{[ 'Toky', 'Bob', 'Nike']}}" wx:key = 'stu{{index}}'>
2.       <view>学生{{index}}: {{item}} </view>
3.    </view>
```

上述代码循环渲染后如下所示:

```
1.    <view>学生 0: Toky </view> <!-- wx:key = 'stu0' -->
2.    <view>学生 1: Bob </view> <!-- wx:key = 'stu1' -->
3.    <view>学生 2: Nike </view> <!-- wx:key = 'stu2' -->
```

2.4　模板与引用

编程中经常使用结构化思想将重复代码加以封装,使整个代码更加规范,模板与引用的作用就在于此。在小程序的 WXML 文件中,如果某些 WXML 代码需要在多个地方反复使用,这时,可以考虑将这些代码定义为一个模板,然后就可在其他 WXML 文件中利用关键字直接使用该模板。此外,引用与模板皆针对于 WXML 文件,在 1.4.4 节关于 WXSS 文件的介绍中曾使用 import 关键字导入公共样式文件。类似的用法,针对 JS 文件,则可在 utils.js 或其他 JS 文件夹中编写公共的业务逻辑,最后利用 exports 关键字进行导出,代码如下所示:

```
1.  module.exports = {
2.    dateTimePicker: dateTimePicker,
3.    getMonthDay: getMonthDay
4.  }
```

以上 JS 代码用于一些公共类的导出,在其他 JS 逻辑文件里可利用 require 关键字引入,代码如下所示:

```
var dateTimePicker = require('../../../utils/dateTimePicker');
```

这些内容将在后续章节的项目实战中经常使用,可实际体会对重复业务逻辑进行封装的好处。

2.4.1　模板的使用

1. 引用本页面模板

模板可定义在当前页面,也可将项目使用到的所有模板定义到一个统一的 WXML 文件中。在本页面使用模板的步骤如下:

(1) 在 Chapter02 项目中新建 testTemplate 页面,定义模板的代码如下:

```
1.  <!-- pages/demo2-4/testTemplate.wxml -->
2.      <template name = "userTemplate"> <!---- 定义模板 -->
3.        <view>
4.          <view>姓名: {{item.name}}</view>
5.          <view>年龄: {{item.age}}</view>
6.        </view>
7.      </template><!-- 定义结束 -->
```

(2) 在未使用该模板时,上面定义模板的 WXML 代码不会显示任何元素,使用该模板的代码如下所示:

```
1.  <!-- pages/demo2-4/testTemplate.wxml -->
2.  <view>
3.  <block wx:for = "{{users}}">
4.  <template is = "userTemplate" data = "{{item}}"/> <!-- 调用模板,传入对象数据 -->
5.  </block>
6.  </view>
```

JS 代码如下:

```
1.  Page({
2.      data: {
3.          users: [{ name: "Toky", age: 21 },
4.                  { name: "Nike", age: 19 },
5.                  { name: "Lisa", age: 20 }],
6.      }
7.  })
```

输出结果如图 2-10 所示。

从上面的实例中可以看出，在 WXML 中利用 template 标签定义模板时，模板的名称由 name 属性设置。WXML 在渲染时不会将模板显示到页面上，只有在本页面再次利用 template 标签，并且用 is 属性指定是哪个模板时，才能将模板内容进行渲染，在调用模板时还可利用 data 属性动态传入数据。

2. 引用其他位置的模板

在进行模板 template 的定义时也可以写在单独的一个 WXML 文件里，这时在其他页面进行引用时不是用关键字 include，而是用 import，二者的作用域不同。import 只会引入目标文件中定义的 template，而不会引入目标文件里面再引入的其他 template，即不能进行链式引用。

1）定义模板

在 Chapter02 项目目录下新建 commons 目录，再新建 templates.wxml，如图 2-11 所示。

图 2-10　调用当前页面的模板

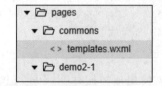

图 2-11　新建 templates.wxml

在 templates.wxml 中定义两个模板，代码如下所示：

```
1.  <!-- Chapter02/pages/commons/templates.wxml -->
2.  <template name = "template1">
3.      <text>{{text}}</text>
4.  </template>
5.  <template name = "template2">
6.      <text>{{text}}</text>
7.  </template>
```

2）引用

在其他文件中进行引用时首先需要利用 import 关键字将模板复制到当前页面，再根据模板的使用方法，利用 is 关键字指明模板。代码如下所示：

```
1.  <!-- pages/demo2-4/testTemplate.wxml -->
2.      < import src = "../commons/templates" />
3.      < template is = "template1" data = "{{text: '这是传入模板的需要显示的内容'}}" />
```

上述代码的运行效果如图 2-12 所示。

图 2-12　import 引用其他页面定义的模板

2.4.2　引用 WXML 代码段

模板针对于有数据需要传入的情况，实际上若是只想引用静态的 WXML 片段直接使用 include 关键字即可。引用 WXML 代码段步骤如下。

（1）在 commons 目录下新建文件 footer.wxml，并在 footer.wxml 中添加如下内容：

```
1.  <!-- Chapter02/pages/commons/footer.wxml -->
2.  < view >
3.  < text >这是许多页面底部需要显示的内容</text >
4.  </view >
```

（2）在其他需要该 footer 作为尾部的页面，利用关键字 include 进行引用。include 可以将目标文件除了< template/>外的整个代码引入，相当于将其复制到 include 所在的位置。在 2.4.1 节创建的 testTemplate.wxml 的底部加上如下代码段：

```
1.  <!-- pages/demo2-4/testTemplate.wxml -->
2.  < include src = "../commons/footer" />
```

上述代码第 2 句的 include 标签是一个单独的闭合标签,与在使用模板时用的 template 闭合标签是一样的,注意不能遗漏末尾的斜杠。

上述代码运行结果如图 2-13 所示。

图 2-13　WXML 代码 include 直接引用

视频讲解

2.5　九九乘法表案例讲解

2.5.1　实现效果

本节利用前面所学的知识实现九九乘法表。最终要实现的效果如图 2-14 所示。

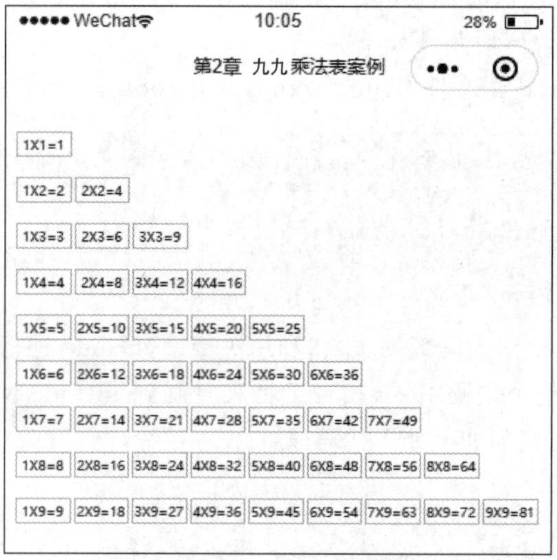

图 2-14　九九乘法表效果图

2.5.2 代码详情

1. WXML 代码

九九乘法表 WXML 代码如下:

```
1.  <!-- MultiplicationTable/pages/index/index.wxml -->
2.  <view class = "jiu-box">
3.      <view wx:for = "{{arr}}" wx:for-item = "i" class = "aa">
4.          <view wx:for = "{{arr}}" wx:for-item = "j" class = "jiu">
5.              <view wx:if = "{{i >= j}}" class = "jiu-item">
6.                  {{j}}X{{i}} = {{j * i}}
7.              </view>
8.              <view wx:else hidden = "{{true}}"></view>
9.          </view>
10.     </view>
11. </view>
```

上述代码第 3~8 句综合运用了两个渲染标签,以达到精简代码的目的,同时也运用了双花括号的 Mustache 语法,实现了控制属性、运算属性的绑定。

2. WXSS 样式代码

WXSS 样式代码如下:

```
1.  /* MultiplicationTable/pages/index/index.wxss */
2.  .aa {
3.      line-height: 32px;
4.  }
5.  .jiu-box {
6.      width: 720rpx;
7.      margin: auto;
8.      padding: 28rpx 0;
9.  }
10. .jiu {
11.     display: inline-block;
12. }
13. .jiu-item {
14.     width: 73rpx;
15.     height: 32rpx;
16.     line-height: 32rpx;
17.     text-align: center;
18.     border: 1px solid #abcdef;
19.     font-size: 19rpx;
20.     margin-right: 4rpx;
21. }
22. .jiu-none {
23.     display: none;
```

```
24.  }
25.  .one {
26.    display: inline - block;
27.    margin - right: 4rpx;
28.    width: 70rpx;
29.    height: 32rpx;
30.    font - size: 14rpx;
31.    text - align: center;
32.    border: 1rpx solid ♯1296db;
33.  }
```

2.6　本章小结

　　本章主要介绍了4部分内容。第1部分是小程序视图与渲染过程,需从宏观上把握小程序视图层与逻辑层数据传递与渲染的过程。在讲解视图层时首先介绍了 WXML 页面,组成页面的重要部件是组件,学完 button 组件简单使用案例后要能举一反三,学会其他组件的使用。后续在第3篇 UI 开发中将进行组件更细致的展开教学。第2部分讲解数据绑定过程,数据绑定是小程序开发中必不可少的重点,学完本节后应该能熟练使用 Mustache 语法。第3部分需要学会两个重要的渲染标签,分别是 wx:if 与 wx:for,前者用于条件控制,后者用于循环控制。这两个标签的使用能大大减少 WXML 页面代码的冗余,具体可通过九九乘法表案例体会。最后一部分讲解了模板与引用,代码的封装在开发中是尤为重要的,WXML 代码的重复利用可通过定义模板实现。同样,WXSS 与 JS 代码也有类似的思想。

第 3 章

小程序的事件

本章学习目标

- 理解事件的概念与事件对象的概念,并能进行区分。
- 熟悉几种常用的事件对象,以及其对应的绑定方式。
- 了解事件对象的类型。
- 学会绑定事件以及如何获取事件对象中的数据。
- 通过实例区别事件对象中的 target 与 currentTarget 属性。

3.1 事件对象

3.1.1 事件与事件对象概述

事件是一种用户行为,用户的点击、滑动等操作都可以成为事件。事件也是一种通信方式,能够完成视图层(WXML 页面文件)与逻辑层(JS 逻辑文件)之间的通信。

事件对象是指用户在点击、滑动等动作触发后形成的一个带有数据的 Object 对象,该对象可在组件绑定的逻辑函数中作为参数传入(通常用字母 e 表示)。在 WXML 页面文件中,事件绑定到组件上,当事件触发时,就会执行逻辑层中对应的事件处理函数。事件对象可携带额外信息,如 id、dataset、touches 等数据,后续可在函数中获取相应的数据进行操作。

例如 2.2.7 节数据绑定综合案例中关于按钮的点击事件,首先 button 组件需要利用 bindtap 属性绑定对应的事件处理函数。除此之外,还可以利用"data-*"的形式在该组件上绑定数据,其中 * 号的意思是用户需自定义数据的变量名,这些数据可携带在事件对象中传入事件处理函数。

3.1.2 事件对象分类

事件对象可以分为基础事件(BaseEvent)、自定义事件(CustomEvent)和触摸事件(TouchEvent)。其中后两个均继承自基础事件,即完整地拥有父类的全部属性。

1. 基础事件

基础事件具体说明如表 3-1 所示。

表 3-1　基础事件对象类型及其属性列表

属　　性	类　　型	说　　明
type	string	事件类型
timeStamp	integer	事件生成时的时间戳
target	object	触发事件的组件的一些属性值集合
currentTarget	object	当前组件的一些属性值集合

2. 自定义事件

自定义事件继承自基础事件,即包含基础事件的所有属性,此外还有 detail 属性,具体说明如表 3-2 所示。

表 3-2　自定义事件对象类型及其属性列表

属　　性	类　　型	说　　明
detail	object	额外的信息

3. 触摸事件

触摸事件继承自基础事件,即包含基础事件的所有属性,此外还有 touches 和 changedTouches 属性,具体说明如表 3-3 所示。

表 3-3　触摸事件对象类型及其属性列表

属　　性	类　　型	说　　明
touches	array	触摸事件,当前停留在屏幕中的触摸点信息的数组
changedTouches	array	触摸事件,当前变化的触摸点信息的数组

4. target 与 currentTarget

在事件对象中,比较重要的属性是 target 与 currentTarget,二者的子属性完全一样,如表 3-4 所示。

表 3-4　target 与 currentTarget 的属性

属　　性	类　　型	说　　明
id	string	target 中为事件源组件的 id,currentTarget 中为当前组件的 id
dataset	object	当前组件中以 data-开头的自定义属性组成的集合

由于事件有冒泡与非冒泡之分,因此绑定了事件的组件与发生事件的组件并不一定相同,currentTarget 代指绑定了事件的组件,而 target 指的是发生了事件的组件,关于二者的区别可参考 3.3.2 节事件绑定案例更深刻地理解。

3.1.3 事件对象打印案例

1. 实现效果

本节将结合前两节所学的关于事件对象的知识，编写不同事件对象的打印输出案例，在观察输出时需注意 type 属性区分不同事件对象，以及事件对象中携带数据的位置等。案例实现效果如图 3-1 所示。

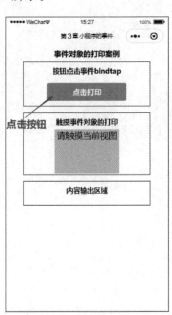
(a) 点击按钮

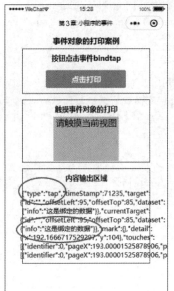
(b) 页面显示tap类型的事件对象

(c) 触摸视图打印touchstart

(d) 结束触摸打印touchend

(e) 控制台打印的事件对象

图 3-1 事件对象打印案例实现效果

2. WXML 页面代码

新建项目 Chapter03 与 eventObject 页面，WXML 页面代码如下：

```
1.  <!-- pages/demo3 - 1/eventObject.wxml -->
2.  < view class = 'container'>
3.    < view class = 'page - body'>
4.      < text class = 'h1'>事件对象的打印案例</text>
5.      < view class = 'demo - box'>
6.        < view class = "title">按钮点击事件 bindtap</view>
7.        < button type = "primary" bindtap = "printEvent" data - info = "这是绑定的数据">
8.          点击打印
9.        </button>
10.      </view>
11.      < view class = 'demo - box'>
12.        < view class = "title">触摸事件对象的打印</view>
13.        < view class = "touch - view" bindtouchstart = "printEvent" bindtouchend = "printEvent">
     请触摸当前视图 </view>
14.      </view>
15.      < view class = 'demo - box'>
16.        < view class = "title">内容输出区域</view>
17.        < text class = "content">{{content}}</text>
18.      </view>
19.    </view>
20.  </view>
```

3. JS 代码

JS 文件中 printEvent 事件处理函数代码如下：

```
1.  // pages/demo3 - 1/eventObject.js
2.  printEvent: function(e) {
3.    console.log(e)                    //打印事件对象
4.    var eventObjStr = JSON.stringify(e)
5.    this.setData({ content: eventObjStr})
6.  },
```

在 Console 面板中可看到打印完整的事件对象，展开内容前面的灰色三角箭头即可看到详细属性，该对象包括 type、timeStamp、target、currentTarget 等属性，而刚刚利用 data-info＝"这是绑定的数据"写入事件对象的 info 变量可以在 e. currentTarget. dataset. info 中获取到。

关于 data-* 自定义数据还要注意的是，若写成 data-btn-info＝"data "，即多个"-"符号连接，最终会强制转换为驼峰标记法（又称为 Camel 标记法，特点是第一个单词全部小写，后面每个单词只有首字母大写），即得到的数据为：{ btnInfo：" data " }；若写成 data-btnInfo，即一个变量名里有大写字母，最终会强制转为小写字母，即得到的数据为：{ btninfo：" data " }。建议在开发过程中，如果要使用事件对象可以打印出来，在调试窗口确认变量名后再使用，以免出错。

3.2　事件类型

在小程序中,事件分为两大类型:

(1) 冒泡事件,当一个组件上的事件被触发后,该事件会向父节点传递。

(2) 非冒泡事件,当一个组件上的事件被触发后,该事件不会向父节点传递。

3.2.1　冒泡事件

组件上的冒泡事件被触发后,该事件会向父节点传递。在3.1.3节事件对象打印案例中小程序中使用了 tap、touchstart 和 touchend 事件对象,这些都属于冒泡事件,小程序提供的全部冒泡事件如表3-5所示。

表 3-5　冒泡事件

类　　型	触　发　条　件
touchstart	手指触摸动作开始
touchmove	手指触摸后移动
touchcancel	手指触摸动作被打断,如来电提醒、弹窗
touchend	手指触摸动作结束
tap	点击事件,手指触摸后马上离开
longpress	手指触摸后,超过350ms再离开,如果指定了事件回调函数并触发了这个事件,tap 事件将不被触发(最低版本 1.5.0)
longtap	长按事件,手指触摸超 350ms 再离开(推荐用 longpress 事件代替)
transitionend	会在 WXSS transition 或 wx.createAnimation 动画结束后触发
animationstart	会在一个 WXSS animation 动画开始时触发
animationiteration	会在一个 WXSS animation 一次迭代结束时触发
animationend	会在一个 WXSS animation 动画完成时触发
touchforcechange	在支持 3D Touch 的 iPhone 设备,重按时会触发(最低版本 1.9.90)

除表之外的其他组件自定义事件如无特殊声明都是非冒泡事件,例如表单(form)的提交事件、输入框(input)的输入事件等,具体使用可参见第10章对应组件属性说明。

3.2.2　冒泡事件案例

1. 运行效果

冒泡事件的具体案例运行效果如图3-2所示。点击图3-2(a)中的 view 3,控制器输出情况如图3-2(b)所示。

视频讲解

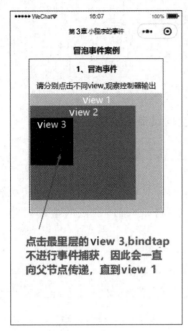

(a) 点击view 3

(b) 控制器输出情况

图 3-2 冒泡事件测试

2. WXML 代码

新建页面 bubblingEvent，页面的 WXML 代码如下：

```
1.   <!-- pages/demo3-2/ bubblingEvent.wxml-->
2.   <view class = 'container'>
3.     <view class = 'page-body'>
4.       <text class = 'h1'>冒泡事件案例</text>
5.       <view class = 'demo-box'>
6.         <view class = "title">冒泡事件</view>
7.         <view class = "content">请分别点击不同 view,观察控制器输出</view>
8.         <view class = "view1" bindtap = "view1click">
9.           view 1
10.            <view class = "view2" bindtap = "view2click">
11.              view 2
12.              <view class = "view3" bindtap = "view3click">
13.                view 3
14.              </view>
15.            </view>
16.         </view>
17.       </view>
18.     </view>
19.   </view>
```

3. JS 代码

JS 代码主要是三个简单的打印输出函数,具体如下:

```
1.  <!-- pages/demo3-2/ bubblingEvent.wxml -->
2.  Page({
3.    view1click:function(){
4.      console.log("view1click")
5.    },
6.    view2click: function () { console.log("view2click") },
7.    view3click: function () { console.log("view3click") },
8.  })
```

3.3 事件绑定类型

3.3.1 阻止冒泡事件

前面讲到的事件绑定都是 bind 开头,而英文 bind 与中文"绑定"也是谐音,会让人误以为事件绑定即使用 bind * 开头的属性即可,其实不然,事件绑定分别有 bind 与 catch 两种,两者的区别如下:bind 事件绑定不会阻止冒泡事件向上冒泡,catch 事件绑定可以阻止冒泡事件向上冒泡。其中 bindtap 的方式已经通过 3.2.1 节的案例初步了解,接下来将通过修改该案例帮助理解 catchtap 阻止冒泡。

(1) 修改 bindtap 为 catchtap,代码如下所示:

```
1.  < view class = "view1" bindtap = "view1click">
2.    View 1
3.    < view class = "view2" catchtap = "view2click">
4.    <!-- catchtap 可阻止事件继续冒泡 -->
5.      view 2
6.      < view class = "view3" bindtap = "view3click">
7.        view 3
8.      </view>
9.    </view>
10. </view>
```

(2) 保存后再次点击 view 3,可看到日志只会输出 view3click 与 view2click,说明冒泡事件被阻止,如图 3-3 所示。

图 3-3　catchtap 阻止事件继续冒泡

3.3.2 target 与 currentTarget 的区别

1. 完善案例的 WXML 代码

在 3.3.1 节的基础上继续完善案例以便更深刻地理解事件对象中的 target 与 currentTarget 的区别。首先给 bubblingEvent.wxml 的三个 view 添加上 id 属性，示例代码如下所示：

```
1.  < view class = "view1" id = "v1" bindtap = "view1click">
2.    view 1
3.  < view class = "view2" id = "v2" catchtap = "view2click">
4.  <!-- catchtap 可阻止事件继续冒泡 -->
5.    view 2
6.  < view class = "view3" id = "v3" bindtap = "view3click">
7.     view 3
8.  </view >
9.  </view >
10. </view >
```

2. JS 打印该对象

在 JS 文件中对应的事件处理函数中传入事件对象，并打印该对象。示例代码如下所示：

```
1.  Page({
2.    view1click:function(e){
3.      console.log(e, "view1click")
4.    },
5.    view2click: function (e) { console.log(e, "view2click") },
6.    view3click: function (e) { console.log(e, "view3click") },
7.  })
```

3. 实现效果说明

target 指触发事件的组件的一些属性值集合，currentTarget 指当前组件的一些属性值集合。现点击最内层的 view 3，冒泡事件会进行到 view 2，可在控制台看到打印的两个事件对象，第一个是 id 为 v3 的 view 3 组件，其绑定事件的组件与发生事件的组件都是 view 3。而冒泡事件传递到 view 2 时，同样触发 view 2 对应的事件处理函数，其打印的事件对象显示发生事件的组件是 view 2，但触发的组件 id 却是 v3，即 target 属性内的 id 显示为 v3。控制器具体输出效果如图 3-4 所示。

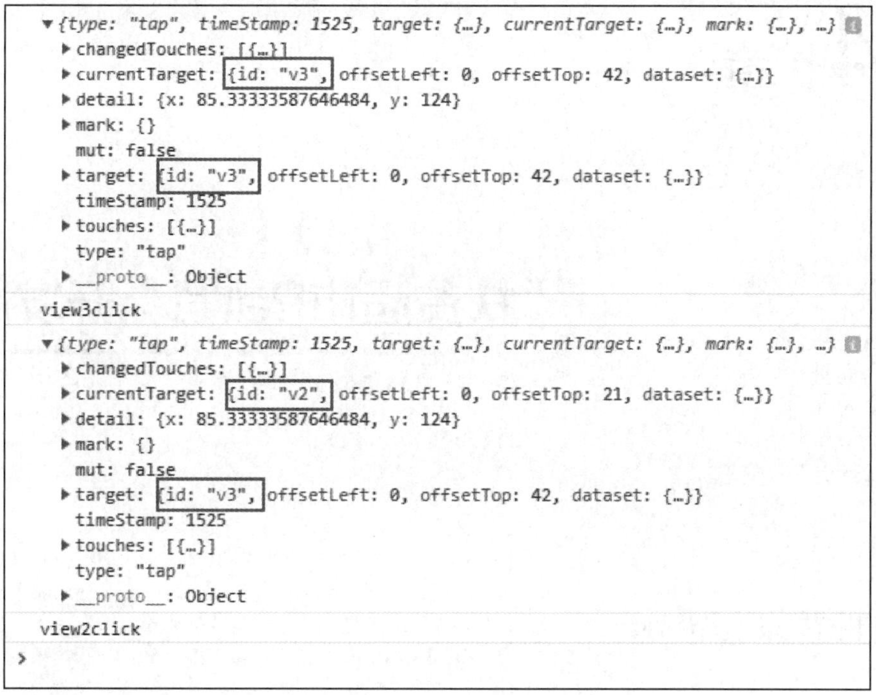

```
▼{type: "tap", timeStamp: 1525, target: {…}, currentTarget: {…}, mark: {…}, …}
  ▶ changedTouches: [{…}]
  ▶ currentTarget: {id: "v3", offsetLeft: 0, offsetTop: 42, dataset: {…}}
  ▶ detail: {x: 85.33333587646484, y: 124}
  ▶ mark: {}
    mut: false
  ▶ target: {id: "v3", offsetLeft: 0, offsetTop: 42, dataset: {…}}
    timeStamp: 1525
  ▶ touches: [{…}]
    type: "tap"
  ▶ __proto__: Object
view3click
▼{type: "tap", timeStamp: 1525, target: {…}, currentTarget: {…}, mark: {…}, …}
  ▶ changedTouches: [{…}]
  ▶ currentTarget: {id: "v2", offsetLeft: 0, offsetTop: 21, dataset: {…}}
  ▶ detail: {x: 85.33333587646484, y: 124}
  ▶ mark: {}
    mut: false
  ▶ target: {id: "v3", offsetLeft: 0, offsetTop: 42, dataset: {…}}
    timeStamp: 1525
  ▶ touches: [{…}]
    type: "tap"
  ▶ __proto__: Object
view2click
>
```

图 3-4　target 与 currentTarget 的区别

3.4　本章小结

本章主要围绕小程序中的事件讲了 3 部分内容。第 1 部分是事件对象,要能区别事件与事件对象的概念,并了解事件对象有哪些分类和常用的属性。通过 3.1.3 节事件对象打印案例的学习能够对事件对象有一个更直观的理解。第 2 部分讲了事件的两大类型:冒泡与非冒泡,只需记住一些冒泡的特例即可,通过 3.2.2 节的冒泡事件案例能够直观理解冒泡事件的传递过程。第 3 部分是事件绑定的两种类型 bind 与 catch,catch 能够阻止冒泡,通过 3.3.1 节对于案例的改写将有具体的了解。在事件对象中,以 data-* 开头绑定的数据往往藏在 target 与 currentTarget 两个属性中,因此通过 3.3.2 节的案例改写将帮助更好地理解二者的区别。总之,通过本章的学习,应当对事件对象、事件类型有基本的认识,并能学会其基本使用方法。

第 **4** 章

"扶贫超市Part1" 开发准备

视频讲解

4.1　项目背景与需求

4.1.1　项目背景

在国家精准扶贫的号召下,学校帮扶贫困县在校内开办扶贫超市,帮助贫困农户和其他村民销售农产品,既解决了贫困户的销售担忧,也满足了学校师生对生态农特产品的需求,更体现了师生的爱心消费观念,让师生与农户有了心与心的贴近。应学校扶贫超市的邀请,制作了这款提供给学校师生的购物平台——扶贫超市购物系统,该项目同时还配有后台管理功能,提供给超市管理者用于商品以及订单的管理。

4.1.2　需求分析

(1) 项目顾客端需求:浏览分类商品、商品搜索、加入购物车并结算、支付、个人信息管理(包括订单管理、地址管理、收藏管理等)。

(2) 项目管理员端需求:用户管理、商品管理(包括添加商品、添加商品的分类)、订单管理(更改订单的状态)。

4.1.3　功能模块划分

扶贫超市购物系统(以下简称扶贫超市)概括地讲分为客户端和服务器端。客户端提供不同角色,普通用户使用的称为用户端,商家管理信息使用的称为管理端,服务器端采用小程序的云开发,用于数据存储和管理。

用户端主要包含商品浏览、收藏商品、购买商品以及个人信息管理等功能。管理端主要包含用户管理、商品管理、订单管理等功能。扶贫超市项目功能模块划分如图 4-1 所示。

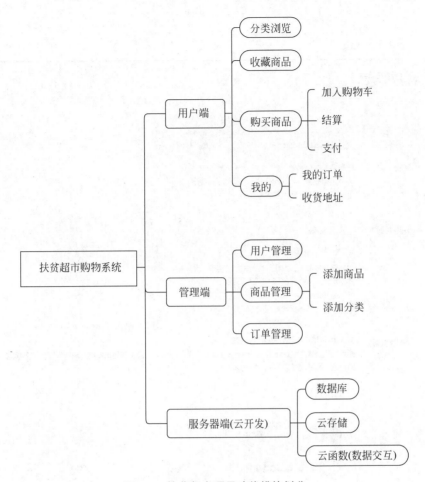

图 4-1 扶贫超市项目功能模块划分

上述全部功能将在一个小程序内完成,根据登录用户的 openid 区分顾客与管理员。后台使用云开发实现,配有数据库、云存储空间、云函数接口等,将在后续章节继续讲解该实战项目的开发工作。

4.2 开发准备

4.2.1 申请正式账号并完善小程序信息

参考 1.2 节的开发准备步骤在微信公众平台完成开发者账号申请工作,填写小程序信息如图 4-2 所示。

图 4-2　填写小程序信息

4.2.2　新建项目

在公众平台的"开发"→"开发设置"页复制小程序的 AppID,利用开发工具新建小程序项目 Shop,并选择"小程序·云开发"单选按钮。具体新建项目的步骤如图 4-3 所示。至此,扶贫超市项目开发准备工作完成。

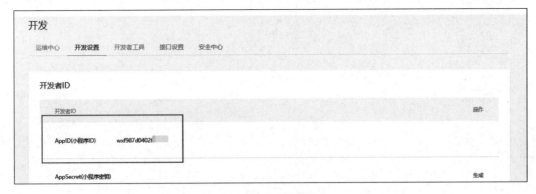

(a) 复制小程序AppID

(b) 填写AppID并选择"小程序·云开发"单选按钮

图 4-3 新建项目步骤

4.3 本章小结

本章是扶贫超市实战项目的第一部分,简要介绍了需求分析与基本功能。然后进行开发准备以及项目的新建,由于是结合云开发的综合项目,因此新建时需要选择"小程序·云开发"单选按钮。

第 2 篇

开发进阶

第5章

小程序项目的配置与生命周期

本章学习目标

- 进一步熟悉小程序的全局配置,掌握在 app.json 文件中进行页面、窗口、tabBar 等的配置。
- 围绕着 app.js 文件,理解小程序的生命周期,熟悉 App 对象的使用。
- 了解小程序页面配置与小程序全局配置的区别,并围绕页面的 JS 文件学习页面生命周期过程。
- 学习页面间如何进行参数传递。

5.1 app.json 配置属性

app.json 为全局配置文件,主要用于项目配置,包含诸多属性。实际开发过程中也可参考微信官方文档,选择"框架"→"小程序配置"→"全局配置"命令进行查看。app.json 配置属性的介绍如表 5-1 所示。

表 5-1 app.json 配置属性

属　　性	类　　型	描　　述
pages	string[]	必填,记录小程序所有页面的路径地址
window	object	可选,用于设置页面的窗口表现,例如导航栏的背景颜色、标题文字内容以及文字颜色等
tabBar	object	可选,用于设置页面底部 Tab 工具条的表现
networkTimeout	object	可选,用于设置各种网络请求的超时时间
navigateToMiniProgramAppIDList	string[]	可选,需要跳转的小程序列表,最多允许填写 10 个
functionalPages	boolean	可选,是否启用插件功能页,默认关闭。小程序运行的基础库最低版本为 2.1.0
debug	boolean	可选,用于设置是否开启调试模式
subpackages	oobject[]	可选,分包结构配置。小程序运行的基础库最低版本为 1.7.3

续表

属　　性	类　　型	描　　述
preloadRule	object	分包预下载规则。小程序运行的基础库最低版本为2.3.0
workers	string	可选，worker 是运行在后台的 JavaScript，独立于其他脚本，不会影响页面的性能。该属性指出 worker 代码放置的目录，小程序运行的基础库最低版本为1.9.90
requiredBackgroundModes	string[]	需要在后台使用的能力，如音乐播放
plugins	object	使用到的插件，小程序运行的基础库版本为1.9.6
sitemapLocation	string	必需，sitemap.json 全局配置文件，作用是用户搜索小程序内部的某个页面的相关设置。这里的该属性用于定位该文件位置
resizable	boolean	可选，iPad 小程序是否支持屏幕旋转，默认关闭。小程序运行的基础库版本为 2.3.0
style	string	指定使用升级后的 WeUI 样式

小程序的运行要求与微信客户端版本相匹配，每一个基础库只能在对应的客户端版本上运行，高版本的基础库无法兼容低版本的微信客户端。基础库版本可在微信开发工具中自定义，具体运行情况以真机调试为准，为了避免 Android 与 iOS 系统运行表现不同，建议同时使用两种不同系统的机型进行小程序的调试。

5.2　页面配置

App 的页面配置指的是 pages 属性，pages 数组的第一个页面将默认作为小程序的启动页。利用开发工具新建页面时，pages 属性对应的数组将自动添加该页面的路径，若是在硬盘中添加文件的形式则不会触发该效果。pages 属性配置示例代码如下所示：

```
1.  {
2.    "pages": [
3.      "pages/index/index",
4.      "pages/logs/logs"
5.    ],
6.  }
```

上述代码中 pages 数组中页面路径之间用英文逗号分开，最后一个页面路径不加逗号。这里要注意 JSON 文件的语法，如不能添加注释在 JSON 文件中等。

5.3　窗口配置

window 属性对应的是一个 json 对象，可用于配置小程序顶部 navigationBar 的颜色、标题文字，且均作用于全局。如果页面的 JSON 文件不再进行单独的配置，全部页面都将默认使用 app.json 文件中 window 属性的配置。window 的子属性说明如表 5-2 所示。

表 5-2 window 属性说明

属 性	类型	默认值	解 释
navigationBar backgroundColor	hexcolor	#000000	导航栏背景颜色,默认值表示黑色
navigationBarTextStyle	string	white	导航栏标题颜色,默认值表示白色,该属性值只能是 white 或 black
navigationBarTitleText	string		导航栏标题文字内容,默认无文字内容
navigationStyle	string	default	导航栏样式,default 表示默认格式。custom 表示自定义导航栏,只保留右上角的小图标(微信版本 6.6.0 以上支持此功能)
backgroundColor	hexcolor	#ffffff	窗口的背景颜色,默认值表示白色
backgroundTextStyle	string	dark	下拉加载的样式,选填 dark 或 light
backgroundColorTop	string	#ffffff	顶部窗口的背景颜色,只有 iOS 有效(微信版本 6.5.16 以上支持此功能)
backgroundColorBottom	string	#ffffff	底部窗口的背景颜色,只有 iOS 有效(微信版本 6.5.16 以上支持此功能)
enablePullDownRefresh	boolean	false	是否开启下拉刷新功能
onReachBottomDistance	number	50	页面上拉触底事件触发时距页面底部距离,单位为像素(px)

5.4 tabBar 配置

5.4.1 tabBar 属性

tabBar 是固定在软件主界面底部的类似于单选按钮作用的横条,选中不同的选项按钮后,主界面就切换成不同的页面。tabBar 的属性配置如表 5-3 所示。

表 5-3 tabBar 的属性配置

属 性	类型	是否必填	默认	描 述
color	hexcolor	是		tab 上的文字默认颜色
selectedColor	hexcolor	是		tab 上的文字选中时的颜色
backgroundColor	hexcolor	是		tab 的背景色
borderStyle	string	否	black	tabBar 边框颜色,仅支持 black/white
list	array	是		tab 的列表,包含 4 个子属性:页面的路径、默认图标路径、选中图标路径、文字
position	string	否	bottom	tabBar 的位置,仅支持 bottom/top

表 5-3 中 list 子属性对应的参数为 pagePath、iconPath、selectedIconPath 和 text。其中关于 pagePath 属性的路径需要在 app.json 的 pages 中先定义,而 iconPath(tabBar 的图标路径)放置的图片大小限制为 40KB,建议大小为 81px×81px,不支持网络图片(即 URL)。selectedIconPath 与 iconPath 的限制相同。但是当表中的 position 属性值设为 top 时,不显示图标。

5.4.2 tabBar 配置示例

1.3.3 节中介绍的"微信小程序示例"主界面使用了 tabBar,如图 5-1 所示。

(a) 程序底部的tabBar

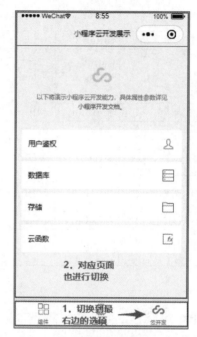

(b) tabBar的切换

图 5-1 官方示例程序 tabBar 配置示例图

"微信小程序示例"的 app.json 源代码如下:

```
1.   "tabBar": {
2.       "color": "＃7A7E83",
3.       "selectedColor": "＃3cc51f",
4.       "borderStyle": "black",
5.       "backgroundColor": "＃ffffff",
6.       "list": [{ "pagePath": "page/component/index",
7.               "iconPath": "image/icon_component.png",
8.               "selectedIconPath": "image/icon_component_HL.png",
9.               "text": "组件" },
10.             { "pagePath": "page/API/index",
11.               "iconPath": "image/icon_API.png",
12.               "selectedIconPath": "image/icon_API_HL.png",
13.               "text": "接口" },
14.             { "pagePath": "page/cloud/index",
15.               "iconPath": "image/icon_cloud.png",
16.               "selectedIconPath": "image/icon_cloud_HL.png",
17.               "text": "云开发" } ]
18.    }
```

5.5　网络超时配置

networkTimeout 属性用于设置网络超时时间，其子属性配置如表 5-4 所示。

表 5-4 networkTimeout 的子属性配置

属性	类型	是否必填	默认值	说　明
request	number	否	60000	wx.request 超时时间，单位为毫秒
connectSocket	number	否	60000	wx.connectSocket 超时时间，单位为毫秒
uploadFile	number	否	60000	wx.uploadFile 超时时间，单位为毫秒
downloadFile	number	否	60000	wx.downloadFile 超时时间，单位为毫秒

5.6　权限配置

5.6.1　接口权限

1. 代码说明

permission 属性用于小程序接口权限相关设置，字段类型为 object。以位置权限为例，小程序若想要获取用户的位置信息，需在 app.json 中配置 permission 属性，代码如下所示：

```
1.  {
2.    "pages": ["pages/index/index"],
3.    "permission": {
4.      "scope.userLocation": {
5.        "desc": "你的位置信息将用于小程序位置接口的效果展示"
6.      }
7.    }
8.  }
```

用户信息、地理位置等权限出于隐私原因需经过用户授权后才能获取，因此，在首次调用小程序的 wx.getLocation 等接口获取用户定位时会跳出弹窗，提醒用户进行授权，代码如下所示：

```
1.  wx.getSetting({ //wx.getSetting用于获取小程序当前需授权接口的授权情况
2.      success(res) {
3.        if (!res.authSetting['scope.userLocation']) {// scope 是一个长列表,包含所有权限
4.          wx.authorize({                       //调用 wx.authorize 弹出弹窗
5.            scope: 'scope.userLocation',
6.            success() {
7.              //用户已经同意小程序使用定位功能,后续调用不会弹出弹窗询问
8.              // wx.getLocation({...})
9.            }
10.         })
```

```
11.          }
12.        }
13.    })
```

上述代码共涉及 3 个 API 函数。第 1 个是 wx.getSetting，用于获取小程序当前需授权接口的授权情况，调用成功后在 success 回调函数中接收该 API 函数返回的结果。在第 3 句代码中做判断，若 scope.userLocation 即位置权限未经用户授权，则会调用第 2 个 API 函数 wx.authorize 提示用户进行授权，这时弹窗显示的位置用途即 permission 配置内容。用户点击"同意"按钮后，再调用第 3 个 API 函数 wx.getLocation 获取用户的地理位置，且后续调用都不会再进行弹窗询问。

2. 运行效果

permission 属性配置地理位置用途的授权弹窗如图 5-2 所示。

图 5-2　获取位置权限提示

需要注意的是，图 5-2 的项目是使用了申请正式 AppID 的小程序项目，若使用测试号，如果测试号小程序本身已授权位置权限，则上述授权代码不会再弹出弹窗询问授权。

5.6.2　后台能力权限

requiredBackgroundModes 属性用于申明需要后台运行的能力，属性值类型为数组。目前该属性支持以下后台能力。

- audio：后台音乐播放。
- location：后台定位。

示例代码如下：

```
1.  {
2.    "pages": ["pages/index/index"],
3.    "requiredBackgroundModes": ["audio", "location"]
4.  }
```

在此处申明了后台运行的接口,开发版和体验版上可以直接生效,正式版还需要通过审核。

5.7 小程序的生命周期

视频讲解

5.7.1 小程序生命周期函数

小程序的生命周期主要有初始化、启动和切后台,分别对应 onLaunch、onShow、onHide 3 个函数,而这 3 个函数是定义在 app.js 项目逻辑文件中,在注册小程序时作为参数传入函数 App() 的。小程序生命周期函数相关说明如表 5-5 所示。

表 5-5 小程序生命周期函数相关说明

属 性	类 型	是否必填	说 明
onLaunch	function	否	生命周期回调:监听小程序初始化
onShow	function	否	生命周期回调:监听小程序启动或切前台
onHide	function	否	生命周期回调:监听小程序切后台

5.7.2 小程序生命周期测试案例

1. 运行效果

下面实现小程序项目的生命周期测试案例,其中包含 3 个操作,首先是启动项目时触发的两个生命周期函数,分别是 onLaunch 和 onShow。其次是小程序切后台时会触发 onHide 函数。最后再次打开小程序时,小程序并不会重新加载,而是只触发 onShow 函数。案例的具体操作步骤与演示效果如图 5-3 所示。

图 5-3(f) 中出现的场景是指用户在进入该小程序时是以何种方式进入的,对每一种进入方式进行了编号,称为场景值。常见的进入小程序的方式有扫描小程序码、通过微信客户端的发现栏等。若开发者需要获取用户进入该小程序的方式,可以在 App 的 onLaunch 和 onShow 中通过参数获取,也可以通过调用 API 函数 wx.getLaunchOptionsSync 获取上述场景值。

随机选中一个场景值再次进入小程序,控制栏会只打印"---onShow--",可见小程序并没有被真正关闭而是进入后台运行,因此不会再进行初始化操作。前台的意思是小程序页面正处于当前手机顶部正在运行,而后台的意思是小程序页面被其他页面打断,如突然有电话接入的情况。在小程序实际运行过程中,很可能出现被其他页面所打断的情况,这时需要在 onHide 中执行把相关操作暂停的逻辑,而在 onShow 中继续操作,这点对于游戏的开发尤为重要。

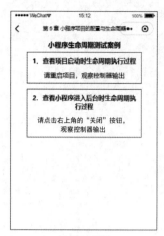

(a) 启动项目

(b) 控制器输出

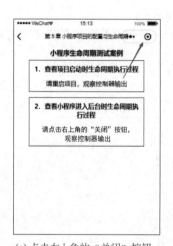

(c) 点击右上角的"关闭"按钮

(d) 小程序进入后台

(e) 触发onHide (f) 选择某项重新进入方式 (g) 触发onShow

图 5-3 小程序生命周期测试案例的具体操作步骤与演示效果

2. 代码说明

新建项目 Chapter05，新建 lifeCycle 页面。在自动新建的 app.js 文件中可以看到如下代码：

```
1.  //项目逻辑文件 app.js
2.  App({
3.    onLaunch: function () {
4.     //省略
5.    },
6.    globalData: { userInfo: null }
7.  })
```

如 1.4 节所述，项目逻辑文件 app.js 中 App 函数用于进行小程序的注册，而 App 函数中传入的大型参数中就包括 onLaunch 方法，它主管整个项目生命周期的初始化环节，除了 onLaunch 方法之外，还有 onShow 以及 onHide，可以添加上这两个方法在 app.js 中进行测试，代码如下所示：

```
1.  //项目逻辑文件 app.js
2.  App({
3.    onLaunch: function () {
4.      console.log(" --- onLaunch -- ");
5.    },
6.    onShow: function () {
7.      console.log(" --- onShow -- ");
8.    },
9.    onHide: function () {
10.      console.log(" --- onHide -- ");
11.    }
12.  })
```

5.8 使用 app 对象的案例讲解

视频讲解

5.8.1 实现效果

调用 app 对象可以使用 app.js 中定义的全局函数和变量。本节介绍一个传递用户名的案例，首先定义 app.js 中的变量和函数，然后在其他页面中使用 app 对象，并调用 app.js 中的函数以获取全局用户名，案例实现效果如图 5-4 所示。

图 5-4(c)所示的用户名是由 app.globalData.userName 赋值的，这里的 app 就是在 JS 页面中获取到的 app 对象。app.globalData.userName 值在 app.js 中被 testApp 函数赋值为"Toky"，在 5.8.2 节的代码说明中可以看到。

(a) 页面初始状态　　　　　　(b) 点击"点击调用"按钮　　　　　　(c) 成功获取全局用户名

图 5-4　利用 app 对象调用 app.js 的全局变量与函数

5.8.2　在 app.js 中定义全局变量与函数

如前所述,在 app.js 里定义全局变量与函数,代码如下所示:

```
1.  //app.js
2.  App({
3.    onLaunch: function () {
4.      //项目启动时逻辑
5.    },
6.    /** 定义在 app.js 中的全局函数 */
7.    testApp(){
8.      this.globalData.userName = 'Toky'
9.    },
10.   globalData: {
11.     userName: null //定义在 app.js 中的全局变量
12.   }
13. })
```

5.8.3　页面获取 app 对象

1. WXML 代码

```
1.  <!-- index.wxml -->
2.  < view class = 'container'>
3.    < view class = 'page – body'>
4.      < text class = 'h1'>使用 app 对象的案例讲解</text>
5.      < view class = 'demo – box'>
6.        < view class = "title">点击按钮调用 app.js 中 testApp 函数</view>
7.        < button type = "primary" bindtap = "getUserName">点击调用</button>
8.        < view class = "title">app.js 中定义的全局用户名是:
9.          < text >{{name}}</text >
```

```
10.         </view>
11.       </view>
12.     </view>
13. </view>
```

2. JS 逻辑代码

index.js 代码如下：

```
1.  //index.js
2.  const app = getApp()          //获取应用实例
3.  Page({
4.    data: {
5.      name:null
6.    },
7.    //事件处理函数
8.    getUserName: function() {
9.      app.testApp()
10.     this.setData({ name: app.globalData.userName})
11.   }
12. })
```

5.9　本章小结

　　本章主要讲解了小程序项目层面的配置与生命周期等,具体涉及 app.json 文件作用的小程序全局配置、app.js 文件作用的小程序项目的 3 个周期函数运行情况,最后结合案例讲解了 app 对象的具体使用。

第章

小程序页面的配置与生命周期

本章学习目标

- 熟悉页面的窗口配置,并能区分小程序页面配置与全局配置。
- 熟悉页面的生命周期函数以及执行过程。
- 熟悉页面跳转的几种方式,并体会在页面的跳转过程中生命周期函数的执行过程。
- 结合本章新闻客户端案例熟悉页面间参数传递的过程。

6.1 小程序的页面配置

主配置文件 app.json 配置全局内容,也就是说对所有页面都适用。但很多时候都需要在不同页面显示不同标题,因此,每个页面也需要一个单独的页面配置文件。页面配置文件扩展名为 .json。例如,页面 index 的页面配置文件名全称为 index.json。

页面的配置比 app.json 主配置文件的项目要简单得多,只能设置 app.json 中的 window 配置项的内容(页面中配置项会覆盖 app.json 的 window 中相同的配置项),其属性值与 5.3 节中 window 的属性列表一致,并且在页面的 JSON 文件配置中无须写 window 这个键(但外部的花括号不能省略),示例代码如下所示:

```
1.  {
2.    "navigationBarBackgroundColor": "#ffffff",
3.    "navigationBarTextStyle": "black",
4.    "navigationBarTitleText": "主页",
5.  }
```

上述代码将设置导航栏背景颜色为白色,标题字体颜色为黑色,文字为"主页"。

6.2　页面的生命周期

6.2.1　页面生命周期函数

通过前面的学习知道,在小程序中,每个页面都必须使用 Page 函数进行注册。与 App 注册程序的函数类似,Page 函数也需要一个 json 对象作为参数,参数中可定义页面的生命周期函数,还可编写自定义的函数用来响应页面的事件。

页面的生命周期函数有以下几个。

(1) onLoad：页面加载完调用该函数,一个页面只会调用一次。该函数的参数可以获取 wx. navigateTo 和 wx. redirectTo 及 navigator 组件通过跳转的 URL 传递的参数。

(2) onShow：页面显示时调用该函数,每次打开页面都会调用一次。

(3) onReady：页面初次渲染完成时调用该函数。一个页面只会调用一次,代表页面已经准备妥当,可以和视图层进行交互。

(4) onHide：页面隐藏时调用,当 navigateTo 或底部 Tab 切换时调用该函数。

(5) onUnload：页面卸载时调用,当 redirectTo 或 navigateBack 时调用该函数。

(6) onPullDownRefresh：下拉刷新时调用。监听用户下拉刷新事件,需要在 app. json 的 window 选项中开启 enablePullDownRefresh。当处理完数据刷新后,wx. stopPullDownRefresh 可以停止当前页面的下拉刷新。

6.2.2　页面生命周期测试案例

视频讲解

1. 运行效果

页面启动时,index 页面依次执行 onLoad、onShow 和 onReady 函数。本节介绍一个简单的页面启动案例,可在控制台观察页面生命周期函数的执行过程,案例运行效果如图 6-1 所示。

(a) 页面启动时

(b) 单个页面加载的生命周期函数执行情况

图 6-1　页面生命周期测试案例

2. 代码说明

新建 Chapter06 项目与 pageLifeCycle 页面，在每个生命周期函数内部都添加打印语句，具体 JS 代码如下：

```
1.  //页面逻辑文件 index.js
2.  Page({
3.    /* 页面的初始数据 */
4.    data: {},
5.    /* 生命周期函数 -- 监听页面加载 */
6.    onLoad: function (options) {
7.      console.log(" --- index 页面 onLoad --- ");
8.    },
9.    /* 生命周期函数 -- 监听页面初次渲染完成 */
10.   onReady: function () {
11.     console.log(" --- index 页面 onReady --- ");
12.   },
13.   /* 生命周期函数 -- 监听页面显示 */
14.   onShow: function () {
15.     console.log(" --- index 页面 onShow --- ");
16.   },
17.   /* 生命周期函数 -- 监听页面隐藏 */
18.   onHide: function () {
19.     console.log(" --- index 页面 onHide --- ");
20.   },
21.   /* 生命周期函数 -- 监听页面卸载 */
22.   onUnload: function () {
23.     console.log(" --- index 页面 onUnload --- ");
24.   },
25.   /* 页面相关事件处理函数 -- 监听用户下拉动作 */
26.   onPullDownRefresh: function () {
27.     console.log(" --- index 页面 onPullDownRefresh --- ");
28.   },
29.  })
```

6.3 页面跳转

在小程序中，页面的跳转也称为路由，程序运行时，由一个统一的页面栈保存用户打开的页面，页面栈最多 10 层。根据页面栈中各页面不同的跳转情况微信提供了不同的路由 API 函数，详情如表 6-1 所示。

表 6-1 路由 API 函数

名　　称	说　　明
wx. switchTab(object obj)	跳转到 tabBar 页面，并关闭其他所有非 tabBar 页面
wx. reLaunch(object obj)	关闭所有页面，打开到应用内的某个页面

续表

名　　称	说　　明
wx.redirectTo(object obj)	关闭当前页面,跳转到应用内的某个页面,但是不允许跳转到 tabBar 页面
wx.navigateTo(object obj)	保留当前页面,跳转到应用内的某个页面。但是不能跳到 tabBar 页面。使用 wx.navigateBack 可以返回到原页面。小程序中页面栈最多 10 层
wx.navigateBack(object obj)	关闭当前页面,返回上一级或多级页面。可通过 getCurrentPages 获取当前的页面栈,决定需要返回几层

6.3.1　navigateTo 跳转

1. 属性说明

wx.navigateTo 是使用较多的路由 API 函数,即保留当前页面跳转,在新页面还可以通过 wx.navigateBack 返回。函数具体参数说明如表 6-2 所示。

表 6-2　wx.navigateTo(object obj)函数参数说明

属　　性	类　　型	是否必填	说　　明
url	string	是	需要跳转的应用内非 tabBar 的页面的路径,路径后可以带参数。参数与路径之间使用 ? 分隔,参数键与参数值用 = 相连,不同参数用 & 分隔。如 'path?key=value&key2=value2'
events	object	否	页面间通信接口,用于监听被打开页面发送到当前页面的数据。基础库 2.7.3 开始支持
success	function	否	接口调用成功的回调函数
fail	function	否	接口调用失败的回调函数
complete	function	否	接口调用结束的回调函数(调用成功、失败都会执行)

值得一提的是,在底部有 tabBar 的页面,如果利用 wx.navigateTo 跳转方式到某个 tabBar 配置的页面,则跳转失败。

2. JS 跳转代码

wx.navigateTo 函数的示例代码如下所示:

```
1.    wx.navigateTo({
2.       url: '../logs/logs',          //页面 URL
3.    })
```

页面在进行跳转时由页面栈进行统一管理。使用 wx.navigateTo 从页面 1 跳转到页面 2 时,页面 1 并不会卸载(onUnload),而是执行 onHide 函数。页面 2 入栈,执行新页面加载时的 onLoad、onShow、onReady 3 个生命周期函数。从新页面返回时,栈顶页面会执行 onUnload 函数卸载的生命周期函数,而页面 1 不会再次执行 onLoad 与 onReady 函数,仅仅执行 onShow 函数。

值得一提的是,页面生命周期函数与项目的生命周期函数在切换前后台时独立执行,互不影响。参考 6.3.4 节页面跳转与生命周期函数案例。

3. navigator 组件说明

除了在 JS 中编写事件处理函数,再利用 wx.navigateTo 函数跳转以外,还有一个与之功能相同的方法是利用 navigator 导航组件。组件编写在 WXML 视图文件中,代码如下所示:

```
1.  <!-- index.wxml 文件 -->
2.  < navigator url = "../../pages/demo6 - 2/page1/page1" hover - class = "none">
3.  </navigator >
```

以上代码与 wx.navigateTo 函数实现跳转的效果完全相同。当然,关于 navigator 组件,还有其他如 open-type 等属性,用于控制跳转效果(如 navigateTo、redirectTo 和 tabBar 切换使用的 switchTo 等),详情可参见 10.6 节导航组件。

6.3.2　redirectTo 跳转

除了用 wx.navigateTo 函数进行跳转以外,常用的页面跳转函数还有 wx.redirectTo。与 navigateTo 不同,wx.redirectTo 是指重定向,它会直接卸载当前页面,跳转到应用内的某个页面,但是不允许跳转到 tabBar 页面。

其属性用法和 wx.navigateTo 类似,如下述代码所示:

```
1.  wx.redirectTo({
2.    url: '../logs/logs',
3.  })
```

6.3.3　tabBar 页面切换

在 5.4 节 tabBar 配置中详细介绍了小程序底部导航栏的配置方法,在点击底部 tabBar 进行页面切换时,tabBar 对应的每个页面都不会被卸载,而是保留当前页面直接进行切换,具体运行效果参见 6.3.4 节的综合案例。

6.3.4　页面跳转与页面生命周期案例

1. 运行效果

下面通过 3 个页面分别实现 3 种页面跳转方式。

1) navigateTo 跳转运行效果

navigateTo 跳转保留当前页面进行跳转,在新页面还可以通过 wx.navigateBack 返回。在进行页面跳转时可看到第 1 个页面执行 onHide 生命周期函数,返回时第 1 个页面执行 onShow 生命周期函数。使用 navigateTo 跳转的运行效果如图 6-2 所示。

2) redirectTo 跳转运行效果

redirectTo 重定向跳转,会直接卸载当前页面再进行跳转,可以看到第 1 个页面执行 onUnload 生命周期函数的过程,且不能再返回原页面。使用 redirectTo 跳转的运行效果如图 6-3 所示。

视频讲解

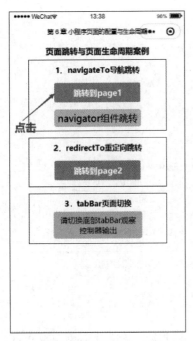

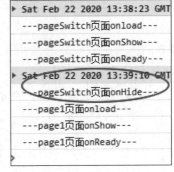

| (a) 点击"跳转到page1"按钮 | (b) 跳转成功 | (b) 控制台输出1 |

(d) 返回

---page1页面onUnload---
---pageSwitch页面onShow---

(e) 控制台输出2

图 6-2　使用 navigateTo 跳转的运行效果

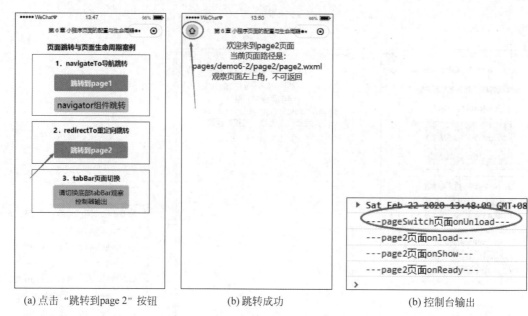

(a) 点击"跳转到page 2"按钮   (b) 跳转成功   (b) 控制台输出

图 6-3　使用 redirectTo 跳转的运行效果

3）tabBar 页面切换时生命周期测试

tabBar 页面切换通常涉及 3 个以上的页面，页面跳转时的特性是首次加载后就不再需要重新加载，后续页面切换只执行 onHide 与 onShow 生命周期函数。使用 tabBar 页面切换的运行效果如图 6-4 所示。

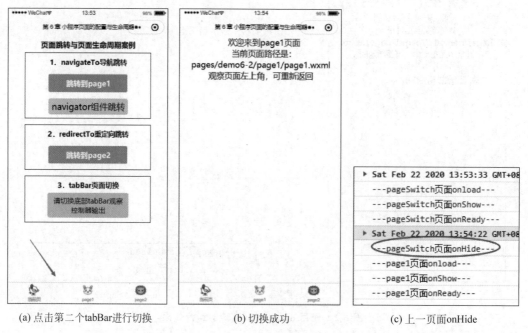

(a) 点击第二个tabBar进行切换   (b) 切换成功   (c) 上一页面onHide

图 6-4　tabBar 页面切换时生命周期测试

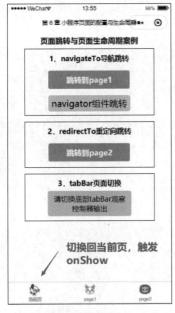

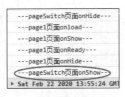

(d) 重新切换回去   (e) 触发onShow   (f) tabBar页面只需加载一次此后无须onLoad

图 6-4 （续）

2．案例代码说明

新建 3 个页面 pageSwitch、page1 和 page2，代码如下所示：

```
1.    "pages": [
2.      "pages/demo6 - 2/pageSwitch",
3.      "pages/demo6 - 2/page1/page1",
4.      "pages/demo6 - 2/page2/page2",
5.      "pages/demo6 - 1/pageLifeCycle",
6.      "pages/index/index",
7.    ],
```

1）pageSwitch 页面 WXML 代码

```
1.  <!-- pages/demo6 - 2/pageSwitch.wxml -->
2.  < view class = 'container'>
3.    < view class = 'page - body'>
4.      < text class = 'h1'>页面跳转与页面生命周期案例</text>
5.      < view class = 'demo - box'>
6.        < view class = "title"> 1，navigateTo 导航跳转</view>
7.        <!-- 第一种方式：绑定函数使用 API 函数跳转 -->
8.        < button type = "primary" bindtap = "navagateToPage1">跳转到 page1 </button>
9.        <!-- 第二种方式：使用 navigator 组件 -->
10.       < navigator url = "../../pages/demo6 - 2/page1/page1" hover - class = "none">navigator 组件
      跳转</navigator >
```

```
11.      </view>
12.      < view class = 'demo – box'>
13.        < view class = "title">2、redirectTo 重定向跳转</view>
14.        < button type = "primary" bindtap = "redirecToPage2">跳转到 page2 </button>
15.      </view>
16.      < view class = 'demo – box'>
17.        < view class = "title">3、tabBar 页面切换</view>
18.        < view class = "content">请切换底部 tabBar 观察控制器输出</view>
19.      </view>
20.    </view>
21. </view>
```

2）pageSwitch 页面 JS 代码

```
1.  // pages/demo6 – 2/pageSwitch.js
2.  Page({
3.    navagateToPage1() {
4.      wx.navigateTo({
5.        url: './page1/page1',
6.      })
7.    },
8.    redirecToPage2() {
9.      wx.redirectTo({
10.       url: './page2/page2',
11.     })
12.   },
13.   /*** 生命周期函数 -- 监听页面加载 */
14.   onLoad: function(options) {
15.     console.log(" --- pageSwitch 页面 onLoad --- ");
16.   },
17.   /*** 生命周期函数 -- 监听页面初次渲染完成 */
18. //省略其他生命周期函数打印语句
19. })
```

上述代码还省略了 app.json 中 tabBar 的配置代码，可参考 5.4.2 节 tabBar 配置示例。

6.4 页面间的参数传递

在进行页面跳转时往往伴随着页面的参数传递，根据用户在当前页面点击的条目将标志该条目的参数传递到下一个页面中，而后进行联网访问后台请求数据。页面间参数传递的详细过程如下：

（1）通过 6.3 节页面跳转的学习可知，跳转时都是通过页面的 URL 路径完成的，与网络请求时类似的是，URL 是可以通过"key＝value"的形式拼接参数的。第一个参数使用"？"与前面的路径相连接，后续的多个参数使用符号"&"，形如"../detail/detail？id＝1＆title＝标题 &content＝测试内容"。跳转时 URL 携带参数的示例代码如下：

```
1.   //第 1 个页面
2.    wx.redirectTo({
3.       url: '../detail/detail?id = 1',              //此处的 id 为需要传递的参数
4.    })
```

（2）在下一个页面获取这个名为 id 的参数也十分简单。通过前面的代码学习可以观察到，在页面加载的生命周期函数 onLoad 通常有一个名为 options 的参数传入，其实这个参数对象就包含上个页面传入的数据，在跳转后 JS 代码中打印该参数对象 options，代码如下所示：

```
1.   //第 2 个页面
2.   Page({
3.    onLoad: function (options) {
4.       console.log(options)
5.     }
6.   })
```

打印的 options 参数详情如图 6-5 所示。

图 6-5　第 2 个页面的 options 参数详情

由于 navigator 导航组件与 wx.navigateTo 函数实现的效果相同，因此导航组件的 url 属性也可拼接参数，代码如下所示：

```
1.    < navigator url = "../detail/detail?id = 1" hover – class = "none">
2.    </navigator >
```

在第 2 个页面获取到上一页面传递下来的数据之后就可以成功地进行保存，以完成其他业务逻辑。详细的参数传递过程可在 6.5 节的新闻客户端综合案例中有更深的体会。

6.5　新闻客户端案例讲解

6.5.1　功能描述与实现效果

"新闻客户端"小程序一共包含 3 个页面，分别是首页、新闻详情、个人中心。其中新闻首页与个人中心两个页面使用底部的 tabBar 进行切换，而新闻详情通过首页点击某条新闻条目后，传递数据到下一个页面，再获取新闻的详情内容进行显示。案例最终实现效果如图 6-6 所示。

视频讲解

| (a) 首页 | (b) 新闻详情 | (c) 个人中心 |

图 6-6　新闻客户端实现效果

6.5.2　前期准备

1. 新闻数据准备

由于还未学习涉及后台服务的云开发部分,因此本章的项目实战中数据仅为本地测试数据。一条新闻包括新闻标题、新闻缩略图、新闻内容、发布时间几个属性,可以按以上属性自行上网收集几条新闻,最终拼合成 JSON 数据的对象数组,以便后续使用。JSON 数据样例如下所示:

```
1.  [{
2.      id: '264698',
3.      title: '天猫 161 退货"猫腻",双 11 藏了哪些营销套路?',
4.      poster: 'https://p1.pstatp.com/large/pgc-image/5a510771ed204376ba5fc0cc6f2f6150',
5.      content: '北京时间 11 月 12 日凌晨,各大电商纷纷亮出了自己 2019 年度的 11.11 成绩单.其中,
            天猫双十一累计成交达 2684 亿,再创历史新高; ….//… ',
6.      add_date: '2019-11-13 09:53:30',
7.    },
8.    //省略其他两条新闻数据
9.  ]
```

上述代码中的 poster 属性为新闻的缩略图的网络地址,可以在浏览器中右击图片,复制图片链接得到。

2. 页面的简单设计

依据功能描述,新闻客户端小程序共 3 个页面,分别是主页、个人中心与新闻详情页。针对需求,设计其布局如图 6-7 所示。

(a) 主页

(b) 个人中心

(c) 新闻详情

图 6-7　新闻客户端页面简单设计

3. tabBar 图标资源

在前端页面开发中,经常会用到很多 PNG(便携式网络图形)格式的图标,这种图像的背景颜色是完全透明的,十分适合各种网页或者软件前端开发。推荐一个免费实用的图标资源网站——Iconfont-阿里巴巴矢量图标库,其链接如下:https://www.iconfont.cn/home/index。可以根据图标的描述性文字搜索好看的图标资源并下载,另外在下载时还可更改颜色和大小,如图 6-8 所示。

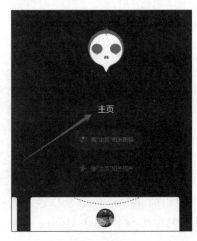

(a) 搜索"主页"图标

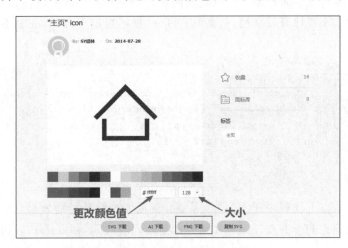

(b) 更改图标颜色与大小

图 6-8　使用 Iconfont-阿里巴巴矢量图标库

由于 tabBar 图标在选中时颜色需要变成深色,因此可以下载两张颜色深浅不一的图标,官方建议 tabBar 大小为 81 像素×81 像素,如图 6-9 所示。

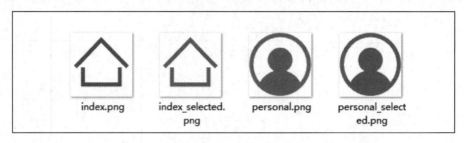

index.png　　index_selected.
png　　personal.png　　personal_select
ed.png

图 6-9　图标准备完成

6.5.3　编码实战

1. 新建项目与目录配置

新建项目 News 并新建 3 个功能页面,app.json 中的代码如下所示:

```
1.  "pages": [
2.      "pages/index/index",
3.      "pages/newsDetail/newsDetail",
4.      "pages/personal/personal"
5.    ],
```

2. 首页轮播图功能

1) 首页片轮播图 WXML 代码

首页的布局涉及顶部轮播图片,需要用到 swiper 组件,详情可参见 10.2.5 节;也可直接查看微信小程序开发文档,选择"组件"→"视图容器"→swiper 命令获取其最新内容。WXML 代码如下所示:

```
1.  <!-- index.wxml 页面文件 -->
2.  < swiper indicator - dots = 'true' autoplay = 'true' interval = '2000' duration = '1000'>
3.      < block wx:for = '{{swiperImages}}' wx:key = 'swiper{{index}}'>
4.          < swiper - item > < image src = '{{item.src}}' class = 'slide - image'></image >
5.          </swiper - item >
6.      </block >
7.  </swiper >
```

以上代码用于在 index.wxml 页面实现图片轮播效果,第 2 句代码的 indicator-dots 属性指轮播时下方的小圆点,interval 指自动播放间隔时间,而 duration 指两张图片切换的时间。block 包装元素与 wx:for 循环控制连用,可循环遍历放置轮播图片的数组 swiperImages,使每个 swiper-item 中都嵌套图片数组的元素。

2) 首页轮播图功能数据

index.js 逻辑文件的代码如下所示:

```
1.  //index.js 逻辑文件
2.  Page({
3.    data: {
4.      swiperImages: [{ src: 'https://p1.pstatp.com/large/pgc - image/R69Ykdt8R3mX7V' },
5.                     { src: 'https://p1.pstatp.com/list/190x124/pgcimage/RedcTpJGL3ejdf' },
6.                     { src: 'https://p9.pstatp.com/large/pgc - image/Rhgid1x1U4IXrZ' } ],
7.      }
8.  })
```

上述代码中 swiperImages 数组元素的 src 属性是网络图片地址,发起网络请求需要在小程序的微信公众平台设置合法域名。当然若仅为测试 Demo,可在开发者的工具栏选择"详情"→"本地设置"命令,勾选"不检验合法域名"复选框。

3. 首页新闻条目展示功能

新闻数据在前期准备中已经保存成一个 json 对象的数组,在页面进行显示时自然要利用第 2 章中讲到的循环渲染标签 wx:for,不过在这之前首先要解决的是页面布局问题。

1) 新闻条目布局

布局是第 3 篇 UI 开发的内容,可参考第 8 章关于 flex 布局的介绍,新闻条目的布局设计如图 6-10 所示。

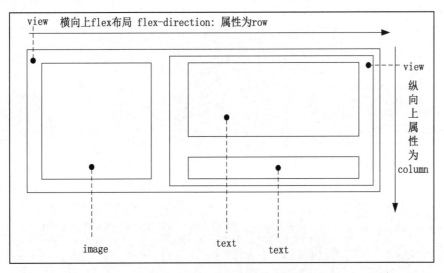

图 6-10 新闻小程序首页新闻条目的布局设计

2) 新闻条目 WXML 代码

先用一条静态的新闻数据写入 WXML 布局文件进行测试,代码如下所示:

```
1.  <!-- index.wxml 页面文件 -->
2.  < view id = 'news - list'>
3.    < view class = 'list - item'>
4.      < image
    src = 'https://p1.pstatp.com/large/pgc - image/5a510771ed204376ba5fc0cc6f2f6150'></image>
```

```
5.        < view class = "news - text">
6.          < text class = 'news - title'> 天猫 161 亿退货"猫腻",双 11 藏了哪些营销套路? </text >
7.          < text class = 'news - date'>2019 - 11 - 13 09:53:30 </text >
8.        </view >
9.      </view >
10.  </view >
```

3）新闻条目样式文件

新闻条目样式文件代码如下：

```
1.    / * index.wxss 样式文件 * /
2.    swiper {
3.      height: 400rpx;
4.    }
5.    swiper image {
6.      width: 100 % ;
7.      height: 100 % ;
8.    }
9.    ♯ news - list {
10.     min - height: 600rpx;
11.     padding: 15rpx;
12.   }
13.   .list - item {
14.     display: flex;
15.     flex - direction: row;
16.     border - bottom: 1rpx solid gray;
17.   }
18.   .list - item image {
19.     width: 380rpx;
20.     height: 150rpx;
21.     margin: 10rpx;
22.   }
23.   .news - title {
24.     width: 100 % ;
25.     display: block;
26.     line - height: 60rpx;
27.     font - size: 12pt;
28.     font - weight: bold;
29.   }
30.   .news - text{
31.     margin: 10rpx;
32.     display: flex;
33.     flex - direction: column;
34.   }
35.   .news - date{
36.     font - size: 10pt;
37.   }
```

4. 首页数据获取

1）util.js 工具类逻辑代码

为了尽量模拟真实项目中数据的获取,可将新闻数据封装在 utils 文件夹下的 utils.js 文件中,并在该文件中添加对外的函数(相当于接口),再在其他页面中利用函数进行新闻数据的获取,根据业务需求编写获取全部新闻数据以及通过新闻的 ID 获取新闻详情的函数,代码如下所示:

```
1.   // util.js 工具类文件
2.   let news = [ ]; //中括号里的新闻内容即 6.5.2 节前期准备的新闻数据,此处不再重复给出
3.   /* 获取全部新闻数据的接口,在主页进行新闻条目的显示 */
4.   function getNewsList() {
5.     let list = [];
6.     for (var i = 0; i < news.length; i++) {
7.       let list = [];
8.       for (var i = 0; i < news.length; i++) {
9.         let obj = {};
10.        obj.id = news[i].id;
11.        obj.poster = news[i].poster;
12.        obj.add_date = news[i].add_date;
13.        obj.title = news[i].title;
14.        list.push(obj);
15.      }
16.      return list;
17.    }
18.  }
19.  /* 通过新闻的 ID 获取新闻的详情内容 */
20.  function getNewsDetail(newsID) {
21.    let msg = {
22.      code: '404',
23.      news: {}
24.    }
25.    for (var i = 0; i < news.length; i++) {
26.      if (newsID == news[i].id) {          //ID 相同,更新新闻
27.        msg.code = '200';
28.        msg.news = news[i];
29.        break;
30.      }
31.    }
32.    return msg;
33.  }
34.  /* 模块的导出 */
35.  module.exports = {
36.    getNewsList,
37.    getNewsDetail,
38.    news
39.  }
```

2) index.js 调用 utils

在 index.js 逻辑文件中获取全部的新闻数据,并复制给页面数据 newsList,代码如下所示:

```
1.   //index.js 逻辑文件
2.   var common = require('../../utils/util.js')
3.   var newsList = common.getNewsList();
4.   Page({
```

```
5.    data: {
6.      swiperImages: [ ],          //图片轮播所用的图片 URL 数组,不再重复给出
7.      newsList: newsList
8.    },
9.    onLoad: function () {
10.      console.log(this.data.newsList)
11.    }
12. })
```

保存代码后可以看到控制台打印输出 newsList 对象,即利用 utils 文件中用 getNewsList 函数封装的不带内容的 3 个新闻条目,如图 6-11 所示。

图 6-11　成功获取到 newsList 对象

3）渲染新闻数据

接下来利用循环渲染标签将 newsList 对象显示到 index 页面上,代码如下所示。

```
1.  <!-- index.wxml 页面文件 -->
2.  < view id = 'news - list'>
3.    < view class = 'list - item' wx:for = '{{newsList}}' wx:for - item = 'news'>
4.      < image src = '{{news.poster}}'></image >
5.      < view class = "news - text">
6.        < text class = 'news - title' data - newsID = '{{news.id}}'>{{news.title}}</text >
7.        < text class = 'news - date'>{{news.add_date}}</text >
8.      </view >
9.    </view >
10. </view >
```

5. 新闻详情页面

1）新闻 ID 的获取

在主页点击新闻条目后,程序要能正确跳转到对应新闻的详情页面,需要用到 6.3.1 节中学到

的 navigateTo 函数或者直接使用组件。同时要将新闻的 id 作为参数传递到下一个页面,这里采用简单的 navigator 组件实现,示例代码如下:

```
1.  <!-- index.wxml 页面文件 -->
2.  < navigator url = "../newsDetail/newsDetail?newsID = {{news.id}}">
3.      < view class = "news - text">
4.          < text class = 'news - title' data - newsID = '{{news.id}}'>{{news.title}}</text>
5.          < text class = 'news - date'>{{news.add_date}}</text>
6.      </view>
7.  </navigator >
```

点击新闻条目后可成功跳转到 newsDetail(新闻详情)页面,且可在 newsDetail 页面的初始化生命周期函数 onLoad 中打印上一页面传递的参数,可看到新闻的 id 被成功打印,如图 6-12 所示。

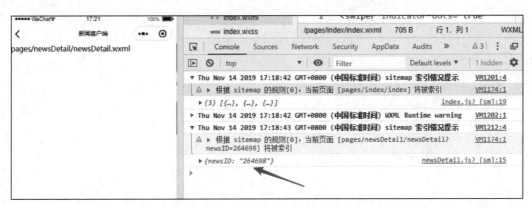

图 6-12   页面成功跳转

2）新闻详情页面布局

有了主页布局的基础,新闻详情页面的布局就变得十分简单,同样先用静态数据进行页面布局调试,示例代码如下:

```
1.  <!-- newsDetail.wxml 文件 -->
2.  < scroll - view class = 'container' scroll - y = "true" style = "height: 100 % ;">
3.      < view class = 'title'>天猫 161 亿退货猫腻,双 11 藏了哪些营销套路?</view>
4.      < view class = 'poster'>
5.          < image src = 'https://p1.pstatp.com/large/pgimage/5a510771ed204376ba5fc0cc6f2f6150'>
6.          </image >
7.      </view >
8.      < view class = 'content'>
9.          < text space = "emsp">北京时间 11 月 12 日凌晨,各大电商纷纷亮出了自己 2019 年度的 11.11 成绩单...//省略新闻内容
10.         </text >
11.     </view >
12.     < view class = 'add_date'>时间: 2019 - 11 - 13 09:53:30 </view >
13. </scroll - view >
```

3）新闻详情页样式文件

新闻详情页样式代码如下：

```
1.  . /* newsDetail.wxss 样式文件 */
2.  container {
3.    margin - left: 40rpx;
4.    margin - right: 40rpx;
5.    text - align: center;
6.  }
7.
8.  .title {
9.    font - weight: bold;
10.   font - size: 12pt;
11.   line - height: 80rpx;
12. }
13.
14. .poster image {
15.   width: 100 % ;
16. }
17.
18. .content {
19.   margin - top: 30rpx;
20.   text - align: left;
21.   font - size: 10pt;
22.   line - height: 140rox;
23. }
24.
25. .add_date {
26.   font - size: 12pt;
27.   text - align: right;
28.   line - height: 30rpx;
29.   margin - right: 25rpx;
30.   margin - top: 20rpx;
31. }
```

保存后新闻详情页面效果如图 6-13 所示。

4）新闻详情页面数据获取

可通过 utils 中的函数获取新闻详情内容，如下述代码所示：

```
1.  // pages/NewsDetail/NewsDetail.js
2.  var common = require('../../utils/util.js')
3.  Page({
4.    data: { article:[] },
5.    onLoad: function (options) {
6.      console.log(options)
7.      let id = options.newsID;
8.      let result = common.getNewsDetail(id);
9.      if (result.code == '200') {
```

图 6-13 新闻详情页面效果

```
10.        this.setData({
11.          article: result.news,
12.        })
13.      }
14.    console.log(this.data.article)
15.  }
16. })
```

保存后从主页进入新闻详情页面时可以看到打印的新闻 ID 和 article 对象,如图 6-14 所示。

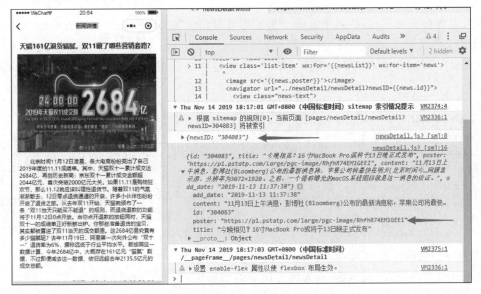

图 6-14 通过主页传入的 ID 获取新闻详情内容

获取数据后直接通过双括号将新闻数据渲染到页面上,即完成了首页点击到新闻详情页面的整个功能,代码如下所示:

```
1.  <!-- newsDetail.wxml 文件 -->
2.  < scroll - view class = 'container' scroll - y = "true" style = "height: 100 % ;">
3.    < view class = 'title'>{{article.title}}</view>
4.    < view class = 'poster'>
5.      < image src = '{{article.poster}}'>
6.      </image>
7.    </view>
8.    < view class = 'content'>
9.      < text space = "emsp"> {{article.content}}
10.   </text>
11.   </view>
12.   < view class = 'add_date'>时间: {{article.add_date}}</view>
13. </scroll - view>
```

6. 个人中心页面

1) 头像与昵称部分 WXML 代码

最后一个页面是个人中心,在这里看到用户头像和昵称,还可以放置其他设置项等。在开发过程中经常会用到微信用户的一些公开信息,如头像和昵称等,可参考微信官方 API 文档的 wx. getUserInfo 函数使用。若在个人中心页面只用于显示用户头像和昵称,可以利用简单的 open-data 组件获取用户的头像以及昵称等公开信息,代码如下所示:

```
1.  <!-- personal.wxml 文件 -->
2.  < view class = "userinfo - avatar">
3.    < open - data type = "userAvatarUrl" lang = "zh_CN"></open - data >
4.  </view>
5.  < open - data type = "userNickName" lang = "zh_CN"></open - data >
```

上述代码保存成功后,切换到个人中心页面即可看到获取的用户头像与昵称信息。

2) 样式文件代码

接下来就是编写样式和布局,由于头像在开发过程中经常以圆形样式展现,可以编写如下样式:

```
1.  / * personal.wxss 样式文件 * /
2.  .userinfo - avatar {
3.    overflow: hidden;
4.    width: 200rpx;
5.    height: 200rpx;
6.    border - radius: 50 % ;
7.  }
```

3) 个人中心页面完整 WXML 代码

按照页面设计中个人中心页面布局编写简单的布局代码,如下所示:

```
1.  <!-- personal.wxml 文件 -->
2.  <view class = "container">
3.  <view class = "head - img">
4.    <view class = "userinfo - avatar">
5.      <open - data type = "userAvatarUrl" lang = "zh_CN"></open - data>
6.    </view>
7.  </view>
8.  <view class = "nickname">
9.  <open - data type = "userNickName" lang = "zh_CN"></open - data>
10. </view>
11. </view>
```

4) 个人中心页面完整 WXSS 文件

```
1.  /* personal.wxss 样式文件 */
2.  .container {
3.    height: 500rpx;
4.    width: 100 % ;
5.  }
6.  .userinfo - avatar {
7.    overflow: hidden;
8.    width: 200rpx;
9.    height: 200rpx;
10.   border - radius: 50 % ;
11. }
```

至此,介绍完了简单的新闻客户端小程序,可以在此基础上继续完善收藏功能以及个人中心页面的设置、查看收藏新闻等功能。

6.6　本章小结

本章主要学习在页面层面上的窗口配置与生命周期。页面配置围绕着页面的 JSON 文件进行,相较于 app.json,页面的 JSON 文件较为简单,只用于窗口的配置。而后围绕页面的 JS 文件进行了页面生命周期的学习,页面生命周期在页面启动、页面跳转时尤为重要,需熟悉页面的 3 种切换方式,明白在不同方式跳转页面时生命周期函数的执行过程。最后结合新闻客户端综合案例学会页面间参数的传递方式。

第 **7** 章

"扶贫超市Part2"项目页面框架配置

视频讲解

7.1 项目目录整理

本章将继续讲解扶贫超市项目的第 2 部分：项目页面框架配置。目前扶贫超市 Shop 的目录结构如图 7-1 所示。

项目的前期着重于框架的搭建与 UI 的设计，暂不涉及云开发内容，云开发内容可参考第 4 篇。删去多余的 components、style 以及 pages 下面多余的页面，清理后项目的目录结构如图 7-2 所示。

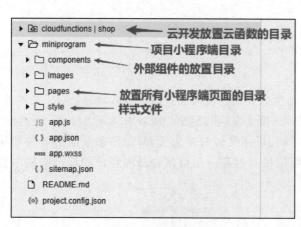

图 7-1　项目目录说明

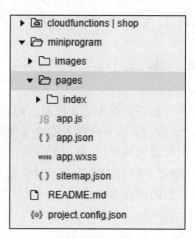

图 7-2　删除多余目录结构后

7.2　项目 tabBar 配置

与 6.5 节新闻客户端案例的 UI 布局类似,扶贫超市也采用底部 tabBar 的框架,4 个切换菜单分别是主页、分类、购物车和我的。配置步骤与 6.5 节完全相同,除了 index 页面外,还需添加的目录结构如图 7-3 所示。

在 images 文件下添加 tabBar 所需要的图片文件,在 app.json 中配置 tabBar 属性,如下所示:

```
1.   "tabBar": {
2.       "color": "#999999",
3.       "selectedColor": "#48D070",
4.       "borderStyle": "white",
5.       "backgroundColor": "#ffff",
6.       "list": [ { "pagePath": "pages/index/index",
7.                   "iconPath": "images/iconfont-home.png",
8.                   "selectedIconPath": "images/iconfont-home-active.png",
9.                   "text": "主页" },
10.                { "pagePath": "pages/classify/index",
11.                   "iconPath": "images/iconfont-list.png",
12.                   "selectedIconPath": "images/iconfont-list-active.png",
13.                   "text": "分类"
14.      },{},{} //注:此处省略了其他两个页面的 tabBar 配置
15. }
```

配置完成后如图 7-4 所示。

图 7-3　还需添加的目录结构

图 7-4　tabBar 配置完成效果

7.3 项目窗口配置

在 app.json 中进行窗口的配置如下：

```
1.    "window": {
2.      "navigationBarBackgroundColor": "#48D070",
3.      "navigationBarTextStyle": "white",
4.      "navigationBarTitleText": "扶贫超市",
5.      "backgroundColor": "#f8f8f8",
6.      "backgroundTextStyle": "dark",
7.      "enablePullDownRefresh": true,
8.      "onReachBottomDistance": 50
9.    }
```

主页窗口与导航栏配置完成后效果如图 7-5 所示。

图 7-5 主页窗口与导航栏配置完成后效果

7.4 本章小结

本章是扶贫超市项目实战的第 2 部分，完成了项目目录结构的基本搭建与 tabBar 和项目全局 window 的配置。这是每个小程序项目开发的必经过程。

第 **3** 篇

小程序的UI开发

第 8 章

页面布局

本章学习目标
- 了解页面布局的概念与常用的布局。
- 了解 flex 布局中的几个基本概念。
- 通过 flex 布局案例学会简单使用 flex 布局。
- 了解 flex 布局有哪些常用的容器属性及其排列效果。
- 了解 flex 布局有哪些常用的项目属性及其排列效果。
- 通过相对、绝对定位布局案例进一步体会相对、绝对定位布局的使用。

8.1　页面布局概述

小程序的 UI 开发实际上围绕着 WXML 文件与 WXSS 文件进行，WXML 中放置许多组件，而 WXSS 中存放着带有选择器的样式。要想开发出 UI 精美的界面需要有一定的 HTML 与 CSS 基础，特别是关于整个页面的布局。但是当在小程序中使用 flex 布局后，会发现布局并没有想象中的困难，小程序中还引入 rpx 这个用于适配不同屏幕大小的单位。

简单来讲，组件的排布方式与位置即布局。小程序常见的页面布局有 3 种，分别是：
- flex 布局。
- 相对定位、绝对定位。
- 浮动布局。

由于浮动布局的功能可由 flex 布局实现，因此本章主要介绍前两种布局的内容，即 flex 布局与相对定位布局、绝对定位布局。

8.2　flex 布局基本概念

flex 是一种灵活的布局模型，当页面需要适应不同屏幕大小以及设备类型时，该模型可以确保元素在其恰当的位置。

8.2.1 容器与项目

在 flex 布局中,用于包含内容的组件称为容器(container),容器内部的组件称为项目(item)。容器与容器之间允许包含嵌套,代码如下所示:

```
1.  < view id = "A">
2.      < view id = "B">
3.          < view id = "C"></view>
4.          < view id = "D"></view>
5.      </view>
6.  </view>
```

上述代码中共有 4 个 view 组件,若使用 flex 布局,在 A 与 B 之间,A 是容器,B 是项目; 在 B、C、D 之间,B 是容器,C 和 D 均为项目。

8.2.2 坐标轴

flex 布局的坐标系以容器左上角的点为原点,自原点往右、往下默认存在两根轴:水平方向的主轴(main axis)和垂直方向的交叉轴(cross axis)。主轴的开始位置(与边框的交叉点)为 main start,结束位置为 main end; 交叉轴分别为 cross start 与 cross end,如图 8-1 所示。

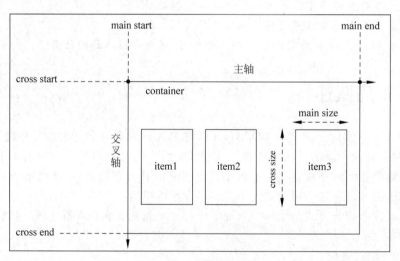

图 8-1　flex 布局基础

8.2.3 flex 属性

flex 属性分为容器属性与项目属性。容器属性主要规定容器中各 item 的排列以及对齐方式,而项目属性则是单独作用于 item 本身,以控制尺寸和位置等。

flex 容器属性说明如下。

(1) flex-direction:决定 item 的排列方向。

（2）justify-content：item 在主轴上的对齐方式。

（3）align-items：item 在交叉轴上的对齐方式。

（4）flex-wrap：决定 item 如何换行（只有一行排列不下时）。

（5）align-content：在 flex-wrap 属性的前提下，即 item 排列成多行时定义多根轴线的对齐方式。

（6）flex-flow：flex-direction 和 flex-wrap 的复合。

flex 项目属性说明如下：

（1）flex-grow：当有多余空间时，元素的放大比例。

（2）flex-shrink：当空间不足时，元素的缩小比例。

（3）flex-basis：元素在主轴上占据的空间，flex 是 grow、shrink、basis。

（4）order：定义元素的排列顺序。

（5）align-self：定义元素自身的对齐方式。

下面介绍 flex 属性值及其对应的布局排列效果。

8.3 flex 布局案例

视频讲解

8.3.1 运行效果

本节案例介绍如何使用 flex 简单布局。具体使用步骤包括两步，首先设定 display 为 flex，再指定其主轴方向，即可使容器内部的 item 按照指定方向进行排列。案例运行效果如图 8-2 所示。

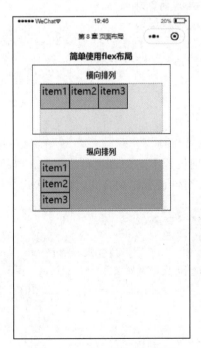

图 8-2 flex 布局案例运行效果

8.3.2 代码说明

flex 布局案例代码编写步骤如下：

（1）新建项目 Chapter08，并新建页面 useFlex，app.json 代码如下所示：

```
1.  "pages": [
2.      "pages/demo8 - 1/useFlex",
3.      "pages/index/index" ],
```

（2）在 useFlex.wxml 页面文件中添加代码：

```
1.  <!-- pages/demo8 - 1/useFlex.wxml -->
2.  < view class = 'container'>
3.    < view class = 'page - body'>
4.      < text class = 'h1'>简单使用 flex 布局</text>
5.      < view class = 'demo - box'>
6.        < view class = "title">横向排列</view>
7.        < view class = "row - container">
8.          < view class = "item"> item1 </view> < view class = "item"> item2 </view>
9.          < view class = "item"> item3 </view>
10.       </view>
11.     </view>
12.     < view class = 'demo - box'>
13.       < view class = "title">纵向排列</view>
14.       < view class = "column - container">
15.         < view class = "item"> item1 </view>< view class = "item"> item2 </view>
16.         < view class = "item"> item3 </view>
17.       </view>
18.     </view>
19.   </view>
20. </view>
```

（3）在页面的样式文件中分别设置下述加粗代码的两个容器的 flex 布局，语句是 display：flex。并利用 flex 布局的 flex-direction 属性设置排列方式。完整样式文件代码如下所示：

```
1.  /* pages/demo8 - 1/useFlex.wxss */
2.  .row - container {
3.    display: flex;                    //设置 flex 布局
4.    /* flex - direction: row; 即使不添加该属性时,默认也是横向(row)排列 */
5.    width: 90%;
6.    height: 200rpx;
7.    border: 1px dotted grey;
8.    background - color: lightcyan;
```

```
9.    }
10.   .item {
11.     background - color: lightpink;
12.     width: 120rpx;
13.     height: 100rpx;
14.     border: 1px solid black;
15.   }
16.   .column - container {
17.     display: flex;
18.     flex - direction: column;
19.     width: 90 % ;
20.     height: 200rpx;
21.     border: 1px dotted grey;
22.   }
```

8.4 flex 容器属性详解

视频讲解

8.4.1 flex-direction

从 8.3 节的 flex 布局案例中可以得知,flex-direction 主要用于控制 item 的排列方向,其所包含的属性值代码如下所示:

```
1.   .container{
2.     display: flex;
3.     flex - direction: row(默认)|row - reverse|column|column - reverse;
4.   }
```

上述代码第 3 行中 flex-direction 属性值的说明如表 8-1 所示。

表 8-1 flex-direction 属性值的说明

属　性　值	说　　　明
row	主轴为水平方向,起点在左端
row-reverse	主轴为水平方向,起点在右端
column	主轴为垂直方向,起点在上沿
column-reverse	主轴为垂直方向,起点在下沿

flex-direction 属性值对应的排列方式如图 8-3 所示。

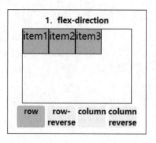

(a) flex-direction: row

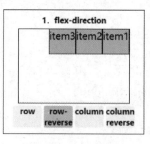

(b) flex-direction: row-reverse

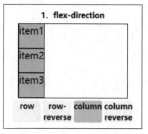

(c) flex-direction: column

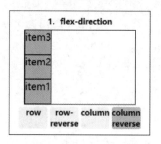

(d) flex-direction: column-reverse

图 8-3　flex-direction 属性值演示效果

8.4.2　justify-content

justify-content 属性定义了项目在主轴上的对齐方式。其所包含的属性值代码如下所示：

```
1. .container{
2. display: flex;
3. flex-direction: row;        /* 该情况下主轴在水平(行)方向上 */
4. justify-content: flex-start(默认)|center|flex-end|space-between|space-around|space-evenly
5. }
```

上述代码第 4 句中 justify-content 属性值的说明如表 8-2 所示。

表 8-2　justify-content 属性值的说明

属 性 值	说　　明
flex-start	默认值,按主轴起点对齐
center	主轴上居中
flex-end	按主轴终点对齐
space-between	主轴上两端对齐,item 之间的间隔都相等
space-around	每个 item 两侧的间隔相等。item 之间的间隔比 item 与 container 边框的间隔大一倍
space-evenly	item 间距、第一个 item 离主轴起点以及最后一个 item 离终点的距离均相等

justify-content 属性值对应的排列方式如图 8-4 所示。

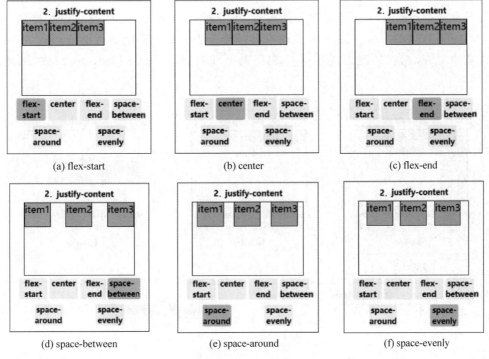

图 8-4　justify-content 属性值演示效果

8.4.3　align-items

1. align-items 取值说明

align-items 属性定义项目在交叉轴上的对齐方式。其属性值代码如下所示：

```
1.  .container{
2.     display: flex;
3.     flex-direction: row;        /* 该情况下交叉轴在水平(行)方向上 */
4.     align-items: stretch(默认值)| flex-start | center | flex-end | baseline
5.  }
```

上述代码第 4 句中 align-items 属性值的说明如表 8-3 所示。

表 8-3　align-items 属性值的说明

属　性　值	说　　　明
stretch	默认值,若 item 未设置高度或设为 auto,将 item 拉伸至填满交叉轴
flex-start	item 顶部与交叉轴起点对齐
center	item 在交叉轴居中对齐
flex-end	item 底部与交叉轴终点对齐
baseline	item 与第一行文字的基线对齐,在未单独设置基线时等同于 flex-start

2. 常见的 align-items 值对应排列效果

为测试该属性,将 item1 去掉宽和高的设置,保存后 align-items 属性值对应的排列方式分别如图 8-5(a)~图 8-5(d)所示。baseline 属性在实际开发中相对于其他属性值应用较少,其以第一行文字为基线对齐,默认情况下与第一行文字的基线对齐,效果与 flex-start 一致,如图 8-5(e)所示。

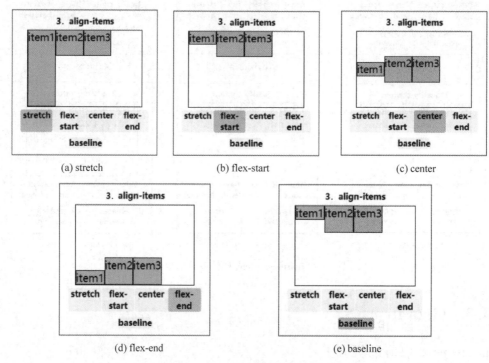

图 8-5　align-items 属性值演示效果

8.4.4　flex-wrap

1. flex-wrap 取值说明

默认情况下,项目都排在一条线(又称轴线)上,flex-wrap 属性用于定义如果一条轴线排不下时如何换行的问题。其包含的属性值代码如下所示:

```
1.  .container{
2.    display: flex;
3.    flex-wrap: nowrap(默认值) | wrap | wrap-reverse;
4.  }
```

上述代码第 3 句中 flex-wrap 属性值的说明如表 8-4 所示。

表 8-4 flex-wrap 属性值的说明

属 性 值	说 明
nowrap	默认值,所有元素都排在一行,不换行
wrap	换行,第一行在上方
wrap-reverse	换行,第一行在下方

2. flex-wrap 取值排列效果

为测试 flex-wrap 属性值,在容器 container 中增加若干个 item,当 flex-wrap 取不同值时排列方式如图 8-6 所示。

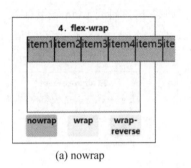 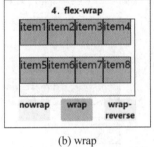 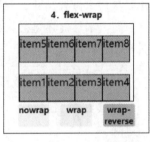

(a) nowrap　　　　　　　　　(b) wrap　　　　　　　　　(c) wrap-reverse

图 8-6 flex-wrap 属性值演示效果

8.4.5 align-content

1. align-content 取值说明

align-content 属性定义多根轴线的对齐方式。如果项目只有一根轴线,则该属性不起作用。多行排列要设置 flex-wrap 属性值为 wrap,表示允许换行。其包含的属性值代码如下所示:

```
1.  .container{
2.    display: flex;
3.    flex-direction: row;        /* 该情况下交叉轴在水平(行)方向上 */
4.    flex-wrap: wrap;            /* 多行排列要设置 flex-wrap 属性值为 wrap,表示允许换行. */
5.    align-content: stretch(默认值)| flex-start | center | flex-end | space-between | space-around
      | space-evenly
6.  }
```

上述代码第 5 句中 align-content 属性值的说明如表 8-5 所示。

表 8-5 align-content 属性值的说明

属 性 值	说 明
stretch	默认值,未设置 item 尺寸时将各行中的 item 拉伸至尽量填满交叉轴。设置了 item 尺寸时,item 尺寸不变,item 拉伸至尽量填满交叉轴。当前列空隙不够时自动切换到下一列
flex-start	首行在交叉轴起点开始排列,行间不留间距
center	行在交叉轴中点排列,行间不留间距,首行离交叉轴起点和尾行离交叉轴终点距离相等

续表

属 性 值	说 明
flex-end	尾行在交叉轴终点开始排列,行间不留间距
space-between	行与行间距相等,首行离交叉轴起点和尾行离交叉轴终点距离为 0
space-around	行与行间距相等,首行离交叉轴起点和尾行离交叉轴终点距离为行与行间间距的一半
space-evenly	行间间距以及首行离交叉轴起点和尾行离交叉轴终点距离相等

2. align-content 取值排列效果

当 align-content 属性设为 stretch 而 item 未设置尺寸时,如图 8-7(a)中的 item1 与 item3 所示,其样式相同且均未设置尺寸,此时会拉伸 item 至填满交叉轴。如果下一列的 item 设置了尺寸,当前列的空隙距离不够时还是会切换到下一列,而非调整铺满交叉轴。align-content 取不同值时排列效果如图 8-7 所示。

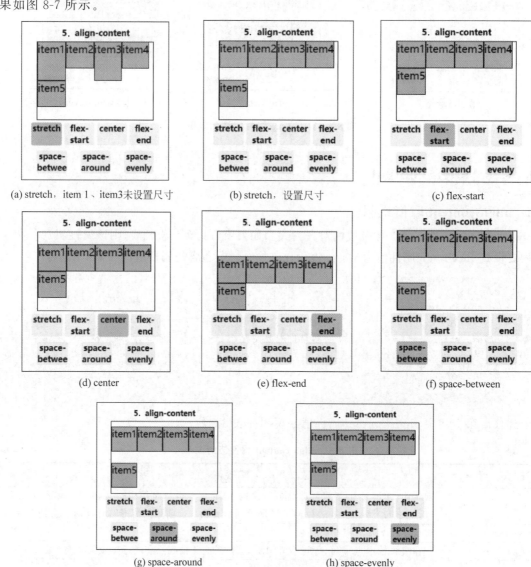

(a) stretch,item 1、item3未设置尺寸　　(b) stretch,设置尺寸　　(c) flex-start

(d) center　　(e) flex-end　　(f) space-between

(g) space-around　　(h) space-evenly

图 8-7　align-content 属性值演示效果

8.4.6 flex-flow

flex-flow 是 flex-direction 和 flex-wrap 两个属性同时作用的简写,且属性值直接用空格连接,这个写法与给容器设置边框时的复合属性语法类似,代码如下所示:

```
1.  .container {
2.    /* flex-direction:column; */
3.    /* flex-wrap:wrap; */
4.    /* 以上两句等同于 flex-flow 的一句 */
5.    flex-flow: column wrap;
6.  }
```

给容器设置一个粗为 1px、实线、黑色的边框,代码如下所示:

```
1.  .container{
2.    border: 1px solid black;
3.  }
```

8.5 flex 项目属性详解

8.5.1 flex-grow

flex-grow 属性用于设置项目扩张因子。当项目在主轴方向上还有剩余空间时,通过设置项目扩张因子进行剩余空间的分配。扩张因子只能是非负数,默认值为 0,即不扩张。其语法格式如下:

```
1.  .item{
2.    flex-grow: 0(默认值) | <number>
3.  }
```

flex-grow 在默认值为 0 时,显示 item 的正常大小。值为 1 时,每个 item 同时在主轴上扩张,并铺满整个容器。当单独为某个 item 设置 flex-grow 属性值时,取值为 0~1,该 item 宽度所占的比重逐渐增大,直至铺满主轴。另外 flex-grow 取大于 1 的值与取 1 的作用效果相同。flex-grow 取不同值时效果如图 8-8 所示。

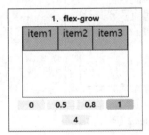
(a) 3个item的flex-grow都为1

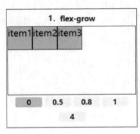
(b) item2的flex-grow默认为0

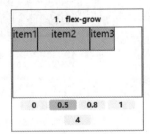
(c) item2为0.5

图 8-8 flex-grow 属性值测试效果

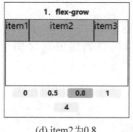
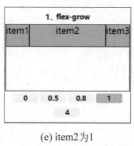
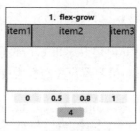

| (d) item2为0.8 | (e) item2为1 | (f) item2为4 |

图 8-8 （续）

8.5.2 flex-shrink

flex-shrink 属性与 flex-grow 相反,用于设置项目收缩因子。当项目在主轴方向上溢出时,通过项目收缩因子的规定比例来压缩项目以适应容器。收缩因子只能为非负数。其语法格式代码如下所示:

```
1.  .item{
2.      flex - shrink: 1(默认值) | <number>
3.  }
```

若所有项目的 flex-shrink 属性值都设为 1,则当空间不足时将等比例缩小,直至铺满水平的交叉轴,如图 8-9(a)所示。若只有一个 item 的 flex-shrink 属性值为 0,其他项目都为 1,则空间不足时前者不缩小,如图 8-9(b)所示。flex-shrink 属性值越大被压缩得越小,另外,压缩比例会受 item 内部文字的影响,在测试时要特别注意,否则看不到效果。完整属性测试效果如图 8-9 所示。

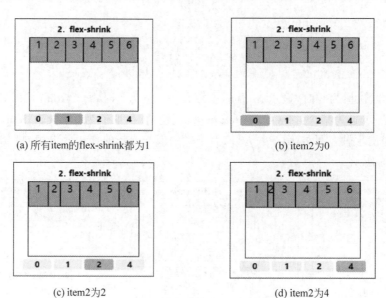

| (a) 所有item的flex-shrink都为1 | (b) item2为0 |
| (c) item2为2 | (d) item2为4 |

图 8-9 flex-shrink 属性测试效果

8.5.3 flex-basis

flex-basis 的属性值是一个几十到几百不等的数值,单位为 rpx 或 px,这个值根据主轴方向的不同可以代替 item 的宽或高,即原有的 width 或者 height 属性。flex-basis 具体解释分以下两种情况:

(1) 当容器设置 flex-direction 为 row 或 row-reverse 时,若 item 的 flex-basis 和 width 属性同时存在数值,则 flex-basis 代替 width 属性,直至铺满水平交叉轴。

(2) 当容器设置 flex-direction 为 column 或 column-reverse 时,若 item 的 flex-basis 和 height 属性同时存在数值,则 flex-basis 代替项目的 height 属性,直至铺满竖直交叉轴。

举例来说,代码如下所示:

```
1.  .item {
2.    width: 110rpx;
3.    height: 100rpx;
4.    flex-basis:300rpx;
5.  }
```

以上代码未设置 flex-direction 属性,默认排列方式为 row。当设置有第 4 句的 flex-basis 属性值时,300rpx 将覆盖原宽度 110rpx。flex-direction 属性测试效果如图 8-10 所示。

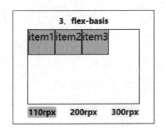 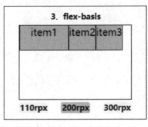 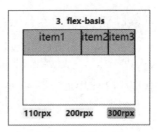

(a) 未设 flex-basis 时,原宽　　　(b) item1 flex-basis 为 200rpx　　　(c) flex-basis 为 300rpx

图 8-10　flex-basis 属性测试效果

8.5.4 flex

在容器属性中曾讲到 flex-flow 可代替 flex-direction 和 flex-wrap 两个属性。与之类似,在项目属性中 flex 也有同样用法,其可作为 grow(扩张)、shrink(压缩)、basis(替代宽高)3 个属性的简写。示例代码如下所示:

```
1.  .item2{
2.    /* flex-grow: 1;
3.    flex-shrink: 1;
4.    flex-basis:500rpx; */
5.  /* 以上 3 句等同于下面 flex 的一句 */
6.    flex: 1 1 500rpx;
7.  }
```

8.5.5 order

order 属性定义项目的排列顺序。其数值越小,排列越靠前,默认为 0。其语法格式代码如下所示:

```
1.  .item{
2.    order: 0(默认值) | < integer >
3.  }
```

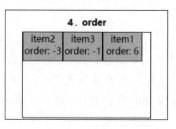

图 8-11 order 属性测试

如果不加 order 属性,则 item1、item2、item3 按顺序排列;如果在 3 个 item 各自的样式上加上 order 属性后,item 排列效果如图 8-11 所示。

8.5.6 align-self

align-self 属性与容器属性中的 align-items 属性是局部和全局的关系,意思是即使 align-items 规定了各个 item 的排列方式,但也允许 item 自行设置自己的排列,以覆盖全局的设置。因此 align-self 的属性值与 align-items 相同,用于设置项目在行中交叉轴方向上的对齐方式,用于覆盖容器的 align-items,这么做可以对某个项目的对齐方式做特殊处理。其语法格式如下:

```
1.  .item{
2.    align - self: auto(默认值) | flex - start | center | flex - end | baseline | stretch
3.  }
```

上述代码第 2 句中 align-self 的属性值含义与 align-items 一致,除了新增的默认值 auto。具体说明如表 8-6 所示。

表 8-6 align-self 属性值的说明

属　性　值	说　　　明
auto	继承容器的 align-items
stretch	若 item 未设置高度或设为 auto,将 item 拉伸至填满交叉轴
flex-start	item 顶部与交叉轴起点对齐
center	item 在交叉轴居中对齐
flex-end	item 底部与交叉轴终点对齐
baseline	item 与第一行文字的基线对齐,在未单独设置基线时等同于 flex-start

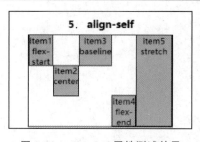

图 8-12 align-self 属性测试效果

align-self 默认属性值为 auto,表示继承容器的 align-items 值。如果容器没有设置 align-items 属性,则 align-self 的默认值 auto 表示为 stretch(因为 align-items 默认值为 stretch)。其他属性值参照表 8-6。其测试效果如图 8-12 所示。

图 8-12 中 item5 的样式未设置尺寸大小,其代码如下所示:

```
1.  < view class = "contentContainer">
2.          < view style = "align - self:flex - start" class = "item"> item1 flex - start </view>
3.          < view style = "align - self:center" class = "item"> item2 center </view>
4.          < view style = "align - self:baseline" class = "item"> item3 baseline </view>
5.          < view style = "align - self:flex - end" class = "item"> item4 flex - end </view>
6.          < view style = "align - self:stretch" class = "i1"> item5 stretch </view>
7.  </view>
```

8.6 相对定位布局和绝对定位布局

8.6.1 相对定位与绝对定位的概念

相对定位的元素是相对自身进行定位,参照物是自身。而绝对定位的元素是相对离它最近的一个已定位的父级元素进行定位。从上面关于flex布局的学习中可以知道,每个item按照指定的方式排列、对齐,是完全没有重叠的,而在实际开发过程中,一些文字或者另外的小图标是会覆盖在其他元素之上的,这时就需使用相对定位与绝对定位布局。

8.6.2 相对定位测试和绝对定位测试

视频讲解

1. 相对定位测试

接下来通过一个实际Demo来学习相对定位。新建页面absolute&relative,代码如下所示:

```
1.  "pages": [
2.      "pages/demo8 - 4/absolute&relative",
3.      "pages/demo8 - 3/flexItemAttr",
4.      "pages/demo8 - 2/flexContainerAttr",
5.      "pages/demo8 - 1/useFlex",
6.      "pages/index/index"
7.  ],
```

在页面中添加4个view,WXML代码如下所示:

```
1.  < view class = "relative - container">
2.          < view class = "item">1</view> < view class = "item">2</view>
3.          < view class = "item">3</view> < view class = "item">4</view>
4.      </view>
```

页面的样式文件代码如下:

```
1.  . relative - container {
2.      width: 100 % ;
3.      height: 530rpx;
4.      background - color: lightskyblue;
```

```
5.    }
6.  .item {
7.     background - color: lightpink;
8.     width: 120rpx;
9.     height: 100rpx;
10.    border: 1px solid black;
11. }
```

未设置相对定位与绝对定位之前,效果如图 8-13 所示。

下面给第 2 个 item 增加 i2 样式,设置其为相对定位,代码如下:

```
1.  .i2 {
2.     position: relative;
3.     left: 100rpx;
4.  }
```

上述代码的第 2 句为 item2 设置相对定位,而第 3 句则是向 item2(原来的位置)左侧添加了 100rpx 后偏移的效果。运行效果如图 8-14 所示。

图 8-13　未设置任何布局的默认效果

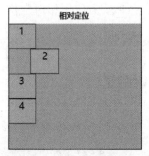

图 8-14　item2 设置相对定位

2. 绝对定位测试

绝对定位的元素是相对离它最近的一个已定位的父级元素进行定位,其寻找父级元素的过程类似于第 3 章小程序事件中的冒泡事件,若第一级父级元素未定位,会一直往上层"冒泡",直至最大的已定位父级元素:页面 page。

1) 样式文件说明

接下来通过代码测试绝对定位。在 8.6.2 节中定义的 absolute&relative 页面中再添加 4 个小 view,WXML 代码与测试相对定位时一致,就不再给出。

2) 外层容器样式

外层容器未定位,其样式代码如下:

```
1.  .absolute - container {
2.     width: 100 % ;
3.     height: 400rpx;
4.     background - color: lightskyblue;
5.  }
```

3）item 样式

设置第 3 个 item 为绝对定位，代码如下：

```
1.  .i3 {
2.      position: absolute;
3.      left: 100rpx;
4.  }
```

上述代码的第 2 句为设置绝对定位的语句，而第 3 句使得 item3 将相对于离它最近的一个已定位的父级元素有向左的偏移距离。保存后看到效果如图 8-15 所示。

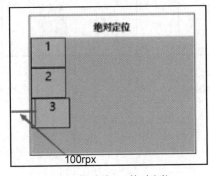

(a) item3相对于page绝对定位

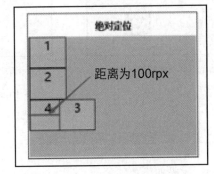

(b) item3相对于一级父级元素绝对定位

图 8-15　绝对定位测试效果

图 8-15(a)的效果会让人误以为 item3 是相对于外层的 container 进行定位的，实则不然，因为 absolute-container 作为 item3 的一级父级容器这时还未进行定位，因此 item3 会像冒泡事件一样继续向上寻找已定位的父级容器，直到找到最大的父级容器：页面 page。因此，这时 item3 是相对于页面进行定位的。若给一级父级元素 absolute-container 定位（相对或绝对都可），这时可看到 item3 相对于 absolute-container 的定位效果，如图 8-15(b)所示。

8.7　简易计算器案例讲解

视频讲解

简易计算器实战案例只有一个主页面，不涉及页面跳转。项目重点分两部分：第一部分是页面的布局以及一些组件的使用；第二部分是重要的逻辑处理。页面主要涉及的知识有 flex 布局基础、样式以及选择器的使用、循环渲染标签、表单组件 button 的绑定事件处理等。逻辑 JS 文件中主要涉及的知识有代码的分支处理、字符串处理等。

8.7.1　效果展示

简易计算器要求实现两个数的加、减、乘、除运算，实现效果如图 8-16 所示。

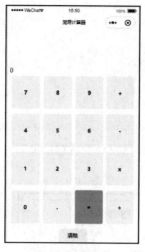

(a) 页面初始状态

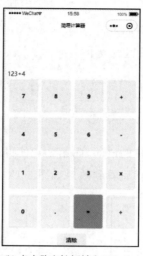

(b) 点击数字按钮输入123+4

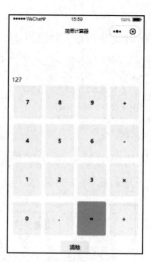

(c) 输出127

图 8-16　简易计算器案例

8.7.2　页面组件布局与样式

WXML 代码如下：

```
1.   <!-- 计算器的页面 index.wxml 文件 -->
2.   < view class = "container">
3.     < view >
4.       < view > < input value = "{{value}}" maxlength = "20" focus = "{{true}}" /> </view>
5.       < view style = "flex - direction:column;">
6.         < view style = "flex - direction:row;">
7.           < block wx:for = "{{['7','8','9','+']}}">
8.             < button class = "btn" loading = "{{loading}}" disabled = "{{disabled}}"
     bindtap = "onTap" id = "{{item}}">{{item}}</button>
9.           </block>
10.        </view>
11.        < view style = "flex - direction:row;">
12.          < block wx:for = "{{['4','5','6','-']}}">
13.            < button class = "btn" disabled = "{{disabled}}" bindtap = "onTap"
     id = "{{item}}">{{item}}</button>
14.          </block>
15.        </view>
16.        < view style = "flex - direction:row;">
17.          < block wx:for = "{{['1','2','3','x']}}">
18.            < button class = "btn" loading = "{{loading}}" disabled = "{{disabled}}"
     bindtap = "onTap" id = "{{item}}">{{item}}</button>
19.          </block>
20.        </view>
21.        < view style = "flex - direction:row;">
```

```
22.          < block wx:for = "{{['0','.',' = ',' ÷ ']}}">
23.            < button
    class = "{{item == ' = '?'btn blue':'btn'}}" bindtap = "onTap" id = "{{item}}">{{item}}
24.            </button >
25.          </block >
26.        </view >
27.      </view >
28.    </view >
29.    < view style = "flex - direction:column">
30.      < button id = "clearAll" bindtap = "onTap">清除</button >
31.    </view >
32. </view >
```

页面样式 WXSS 代码如下：

```
1.   /* 计算器的样式文件 index.wxss */
2.   .btn{
3.      width:160rpx;
4.      min - height:10rpx;
5.      margin:10rpx;
6.      text - shadow:0 1px 1px rgba(0,0,0,.3);
7.      border - radius:5px;
8.      text - align:center;
9.      line - height:150rpx;
10.     display:inline - block;
11.  }
12.  .blue{
13.     color:black;
14.     border:solid 1px #7fc8df;
15.     background:#42b9dd;
16.  }
17.  .button - hover {
18.  background - color: #DEDEDE;
19.  }
```

在页面布局编写过程中注意关注调试器的 Wxml 面板，查看页面样式是否受浏览器默认样式 user agent stylesheet 的影响，并注意重写覆盖。

8.7.3 页面逻辑处理

页面的逻辑 JS 文件代码如下：

```
1.   //计算器的页面 index.js
2.   Page({
3.     data: { value: "0", arr: [], lastIsOperaSymbo: false, },
4.     onTap(event) {                          //多个 button 的点击事件处理
5.       var id = event.target.id;
```

```
6.          var data = this.data.value;
7.          if (id == "clearAll") {                       //点击"清除"按钮
8.            this.setData({value: "0"});
9.            this.data.arr.length = 0;
10.         } else if (id == "=") {                        //点击"="按钮时
11.           if (data == "0") { return; }
12.           var lastWord = data.charAt(data.length);
13.           if (isNaN(lastWord)) { return; }
14.           var num = "";
15.           var lastOperator = "";
16.           var arr = this.data.arr;
17.           var optarr = [];
18.           for (var i in arr) {
19.             if (isNaN(arr[i]) == false || arr[i] == ".") {
20.               num += arr[i];
21.             } else {
22.               lastOperator = arr[i];
23.               optarr.push(num);
24.               optarr.push(arr[i]);
25.               num = "";
26.             }
27.           }
28.           optarr.push(Number(num));
29.           var result = Number(optarr[0]) * 1.0;
30.           for (var i = 1; i < optarr.length; i++) {
31.             if (isNaN(optarr[i])) {
32.               if (optarr[1] == "+") {
33.                 result += Number(optarr[i + 1]);
34.               } else if (optarr[1] == "-") {
35.                 result -= Number(optarr[i + 1]);
36.               } else if (optarr[1] == "x") {
37.                 result * = Number(optarr[i + 1]);
38.               } else if (optarr[1] == "÷") {
39.                 result / = Number(optarr[i + 1]);
40.               }
41.             }
42.           }
43.           this.data.arr.length = 0;
44.           this.data.arr.push(result);
45.           this.setData({ value: result + "" });
46.         }
47.         else {
48.           var sd = this.data.value;
49.           var data;
50.           if (sd == 0) { data = id; }
51.           else { data = sd + id; }
```

```
52.        this.setData({ value: data });
53.        this.data.arr.push(id);
54.      }
55.    }
56. })
```

8.8 本章小结

本章主要讲解 UI 开发中最重要的页面布局,分别介绍了重要的 flex 布局以及常用的相对定位布局和绝对定位布局。flex 布局类似于盒子套盒子,直至最小的 item,利用 flex-direction 属性解决主轴交叉轴排列问题,最后再分别利用容器或者项目的属性实现小盒子内部的特殊排列。相对定位布局和绝对定位布局主要用于解决页面中有一些元素需要置顶的问题。二者相互结合可以完成项目页面布局。好看大方的布局与样式离不开 Wxml 面板调试,建议耐心调试,最终设计出漂亮的 UI 界面。

第 **9** 章

小程序的样式基础

本章学习目标
- 学会样式的基本使用。
- 结合案例学会样式属性的基本内容。
- 了解样式选择器的分类与基本使用。

9.1 样式的基本使用

在前面的学习中已经接触了大量关于样式的使用,首先在 WXML 文件中给组件添加 class 属性,对应的属性值即对应着 WXSS 文件中一个同名样式;其次在 WXSS 中利用选择器(如最简单的利用". 样式名"的方式),可为组件设置宽、高、背景等样式属性。除此之外,还可以直接在组件标签上添加 style 属性,但为了使代码看起来更加规范,一般不在 style 中添加过多的静态属性,只把一些需要改变的动态样式属性写进 style。

9.2 样式的属性

样式的属性主要包括以下几个方面:尺寸、背景、边框、边距、文本、其他(如列表、内容、表格等)。下面将分别讲解样式属性的使用方法与注意事项。

9.2.1 尺寸属性

视频讲解

尺寸属性除了常见的 width、height 以外,还有 4 个,分别是最大宽度、最小宽度、最大高度和最小高度,其属性名分别为 max-width、min-width、max-height、min-height。在网页中其主要用在一些多个宽高不定的图片同时排列在 div 中可能出现图片过大溢出又或是图片过小显示效果不佳的情况。在已设定 image 标签的宽高的基础上,再设置最大、最小宽高,可使得图片的实际显示宽高限定在此范围内。

尺寸属性测试案例如下。

1. 新建页面与图片准备

在新建的 Chapter09 项目中添加 testSize 的新页面,app.json 中页面属性代码如下:

```
1.  "pages": [
2.      "pages/demo9 - 1/testSize",
3.      "pages/index/index"
4.  ],
```

新建页面完成后在与 pages 同级的目录下新建一个 images 目录,放入大小不同的两张图片,其尺寸分别为 400px×400px 与 100px×100px,如图 9-1 所示。

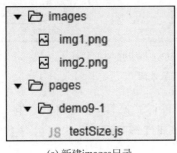

(a) 新建images目录

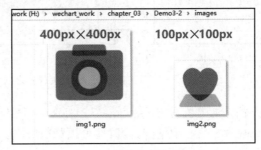

(b) 图片大小展示

图 9-1 测试图片准备

2. WXML 代码

接下来在新页面中添加两张测试图片,代码如下所示:

```
1.  <!-- pages/demo9 - 1/testSize.wxml -->
2.      <view class = "size - container">
3.        < image src = "../../images/img1.png"></image>
4.        < image src = "../../images/img2.png"></image>
5.      </view>
```

上述代码第 3、4 句的 image 组件暂时未设置属性,图片的显示效果如图 9-2 所示。

3. 利用开发工具调试器的 Wxml 面板进行样式调试

看到图 9-2(a)的显示效果可能会感到疑惑,为何没有给图片设置任何属性,图片的尺寸会变得这么大。这时可以利用开发工具调试器的 Wxml 面板看一下 image 的样式,如图 9-2(b)所示。可以看到,正是这个奇怪的 user agent stylesheet 样式在控制着 image 的属性,导致即使在页面的样式文件中未设置 image 的样式情况下,最终图片呈现的效果也不是所期望的。

4. 覆盖 user agent stylesheet 样式

user agent stylesheet 是浏览器默认样式,正是由于浏览器的 CSS 样式渲染了的页面的 HTML,才导致很多样式发生了改变,这显然不是所期望的。由于浏览器默认样式的优先级较低,

 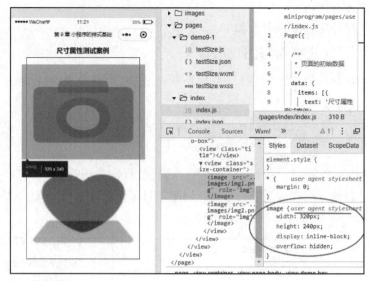

(a) 显示效果   (b) Wxml面板中image的样式

图 9-2　未设置样式之前图片显示效果

因此解决办法是通过重写与 user agent stylesheet 相同的组件样式属性,以覆盖其影响。在 Wxml 面板右边的属性栏直接取消勾选"属性可预览"复选框去掉该属性影响后的效果。

5. display 属性的简单使用

从以上实验中可以看出,在未给 image 的样式设置任何属性时,第一张图片会占满 view 组件,而第二个会溢出。解决溢出的办法是给容器内的元素设置 display 属性,才能使 view 里面的两张图片都放到容器内部,代码如下所示:

```
1.  /* pages/demo9 - 1/testSize.wxss */
2.  .size - container image{
3.    width: 200rpx;
4.    height: 200rpx;
5.    display: block;              /* 独占一行 */
6.    display: inline - block;     /* 共享一行,block 和 inline - block 不能同时设置 */
7.  }
```

上述代码第 2 句使用的不是常用的". 样式名"的方式,而是使用了"父级容器＋空格＋下层组件名"的形式给组件设定样式,其他选择器的使用参见 9.3 节样式选择器的使用。第 5 句和第 6 句代码设置 image 组件的排列方式,设置时二选一,其中 block 使元素变成块级元素独占一行,但是在元素未设置宽度的情况下,会默认填满父级元素的宽度。而 inline-block 则不会独占一行,以共享的形式排列在一行,如图 9-3 所示。

可以看到这时图片已完全在 container(容器)内部,且由于直接设置了其宽高为 200rpx×200rpx,因此图片得到了正常显示。如果在不知道图片大小的情况下,这时最小、最大宽度属性将图片大小限制在一个可接受范围内,这里的可接受是指不超过给定容器的大小,对 image 组件样式设置最小、最大宽度属性的代码如下所示:

(a) block：块级元素独占一行

(b) inline-block：多个元素共享一行

图 9-3　block 与 inline-block

```
1.  .size-container image {
2.     width: 300rpx;
3.     height: 400rpx;
4.     display: block;            /* 独占一行 */
5.     /* display: inline-block; 共享一行 */
6.     min-width: 100rpx;
7.     min-height: 200rpx;
8.     max-width: 200rpx;
9.     max-height: 250rpx;
10. }
```

6. 最大、最小宽度属性设置效果

图片显示效果如图 9-4 所示，大小为 100rpx×125rpx，换算一下即这里的最大宽度为 200rpx，最大高度为 250rpx。

图 9-4　设置最大、最小宽高图片显示效果

9.2.2 背景属性

关于背景的常用属性有背景颜色(background-color)、背景图片(background-image)、背景图片的大小(background--size)以及背景图片的重叠方式(background-repeat)等。具体的常用背景属性说明如表 9-1 所示。

表 9-1 常用背景属性说明

属　　　性	说　　　明
background	在一个声明中设置所有的背景属性
background-attachment	设置背景图像是否固定或者随页面的其余部分滚动
background-color	设置元素的背景颜色
background-image	设置元素的背景图像
background-position	设置背景图像的开始位置
background-repeat	设置是否及如何重复背景图像
background-clip	规定背景的绘制区域
background-origin	规定背景图片的定位区域
background-size	规定背景图片的尺寸

下面实现设置全屏背景图的小案例,其具体实现步骤如下:

(1) 将背景图片放入 images 文件夹下,引入背景图片,页面的 WXML 代码如下:

```
1.  <!-- pages/demo9 - 2/testBackground. wxml -->
2.  < image class = 'background - image' src = '../../ images/background. png'>
3.  </image >
```

(2) 编写名为 background-image 的样式,代码如下所示:

```
1.  . background - image {
2.      position: absolute;
3.      height: 100 % ;
4.      width: 100 % ;
5.      background - repeat: no - repeat;
6.  }
```

(3) 运行代码可以看到如图 9-5(a)所示的效果,但是小程序页面的窗口还在,并且继承了 app. json 中 window 的配置。在 5.3 节窗口配置中讲到了 navigationStyle 属性,其值为 custom 时可自定义导航栏内容。因此可以在本页面 JSON 文件中修改 navigationStyle 属性为 custom,使窗口不显示,代码如下:

```
1.  {
2.      "navigationStyle": "custom"
3.  }
```

最终实现的全屏效果如图 9-5(b)所示。

(a) 更改窗口配置之前

(b) 全屏效果

图 9-5　设置全屏背景图

9.2.3　边框属性

使用边框的代码如下所示：

```
1.  .container{
2.    border: 1px solid black;
3.  }
```

第一个属性是边框宽度，第二个是边框样式，除了实线以外还有 dotted、double、dashed，分别对应的样式是点状、双线、虚线。另外比较常用的属性还有 border-radius，可以设置边框的圆角样式。其他属性说明如表 9-2 所示。

表 9-2　border 样式属性说明

属　　性	说　　明
border	在一个声明中设置所有的边框属性
border-bottom	在一个声明中设置所有的下边框属性
border-color	设置 4 条边框的颜色
border-width	设置 4 条边框的宽度
border-bottom-color	设置下边框的颜色
border-bottom-style	设置下边框的样式
border-bottom-width	设置下边框的宽度

续表

属　　性	说　　明
border-bottom-left-radius	定义边框左下角的形状
border-bottom-right-radius	定义边框右下角的形状
border-image	简写属性，设置所有 border-image-* 属性
border-image-repeat	图像边框是否应平铺（repeated）、铺满（rounded）或拉伸（stretched）
border-image-slice	规定图像边框的向内偏移
border-image-source	规定用作边框的图片
border-image-width	规定图片边框的宽度
border-radius	简写属性，设置所有 4 个 border-*-radius 属性
border-top-left-radius	定义边框左上角的形状
border-top-right-radius	定义边框右上角的形状

表 9-2 省略了 border 其他方向的属性。

视频讲解

9.2.4　边距属性

在进行 UI 开发过程中经常会遇到为元素设定边距的情况，边距分为外边距和内边距，分别是 margin 和 padding。margin 可以改变当前元素离最外层容器的距离，但不会改变其自身的宽和高；padding 则是使当前容器内部的内容离自己的边框有一个内边距，而且这个边距是靠改变当前容器的宽高来实现。

边距属性测试案例如下。

1. 实现效果

（1）margin 外边距测试效果如图 9-6 所示。

(a) 未加margin前

(b) 增加margin后

(c) 外层盒子的外边距

图 9-6　margin 外边距测试效果

（2）padding 内边距测试效果如图 9-7 所示。

从图 9-7 的对比图中可以明显看到，item2 的宽高均有增大（以左上角进行定位，增大的距离实际就是 padding 内边距）。

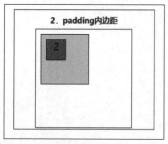 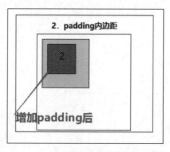 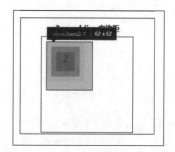

(a) 未加边距前　　　　　　　(b) 增加padding后　　　　　　(c) 调试器查看

图 9-7　padding 内边距测试效果

2. 代码说明

（1）WXML 代码。

```
1.  <!-- pages/demo9 - 3/margin&padding.wxml -->
2.  < view class = 'container'>
3.    < view class = 'page - body'>
4.      < text class = 'h1'>边距属性测试案例</text>
5.      < view class = 'demo - box'>
6.        < view class = "title">1、margin 外边距</view>
7.        < view class = "margin - container">
8.          < view class = "item">
9.            < view class = "item1"> 1 </view>
10.         </view>
11.       </view>
12.     </view>
13.      < view class = 'demo - box'>
14.       < view class = "title">2、padding 内边距</view>
15.       < view class = "margin - container">
16.         < view class = "item">
17.           < view class = "item2"> 2 </view>
18.         </view>
19.       </view>
20.     </view>
21.   </view>
22. </view>
```

（2）WXSS 代码。

```
1.  /* pages/demo9 - 3/margin&padding.wxss */
2.  .margin - container {
3.    width: 400rpx;
4.    height: 400rpx;
5.    border: 1px solid black;
6.  }
7.  .item {
8.    width: 200rpx;
9.    height: 200rpx;
```

```
10.    margin: 20rpx;
11.    border: 1px solid black;
12.    background – color: lightgray;
13. }
14. .item1 {
15.    width: 80rpx;
16.    height: 80rpx;
17.    margin: 20rpx;
18.    border: 1px solid black;
19.    background – color: lightcoral;
20. }
21. .item2{
22.    width: 80rpx;
23.    height: 80rpx;
24.    padding: 20rpx;
25.    margin: 20rpx;
26.    border: 1px solid black;
27.    background – color: green;
28. }
```

当然,margin 和 padding 与边框类似,也有 4 个方向的拆分属性,如 margin-left、margin-right 等,在开发过程中都会经常使用。

9.2.5　文本属性

文本属性包括文字字体、颜色、大小、加粗与否等,在 UI 开发中也经常使用,如表 9-3 所示。

表 9-3　文本属性说明

属　　　性	说　　　明
font	在一个声明中设置所有字体属性
font-family	规定文本的字体系列
font-size	规定文本的字体尺寸
font-size-adjust	调整字体大小
font-stretch	收缩或拉伸当前的字体系列
font-style	规定文本的字体样式
font-variant	规定是否以小型大写字母的字体显示文本
font-weight	规定字体的粗细

9.3　样式选择器的使用

选择器在前面的学习中已经使用过,代码如下所示:

```
1.    .container{
2.    /* 样式内容 */
3.    }
```

上述代码的.container 就是一个基本选择器,也是最常用的选择器,选择器又分为基本、属性、伪类,接下来将进行一一介绍。

9.3.1 基本选择器

所有基本选择器及其语法如表 9-4 所示。

表 9-4 基本选择器及其语法

基本选择器	语　　法	说　　明
Class 类选择器	.name{ }	选择所有 class="name"的组件应用该样式
ID 选择器	#name{ }	选择所有 id="name"的组件应用该样式
元素选择器	name{ }	name 代指所有页面中的某种组件,如 image{ }
包含选择器	.p c{ }	p 可指一个 class 名,c 指嵌套在 p 内部的组件名,例如.container text{ }
子元素选择器	.p>c{ }	p 可指一个 class 名,c 指嵌套在 p 内部的组件名,例如.container>text{ }
邻近兄弟元素选择器	.c+c{ }	两个同级的 view 或其他组件之间,可以利用.item1+.item2{ }或者 item1+view
通用兄弟元素选择器	c~c{ }	与邻近不同,该选择器可以控制所有的兄弟元素应用该样式

表 9-4 中的 p 指父级元素,c 指孩子元素。包含选择器与子元素选择器的区别如下:包含选择器内部只要嵌套了该组件,不管嵌套了多少层、同级的有多少个,都会应用该样式;而子元素选择器只能选择进入到一层。

在平常使用中只需记住前三个基本选择器的语法已经足够,其他的了解即可,最终的目的是使用最便捷且自己能够记住的选择器以提高开发效率。

9.3.2 属性选择器

组件有很多属性,如刚才说的 class 属性、绑定事件的属性 bindtap 等,CSS 支持选择具有某些属性的组件应用该样式,具体语法说明如表 9-5 所示。

表 9-5 属性选择器语法说明

语　　法	举　　例	说　　明
[attribute]	[target]	选择带有 target 属性的所有元素
[attribute=value]	[target=_blank]	选择 target="_blank"的所有元素
[attribute~=value]	[title~=flower]	选择 title 属性包含单词 flower 的所有元素
[attribute|=value]	[lang|=en]	选择 lang 属性值以 en 开头的所有元素

示例代码如下:

```
1.  view[class = "item2 - 1"]{
2.    background - color: aqua;
3.  }
```

上述代码选择所有拥有 class 属性为"item2-1"的 view 组件,将其背景颜色设置为青色。属性选择器的语法利用~、|、^等通配符还可以进行更多控制(详情可参见 CSS 官方文档),但是到目前

为止微信开发工具还不能全部支持,例如利用 bindtap 属性在进行选择时样式就不能成功应用,可见 CSS 的部分特性小程序还不能全部进行适配,在开发过程中要注意有所选择地进行使用。

9.3.3 伪类选择器

伪类选择器主要是指用户在页面上进行操作之后,需要动态改变的样式,可以利用伪类选择器进行样式的改变。伪类选择器主要包括以下几种:

(1) 动态伪类选择器(:active、:focus)。

(2) 状态伪类选择器(:enabled、:disabled、:checked)。

(3) 选择伪类选择器(:first-child、:last-child、:nth-child()、:nth-last-child()、:nth-of-type()、:nth-last-of-type()、:first of-type、:last-of-type、:only-child、:only-of-type)。

(4) 空内容伪类选择器(:empty)。

(5) 否定伪类选择器(:not)。

(5) 伪元素(:first-line、:first-letter、::before、::after、:selection)。

1. 动态伪类选择器

动态伪类选择器说明如表 9-6 所示。

表 9-6 伪类选择器说明

选 择 器 名	举 例	说 明
:active	a:active	选择活动链接
:focus	input:focus	选择获得焦点的 input 元素

2. 状态伪类选择器

状态伪类选择器说明如表 9-7 所示。

表 9-7 状态伪类选择器说明

选 择 器 名	举 例	说 明
:enabled	input:enabled	选择每个启用状态的 input 元素
:disabled	input:disabled	选择每个禁用状态的 input 元素
:checked	input:checked	选择每个被选中的 input 元素

3. 选择伪类选择器

选择伪类选择器说明如表 9-8 所示。

表 9-8 选择伪类选择器说明

选 择 器 名	举 例	说 明
:first-child	.name:first-child	选择的是其父元素的第一个子元素的每个 class＝"name" 的元素,这里的 name 也可以换成其他组件名
:last-child	.name:last-child	与上面相反,选择的是父元素的最后一个子元素
:nth-child(n)	组件名:nth-child(2)	加上数字之后可以指定是第几个

选 择 器 名	举 例	说 明
:nth-last-child(n)	组件名:nth-last-child(2)	同上,从最后一个子元素开始计数
:nth-of-type(n)	组件名:nth-of-type(2)	选择属于其父元素第二个<组件名>元素的每个<组件名>元素
:nth-last-of-type(n)	组件名:nth-last-of-type(2)	同上,但是从最后一个子元素开始计数
:first-of-type	组件名:first-of-type	选择属于其父元素的首个<组件名>元素的每个<组件名>元素
:last-of-type	组件名:last-of-type	选择属于其父元素的最后<组件名>元素的每个<组件名>元素
:only-child	组件名:only-child	选择属于其父元素的唯一子元素的每个<组件名>元素
:only-of-type	组件名:only-of-type	选择属于其父元素唯一的<组件名>元素的每个<组件名>元素

4. 空内容伪类选择器

空内容伪类选择器说明如表9-9所示。

表9-9 空内容伪类选择器说明

选 择 器 名	举 例	说 明
:empty	组件名:empty	选择没有子元素的每个<组件名>元素(包括文本节点)

5. 否定伪类选择器

否定伪类选择器说明如表9-10所示。

表9-10 否定伪类选择器说明

选 择 器 名	举 例	说 明
:not(selector)	:not(组件名)	选择非<组件名>元素的每个元素

6. 伪元素

伪元素说明如表9-11所示。

表9-11 伪元素说明

选 择 器 名	举 例	说 明
:first-line	组件名:first-line	选择每个<组件名>元素的首行
:first-letter	组件名:first-letter	选择每个<组件名>元素的首字母
:before	组件名:before	在每个<组件名>元素的内容之前插入内容
:after	组件名:after	在每个<组件名>元素的内容之后插入内容
::selection	::selection	选择被用户选取的元素部分

表中大部分标为组件名的地方都可以用".类名"替换。

9.4　本章小结

　　本章主要讲解 CSS 中常用的样式基础知识，主要分为 3 部分内容。首先讲解样式的基本使用，涉及 style 与 class 两种设置方式。接着主要讲解样式的 5 种属性，分别为尺寸属性、背景属性、边框属性、边距属性和文本属性，还通过尺寸属性测试案例的学习再次回顾了使用 Wxml 面板调试页面样式的过程。最后对样式选择器进行了简单介绍，样式选择器的方式多种多样，但在具体使用过程中却记不了全部，可以选用几种常用的进行记忆学习。关于伪类选择器在实际开发中经常使用的有：active、：before 和：after 等。

第 10 章

组件

本章学习目标

- 了解组件的概念及其使用方式。
- 结合案例学习视图容器组件的使用，包括 view、scroll-view、swiper 的特性等。
- 学会基础内容组件的使用。
- 学会常见表单组件的使用。
- 学会表单提交组件 form 的使用。
- 结合案例学会导航组件 navigator 的属性与使用，建议结合 6.3 节页面跳转深入体会。
- 学会常见多媒体组件的使用，如 image、audio 和 video 等。
- 学会地图组件 map 的基本使用，并结合案例学习其 API 函数的使用。

10.1 初始组件

10.1.1 组件基本概念

组件是视图层的基本组成单元，在页面的 WXML 文件中可以看到，一个组件通常包括开始标签与结束标签，组件的各个属性用来修饰当前的组件，而内容在两个标签内。根据组件作用与功能的不同，组件分为以 view 为代表的视图容器组件、以 text 为代表的基础组件、以 button 为代表的表单组件、以 image 为代表的多媒体组件，以及 navigator(导航)组件和 map(地图)组件等。由于小程序的组件一直在不断更新中，建议在实际使用过程中参考微信官方文档。常见组件的详细介绍与编码测试将在本章的各个小节进行展开。

10.1.2 组件的通用属性

虽然组件根据其作用与功能的不同，往往拥有众多其独特的属性，但是有这样几个属性属于全部组件的通用属性，这些属性包括组件的 id、class、style 样式、控制组件隐藏与否的 hidden、在第 3

章小程序的事件中学过的 data-*和 bind*/catch*等,这些组件的通用属性说明如表 10-1 所示。

表 10-1　组件的通用属性说明

属 性 名 称	类 型	解 释	备 注
id	string	组件的唯一标识	在同一个页面中用 id 值标识唯一组件,因此同一页不能有多个 id 值相同
class	string	组件的样式类	该属性值在 WXSS 中进行定义和样式内容的设置
style	string	组件的内联样式	可以动态设置内联样式
hidden	boolean	组件显示/隐藏	组件均默认是显示状态
data-*	any	自定义属性	当组件触发事件时,会附带将该属性和值发送给对应的事件处理函数
bind*/catch*	eventhandler	组件的事件	绑定/捕获组件事件

上述通用属性需记下来,在介绍其余的组件属性时将不再单独介绍。

10.2　视图容器组件

视图容器组件主要用于规划布局页面内容,主要有如下几个。

(1) view 组件: 静态视图容器。

(2) scroll-view 组件: 可滚动视图容器。

(3) swiper 组件: 滑块视图容器。

(4) movable-view 组件: 可移动视图容器。

(5) cover-view 组件: 可覆盖在原生组件之上的文本视图容器。

下面将分别介绍前 3 个常用视图容器组件的详细属性,并通过相应的测试案例讲解其具体使用,后两个视图容器在开发中使用频率较低,可自行参考官方 API 文档。

10.2.1　view 组件

视频讲解

view 组件是最常见的静态视图容器,在开发过程中应该也是使用最多的组件,可类比于 HTML 中的<div>标签。在 Wxml 页面中利用开始和结束标签定义好一个 view 容器后,其初始化后是没有大小与背景颜色的,需要手动设置样式后才能看到。view 组件的所有属性说明如表 10-2 所示。

表 10-2　view 组件的属性说明

属　性	类　型	默 认 值	说　明
hover-class	string	none	按下去的样式类。取值 none 无点击状态
hover-stop-propagation	boolean	false	是否阻止本容器的祖先节点出现点击状态
hover-start-time	number	50	按住本容器后多久出现点击状态(单位为 ms)
hover-stay-time	number	400	手指松开后点击状态保留时长(单位为 ms)

view 组件测试案例如下。

1. 运行效果

view 组件的 hover-class 属性用于指定 view 被点击时的样式类，在有多个 view 嵌套且同时都有该属性时，与冒泡事件类似，点击内层 view 时点击事件会向上传递到父级 view，也将使父级 view 触发 hover-class 指定的样式，如图 10-1（b）所示。可以用 hover-stop-propagation 属性来阻止父容器的 view_hover，view 测试案例运行效果如图 10-1 所示。

(a) 页面初始状态   (b) 父、子view均有hover-class   (c) 子view阻止点击传递

图 10-1 view 编码测试

2. WXML 代码

WXML 代码如下：

```
1.   <!-- pages/demo10 – 1/view.wxml -->
2.   < view class = 'container'>
3.     < view class = 'page – body'>
4.       < view class = 'h1'> view 编码测试</view >
5.       < view class = 'demo – box'>
6.         < view class = 'title'>1.不阻止父级容器的点击状态</view >
7.         < view class = 'parent_view' hover – class = 'view_hover'> parent view
8.           < view class = 'child_view' hover – class = 'view_hover'> child view </view >
9.         </view >
10.     </view >
11.     < view class = 'demo – box'>
12.       < view class = 'title'>2.阻止父级容器的点击状态</view >
13.       < view class = 'parent_view' hover – class = 'view_hover'> parent view
14.         < view class = 'child_view' hover – class = 'view_hover' hover – stop – propagation >
15.           增加了 hover – stop – propagation 属性的 child view
```

```
16.          </view>
17.        </view>
18.      </view>
19.    </view>
20. </view>
```

3. WXSS 代码

```
1.  /* pages/demo10-1/view.wxss */
2.  .parent_view {
3.      width: 100%;
4.      height: 300rpx;
5.      background-color: lightpink;
6.      border: 1rpx solid black;
7.      font-size:28rpx;
8.  }
9.  .child_view {
10.      width: 60%;
11.      height: 180rpx;
12.      margin-left: 20%;
13.      margin-top: 40rpx;
14.      background-color: lightyellow;
15.      border: 1rpx solid black;
16.      font-size:28rpx;
17.  }
18.  .view_hover {
19.      background-color: red;
20.  }
```

视频讲解

10.2.2 scroll-view 组件

scroll-view 组件是可滚动视图容器,在开发过程中也较为常见,特别是一些有大篇幅文字的页面,如 6.5 节新闻客户端案例中新闻详情页面就使用了 scroll-view 组件。值得注意的是,使用竖向滚动时,需要给 scroll-view 一个固定高度,通过 WXSS 设置 height。scroll-view 组件的所有属性说明如表 10-3 所示。

表 10-3   scroll-view 组件的属性说明

属 性	类 型	默认值	说 明
scroll-x	boolean	false	允许横向滚动
scroll-y	boolean	false	允许纵向滚动
upper-threshold	number	50	距顶部/左边多远时(单位为 px),触发 scrolltoupper 事件
lower-threshold	number	50	距底部/右边多远时(单位为 px),触发 scrolltolower 事件
scroll-top	number		设置竖向滚动条位置
scroll-left	number		设置横向滚动条位置

续表

属　　性	类　　型	默认值	说　　明
scroll-into-view	string		值应为某子元素 id(id 不能以数字开头)。设置哪个方向可滚动,则在哪个方向滚动到该元素
scroll-with-animation	boolean	false	在设置滚动条位置时使用动画过渡
enable-back-to-top	boolean	false	当用 iOS 点击顶部状态栏、安卓双击标题栏时,滚动条返回顶部,只支持竖向
bindscrolltoupper	eventHandle		滚动到顶部/左边,会触发 scrolltoupper 事件
bindscrolltolower	eventHandle		滚动到底部/右边,会触发 scrolltolower 事件
bindscroll	eventHandle		滚动时触发,event. detail ＝ { scrollLeft, scrollTop, scrollHeight, scrollWidth, deltaX, deltaY}

scroll-view 组件测试案例如下。

1. 运行效果

本节测试案例针对横向与纵向两个方向上的滚动视图进行测试,在使用开发工具进行效果测试时,竖向滑动需利用鼠标滚动模拟移动设备屏幕的手指滑动效果,横向滑动需利用鼠标左键长按拖动,也可在真机上进行调试,在开发工具上案例运行效果如图 10-2 所示。

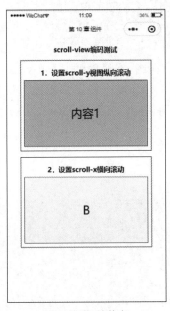

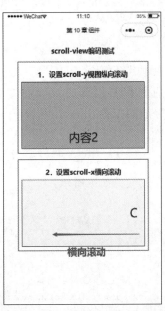

(a) 页面初始状态　　　　　　　(b) 纵向滚动　　　　　　　(c) 横向滚动

图 10-2　scroll-view 编码测试

2. WXML 代码

新建页面 scroll-view,编写如下代码:

```
1.  <!-- pages/demo10 - 2/scroll - view.wxml -->
2.  < view class = 'container'>
3.   < view class = 'page - body'>
4.    < view class = 'title'> scroll - view 编码测试</view>
5.    < view class = 'demo - box'>
6.     < view class = 'title'>1.设置 scroll - y 视图纵向滚动</view>
7.     < scroll - view scroll - y = "true" bindscrolltoupper = "upper"
8.                   bindscrolltolower = "lower" bindscroll = "scroll"
    scroll - into - view = "content1">
9.       < view id = "content1" class = 'scroll - item - y'>内容 1 </view>
10.      < view id = "content2" class = 'scroll - item - y'>内容 2 </view>
11.      < view id = "content3" class = 'scroll - item - y'>内容 3 </view>
12.     </scroll - view >
13.    </view>
14.    < view class = 'demo - box'>
15.     < view class = 'title'>2.设置 scroll - x 横向滚动</view>
16.     < scroll - view scroll - x scroll - into - view = "B" scroll - top = "{{100}}">
17.      < view id = "A" class = 'scroll - item - x'> A </view>
18.      < view id = "B" class = 'scroll - item - x'> B </view>
19.      < view id = "C" class = 'scroll - item - x'> C </view>
20.     </scroll - view >
21.    </view>
22.   </view>
23. </view>
```

以上代码第 7、第 16 句开始分别设置了纵向与横向的两个滚动视图,在纵向的 scroll-view 上绑定了两个事件,需要在 JS 文件中编写逻辑函数代码才能正确触发。另外两个视图都添加了滚动条默认停放的位置,用 scroll-into-view 属性即可指定默认展示的视图,还可以用 scroll-top 指示滚动条位置。

3. WXSS 代码

样式文件如下所示:

```
1.  /* pages/demo10 - 2/scroll - view.wxss */
2.  scroll - view {
3.    width: 100 % ;
4.    height: 300rpx;
5.    white - space: nowrap;
6.    border: 1px solid black;
7.  }
8.  .scroll - item - y{
9.    height: 300rpx;
10.   line - height: 300rpx;
11.   font - size: 20pt;
12.   background - color: lightpink;
13. }
14. .scroll - item - x {
```

```
15.    width: 100%;
16.    height: 300rpx;
17.    line-height: 300rpx;
18.    font-size: 20pt;
19.    background-color: lightyellow;
20.    display: inline-block;
21. }
```

样式文件中重点注意代码第 5 句设置 white-space 为 nowrap,它的作用是规定段落中的文本不进行换行,如果没有这句横向滚动视图将无法正常滚动。另外是最后的第 20 句 display: inline-block,这个属性在介绍样式的尺寸属性时讲到过,可使多个元素共享一行放置于容器内,同样没有该语句横向滚动视图也无法正常滚动。

10.2.3 swiper 与 swiper-item 组件

swiper 组件称为滑块视图容器,通常可使用该组件制作幻灯片切换播放效果。在 6.5 节新闻客户端案例的首页中就利用了 swiper 组件实现了图片轮播的效果。swiper 组件的所有属性说明如表 10-4 所示。

表 10-4 swiper 组件的属性说明

属　　性	类　　型	默认值	说　　明
indicator-dots	boolean	false	是否显示面板指示点
indicator-color	color	rgba(0, 0, 0, .3)	指示点颜色
indicator-active-color	color	#000000	当前选中的指示点颜色
autoplay	boolean	false	是否自动切换
current	number	0	当前所在滑块的 index
current-item-id	string	""	当前所在滑块的 item-id,不能与 current 被同时指定
interval	number	5000	自动切换时间间隔(单位:ms)
duration	number	500	滑动动画时长(单位:ms)
circular	boolean	false	是否采用衔接滑动
vertical	boolean	false	滑动方向是否为纵向
previous-margin	string	"0px"	前边距,可用于露出前一项的一小部分,接受 px 和 rpx 值
next-margin	string	"0px"	后边距,可用于露出后一项的一小部分,接受 px 和 rpx 值
display-multiple-items	number	1	同时显示的滑块数量
skip-hidden-item-layout	boolean	false	是否跳过未显示的滑块布局,设为 true 可优化复杂情况下的滑动性能,但会丢失隐藏状态滑块的布局信息
bindchange	eventHandle		current 改变时会触发 change 事件,event.detail = {current: current, source: source}
bindanimationfinish	eventHandle		动画结束时会触发 animationfinish 事件,event.detail 同 bindchange

swiper 标签须配合 swiper-item 组件一起使用才能实现轮播效果，且 swiper 组件中只能放置 swiper-item 组件，swiper-item 组件中是用于切换的具体内容，可以是文本或图片，其宽、高默认为 100%。

10.3　基础内容组件

基础内容组件用于显示图标、文字等常用基础内容，主要有如下几个。

（1）icon 组件：图标组件。

（2）text 组件：文本组件。

（3）progress 组件：进度条组件。

（4）rich-text 组件：富文本组件。

下面介绍前 3 个常用的基础内容组件，关于富文本组件可参考微信官方开发文档。

10.3.1　icon 组件

1. 属性说明

icon 组件为图标组件，开发者可以自定义其类型、大小和颜色。该组件对应的属性说明如表 10-5 所示。

表 10-5　icon 组件属性说明

属　性	类　型	默　认　值	说　明
type	string	none	图标类型
size	number	23	图标大小，单位为 px
color	color	无	图标颜色，例如 color="red"

在 icon 的属性中重要的是第一个，即 type 属性，微信官方为开发者提供了多种类型的图标，其中 type 属性完整的取值如表 10-6 所示。

表 10-6　type 属性值说明

属　性　值	图标样式	说　明
success	✅	成功图标，用于表示操作顺利完成。也出现在多选控件中，表示已经选中
success-no-circle	✔	不带圆圈样式的成功图标，用于表示操作顺利完成。也出现在单选控件中，表示已经选中
info	ⓘ	提示图标，用于表示信息提示
warn	❗	警告图标，用于提醒需要注意的事件
waiting	🕐	等待图标，用于表示事务正在处理中
cancel	⊗	取消图标，用于表示关闭或取消

属 性 值	图标样式	说 明
download	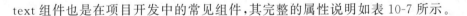	下载图标，用于表示可以下载
search		搜索图标，用于表示可搜索
clear		清空图标，用于表示清除内容

2. icon 组件的使用

icon 组件的使用非常简单，直接在 WXML 页面中嵌入该组件，并指定 type 属性即可，代码如下所示：

```
< icon type = "success" color = "red" size = "36"></icon>
```

视频讲解

10.3.2 text 组件

text 组件也是在项目开发中的常见组件，其完整的属性说明如表 10-7 所示。

表 10-7 text 组件属性说明

属 性	类 型	默 认 值	说 明
selectable	boolean	false	文本是否可选
decode	boolean	false	是否解码
space	string	false	显示连续空格

decode 可以解析的有" ""<"">""&""'"" "" "，其详细含义说明可参考表 10-8。另外，text 组件内只支持 text 嵌套，除了文本节点以外的其他节点都无法长按选中。

text 组件测试案例如下。

1. selectable 属性

在 Chapter10 项目下新建 text 页面，代码如下：

```
1.    "pages": [
2.      "pages/demo10 - 3/text",
3.      "pages/demo10 - 2/scroll - view",
4.      "pages/demo10 - 1/view",
5.      "pages/index/index"
6.    ],
```

selectable 属性用于控制页面中的文字是否长按可选，并进行自由复制等操作。其用法十分简单，只需要在 text 标签上添加 selectable = "true"。当属性值是 boolean 类型又为真时，甚至可省略不写，代码如下所示：

```
1.  <!-- pages/demo10 - 3/text.wxml -->
2.  <text selectable>长按文字可以选择文本内容.\n"\\n"用于换行,这是第二行</text>
```

2. decode 属性

1) 常见转义字符

decode(解码)属性其实是将一些特殊字符进行转义。常见的转义字符如表 10-8 所示。

表 10-8　常见的转义字符

转 义 字 符	转 义 后	转 义 字 符	转 义 后
&lt;	<	&quot;	"
&gt;	>	&amp;	&
	空格	&apos;	'

2) 测试代码

decode 属性用法与 selectable 一致,代码如下所示:

```
1.  <!-- pages/demo10 - 3/text.wxml -->
2.  <text>无法解析   &lt; &gt; &amp; &apos;    </text>
3.  <text decode>可以解析   &lt; &gt; &amp; &apos;    </text>
```

3. space 属性

使用 text 组件经常会碰到关于空格的问题,当在文字间需要留出多个空格时,可能会觉得多输入几个空格,页面上也应该显示多个空格,其实不然,在 text 组件中默认会把无数个空格省略成一个,代码如下所示:

```
1.  <!-- pages/demo10 - 3/text.wxml -->
2.  <text>text 默认            即使中间有 无数空格也 会省略成一个空格</text>
```

1) 不使用 space 属性的默认效果

在开发工具中预览到效果如图 10-3 所示。

2) space 属性测试代码

由图 10-3 的运行效果可知,需要利用 space 属性来控制 text 组件显示连续空格的方式。space 属性取值主要有 3 个,代码如下所示:

```
1.  <!-- pages/demo10 - 3/text.wxml -->
2.  <text space = 'ensp'>加上 space = 'ensp'后 空格是中文字符一半大小</text>
3.  <text space = 'emsp'>加上 space = 'emsp'后 空格是中文字符大小</text>
4.  <text space = 'nbsp'>加上 space = 'nbsp'后这段代码 根据字体设置的空格大小.</text>
```

在开发工具中预览到效果如图 10-4 所示。

4. 完整测试效果图

图 10-4 在真机中运行效果如图 10-5 所示。

图 10-3　text 组件会省略多个空格

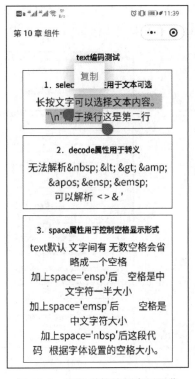

图 10-5　案例完整效果真机预览

图 10-4　space 各属性对比

10.3.3　progress 组件

progress 组件为进度条组件,该组件对应的属性说明如表 10-9 所示。

表 10-9　progress 组件属性说明

属　　性	类　　型	默　认　值	说　　明
percent	float	无	百分比,范围为 0～100
show-info	boolean	false	在进度条右侧显示百分比
stroke-width	number	6	进度条线的宽度,单位为 px
color	color	#09BB07	进度条颜色(建议使用 activeColor)
activeColor	color		已完成的进度条的颜色
backgroundColor	color		未完成的进度条的颜色
active	boolean	false	进度条从左往右的动画
active-mode	string	backwards	backwards:动画从头播;forwards:动画从上次结束点接着播

progress 组件测试案例如下。

1. 运行效果

本节案例主要针对 progress 组件的百分比属性、进度条样式以及动态进度条的实现等进行测试,案例运行效果如图 10-6 所示。

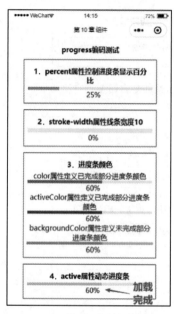

(a) 初始状态　　　　　(b) 动画加载完成

图 10-6　progress 编码测试

2. WXML 代码

在 Chapter10 项目下新建一个 progress 页面,新建页面代码如下:

```
1.    "pages": [
2.       "pages/demo10 - 4/progress",
3.       //省略其他页面路径
4.    ],
```

3. 在 progress. wxml 文件中添加代码

```
1.    <!-- pages/demo10 - 4/progress.wxml -->
2.    < view class = 'container'>
3.     < view class = 'page - body'>
4.        < view class = 'title'> progress 编码测试</view>
5.        < view class = 'demo - box'>
6.         < view class = 'title'>1.percent 属性控制进度条显示百分比</view>
7.         < progress percent = '25' show - info />
8.        </view>
9.        < view class = 'demo - box'>
```

```
10.          < view class = 'title'>2. stroke - width 属性线条宽度 10 </view>
11.          < progress stroke - width = '10' show - info />
12.      </view>
13.      < view class = 'demo - box'>
14.          < view class = 'title'>3. 进度条颜色</view>
15.          color 属性定义已完成部分进度条颜色
16.          < progress color = "red" percent = '60' show - info />
17.           activeColor 属性定义完成部分进度条颜色
18.          < progress activeColor = "blue" percent = '60' show - info />
19.          backgroundColor 属性定义未完成部分进度条颜色
20.          < progress backgroundColor = "lightgreen" percent = '60' show - info />
21.      </view>
22.      < view class = 'demo - box'>
23.          < view class = 'title'>4. active 属性动态进度条</view>
24.          < progress color = "♯FFB6C1" active percent = '60' show - info />
25.      </view>
26.  </view>
27. </view>
```

10.4　表单组件

所有表单组件如下所示。

（1）button 组件：按钮组件。

（2）input 组件：输入框组件。

（3）textarea 组件：文本框组件。

（4）radio 组件：单选按钮组件。

（5）checkbox 组件：复选框组件。

（6）label 组件：标签组件。

（7）picker 组件：从底部弹起的滚动选择器。

（8）picker-view 组件：嵌入页面的滚动选择器(不常用,可自行参考微信官方开发文档)。

（9）slider 组件：滑动条组件。

（10）switch 组件：开关选择器。

下面将逐一进行这些表单组件属性的详细介绍,并在属性介绍完毕后配有单独的组件使用案例以帮助加深理解。

10.4.1　button 组件

button 组件在前面的章节中已经见到过多次,其用法与其他组件基本一致。button 组件属性说明如表 10-10 所示。

视频讲解

表 10-10　button 组件属性说明

属　　性	类　　型	默 认 值	说　　　　明
size	string	default	按钮的大小：default/mini
type	string	default	按钮的样式类型：default/primary/warn
plain	boolean	false	按钮是否镂空，背景色为透明
disabled	boolean	false	是否禁用
loading	boolean	false	名称前是否带 loading 图标
form-type	string		用于 form 组件，点击分别会触发 form 组件的 submit/reset 事件
open-type	string		微信开放能力
hover-class	string	button-hover	指定按钮按下去的样式类。当 hover-class＝"none" 时，无点击态效果
hover-stop-propagation	boolean	false	指定是否阻止本节点的祖先节点出现点击态
hover-start-time	number	20	按住后多久出现点击态，单位为 ms
hover-stay-time	number	70	手指松开后点击态保留时间，单位为 ms
lang	string	en	指定返回用户信息的语言，zh_CN 为简体中文，zh_TW 为繁体中文，en 为英文
session-from	string		会话来源，open-type＝"contact"时有效
send-message-title	string	当前标题	会话内消息卡片标题，open-type＝"contact"时有效
send-message-path	string	当前分享路径	会话内消息卡片点击跳转小程序路径，open-type＝"contact"时有效
send-message-img	string	截图	会话内消息卡片图片，open-type＝"contact"时有效
app-parameter	string		打开 App 时，向 App 传递的参数，open-type＝"launchApp"时有效
show-message-card	boolean	false	是否显示会话内消息卡片，为 true 时用户进入客服会话会在右下角显示"可能要发送的小程序"提示，用户点击后可以快速发送小程序消息，open-type＝"contact"时有效
bindgetuserinfo	eventhandle		用户点击该按钮时会返回用户信息，回调的 detail 数据与 wx. getUserInfo 返回的数据一致，open-type＝"getUserInfo"时有效
binderror	eventhandle		当使用开放功能时，发生错误的回调，open-type＝"launchApp"时有效
bindcontact	eventhandle		客服消息回调，open-type＝"contact"时有效
bindgetphonenumber	eventhandle		获取用户手机号回调，open-type＝"getPhoneNumber"时有效
bindopensetting	eventhandle		在打开授权设置页后回调，open-type＝"openSetting"时有效
bindlaunchapp	eventhandle		打开 App 成功回调，opentype＝"launchApp"有效

表 10-10 中 open-type 取值说明如表 10-11 所示。

表 10-11 open-type 取值说明

open-type 取值	说 明
contact	打开客服会话,如果用户在会话中点击消息卡片后返回小程序,可以从 bindcontact 回调中获取具体信息、具体说明
share	触发用户转发,使用前建议先阅读使用指引
getPhoneNumber	获取用户手机号,可以从 bindgetphonenumber 回调中获取用户信息、具体说明
getUserInfo	获取用户信息,可以从 bindgetuserinfo 回调中获取用户信息
launchApp	打开 App,可以通过 app-parameter 属性设定向 App 传的参数
openSetting	打开"授权设置"页面
feedback	打开"意见反馈"页面,用户可提交反馈内容并上传日志,开发者可登录小程序管理后台进入左侧"客服反馈"页面获取反馈内容

button 组件测试案例如下。

1. 实现效果

本节案例针对 button 组件的类型、状态、样式以及特殊的 open-type 属性进行测试,案例运行效果如图 10-7 所示。

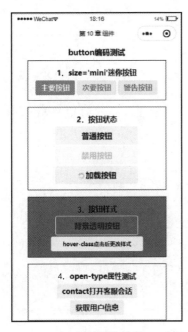
(a) 页面初始状态

(b) 点击具有hover-class属性的属性

(c) 开发工具点击客服会话

图 10-7 button 编码测试

(d) 真机客服会话界面　　　(e) 点击"获取用户信息"按钮　　　(f) 日志打印获取的用户信息

图 10-7 （续）

2. WXML 代码

新建 button 页面，在 WXML 文件中编写如下代码：

```
1.   <!-- pages/demo10-5/button.wxml -->
2.   <view class='container'>
3.     <view class='page-body'>
4.       <view class='h1'>button编码测试</view>
5.       <view class='demo-box'>
6.         <view class='title'>1.size='mini'迷你按钮</view>
7.         <view class="button-area">
8.           <button type='primary' size='mini'>主要按钮</button>
9.           <button type='default' size='mini'>次要按钮</button>
10.          <button type='warn' size='mini'>警告按钮</button>
11.        </view>
12.      </view>
13.      <view class='demo-box'>
14.        <view class='title'>2.按钮状态</view>
15.        <button>普通按钮</button>
16.        <button disabled>禁用按钮</button>
17.        <button loading>加载按钮</button>
18.      </view>
19.      <view class='demo-box' style="background-color:grey">
20.        <view class='title'>3.按钮样式</view>
21.        <button plain style="border:1px solid white">背景透明按钮</button>
```

```
22.    < button hover - class = "click - class" style = "width:410rpx;font - size:9pt">hover - class
       点击后更改样式</button>
23.    </view>
24.    < view class = 'demo - box'>
25.      < view class = 'title'>4.open - type 属性测试</view>
26.      < button open - type = "contact" size = "mini">contact 打开客服会话</button>
27.      < button open - type = "getUserInfo" bindgetuserinfo = "getUserInfo" size = "mini">获取用户
       信息</button>
28.    </view>
29.   </view>
30. </view>
```

3. JS 代码

button 页面的逻辑文件 button.js 中主要使用 wx.getUserInfo 获取用户信息,代码如下:

```
1.   // pages/demo10 - 5/buttons.js
2.   Page({
3.     getUserInfo: function() {
4.       wx.getUserInfo({
5.         success: res => { console.log(res) }
6.       })
7.     }
8.   })
```

10.4.2 input 组件

input 组件在页面中与 button 组件一样都是较为常见的组件,其属性说明如表 10-12 所示。

视频讲解

表 10-12 input 组件属性说明

属　　　性	类　　　型	默认	是否必填	说　　　明
value	string		是	输入框的初始内容
type	string	text	否	input 的类型,取值为 text(文本)、number(数字)、idcard(身份证)、digit(带小数点数字)
placeholder-style	string		是	指定 placeholder 的样式
placeholder-class	string		否	指定 placeholder 的样式类
cursor-spacing	number	0	否	指定光标与键盘的距离,取 input 距离底部的距离和 cursor-spacing 指定的距离的最小值作为光标与键盘的距离
confirm-type	string	done	否	设置键盘右下角按钮的文字,仅在 type= 'text'时生效,取值为 send(发送)、search(搜索)、next(下一个)、go(前往)、done(完成)

属　　性	类　　型	默认	是否必填	说　　明
confirm-hold	boolean	false	否	点击键盘右下角按钮时是否保持键盘不收起
cursor	number		是	指定 focus 时的光标位置
selection-start	number	−1	否	光标起始位置,自动聚集时有效,需与 selection-end 搭配使用
selection-end	number	−1	否	光标结束位置,自动聚集时有效,需与 selection-start 搭配使用
adjust-position	boolean	true	否	键盘弹起时是否自动上推页面
hold-keyboard	boolean	false	否	聚焦时,点击页面的时候不收起键盘
bindinput	eventhandle		是	键盘输入时触发,event. detail = ｛value, cursor, keyCode｝,keyCode 为键值,自 2.1.0 版起支持,处理函数可以直接返回一个字符串,将替换输入框的内容
bindfocus	eventhandle		是	输入框聚焦时触发,event. detail = ｛value, height｝,height 为键盘高度,从基础库版本 1.9.90 起支持该属性
bindconfirm	eventhandle		是	点击"完成"按钮时触发,event. detail = ｛value: value｝
bindkeyboardheightchange	eventhandle		是	键盘高度发生变化时触发此事件,event. detail = ｛height: height, duration: duration｝

关于 input 组件属性说明主要有以下几点注意事项:

(1) confirm-type 的最终表现与手机输入法本身的实现有关,部分安卓系统输入法和第三方输入法可能不支持或不完全支持。

(2) input 组件是一个原生组件,字体是系统字体,所以无法设置 font-family。

(3) 在 input 聚焦期间,应避免使用 CSS 动画。

(4) 键盘高度发生变化,keyboardheightchange 事件可能会多次触发,开发者对于相同的 height 值应该忽略掉。

(5) 在微信客户端版本 6.3.30 中 focus 属性设置无效,placeholder 在聚焦时可能出现重影问题。

input 组件使用案例如下。

1. 实现效果

本节实现 input 组件案例,对输入框的聚焦、输入提示、禁用状态、输入限制和输入监听事件等方面进行测试。案例运行效果如图 10-8 所示。由于图 10-8(f)的"5. 监听输入框事件"涉及键盘的输入监听,因此需要利用真机扫描二维码进行调试。

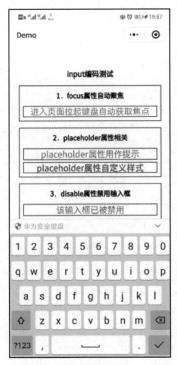

(a) 自动获取焦点

(b) 最大长度限制

(d) bindfocus属性

(e) bindconfirm属性

(f) 获取输入值

图 10-8　input 编码测试

2. WXML 代码

新建 input 页面，在 input.wxml 中添加如下代码：

```
1.  <!-- pages/demo10-6/input.wxml -->
2.  <view class = 'container'>
3.    <view class = 'page-body'>
4.      <view class = 'h1'> input 编码测试</view>
5.      <view class = 'demo-box'>
6.        <view class = 'title'>1.focus 属性自动聚焦</view>
7.        <input focus password placeholder = "进入页面拉起键盘自动获取焦点" />
8.      </view>
9.      <view class = 'demo-box'>
10.       <view class = 'title'>2.placeholder 属性相关</view>
11.       <input placeholder = 'placeholder 属性用作提示' />
12.       <input placeholder = 'placeholder 属性自定义样式' placeholder-style = "color:red"
    placeholder-class = "" />
13.     </view>
14.     <view class = 'demo-box'>
15.       <view class = 'title'>3.disable 属性禁用输入框</view>
16.       <input disabled placeholder = '该输入框已被禁用' />
17.     </view>
18.     <view class = 'demo-box'>
19.       <view class = 'title'>4.maxlength 属性限制长度 </view>
20.       <input type = 'text' maxlength = '5' placeholder = '这里最多只能输入 5 个字' />
21.     </view>
22.     <view class = 'demo-box'>
23.       <view class = 'title'>5.监听输入框事件</view>
24.       <text>(1)bindinput 属性, 获取到输入的值为: {{inputValue1}}</text>
25.       <input bindinput = "onInput" />
26.       <text>(2)bindfocus 属性, 获取到输入值: {{inputValue2}}, 键盘高度:
    {{keyBoardHeight}}</text>
27.       <input bindfocus = "onFocus" />
28.       <text>(3)bindconfirm 属性, 点击完成键(或回车键)获取到输入值:
    {{inputValue3}}</text>
29.       <input bindconfirm = "onConfirm" />
30.       <text>(4)bindblur 属性, 输入框失去焦点时获取到输入值: {{inputValue4}}</text>
31.       <input bindblur = "onBlur" />
32.     </view>
33.   </view>
34. </view>
```

3. JS 代码

```
1.  onInput(e){
2.      this.setData({ inputValue1: e.detail.value })
```

```
3.    },
4.    onFocus(e) {
5.      this.setData({
6.        inputValue2: e.detail.value,
7.        keyBoardHeight: e.detail.height
8.      })
9.    },
10.   onConfirm(e) {
11.     this.setData({ inputValue3: e.detail.value, })
12.   },
13.   onBlur(e) {
14.     this.setData({ inputValue4: e.detail.value, })
15.   },
16.   replaceInput(e){
17.     const value = e.detail.value
18.     let pos = e.detail.cursor
19.     let left
20.     if (pos !== -1) {                       //若光标在中间
21.       left = e.detail.value.slice(0, pos)
22.       pos = left.replace(/11/g, '2').length    //计算光标的位置
23.     }//直接返回对象,可以对输入进行过滤处理,同时可以控制光标的位置
24.      return {
25.       value: value.replace(/11/g, '2'),
26.       cursor: pos
27.     }
28.     //或者直接返回字符串,光标在最后边
29.     //return value.replace(/11/g,'2'),
30.   },
```

10.4.3 textarea 组件

视频讲解

在需要输入大段文字时,仅仅是 input 组件已不再能满足需要,这时就需要用到 textarea 组件。由于都是输入框,因此 textarea 与 input 大部分属性都相同,且均非必填。其完整属性说明如表 10-13 所示。

表 10-13 textarea 组件属性说明

属　　性	类　　型	默　　认	说　　明
value	string		输入框的内容
placeholder	string		输入框为空时占位符
placeholder-style	string		指定 placeholder 的样式,目前仅支持 color、font-size 和 font-weight
placeholder-class	string	textarea-placeholder	指定 placeholder 的样式类

续表

属　　性	类　　型	默　　认	说　　明
disabled	boolean	false	是否禁用
maxlength	number	140	最大输入长度,设置为-1时不限制最大长度
auto-focus	boolean	false	自动聚焦,拉起键盘
focus	boolean	false	获取焦点
cursor	number	-1	指定 focus 时的光标位置
fixed	boolean	false	如果 textarea 是在一个 position:fixed 的区域,需要显示指定属性 fixed 为 true
auto-height	boolean	false	是否自动增高,设置 auto-height 时,style. height 不生效
cursor-spacing	number	0	指定光标与键盘的距离。取 textarea 距离底部的距离和 cursor-spacing 指定的距离的最小值作为光标与键盘的距离
show-confirm-bar	boolean	true	是否显示键盘上方带有"完成"按钮的那一栏
selection-start	number	-1	光标起始位置,自动聚集时有效,需与 selection-end 搭配使用
selection-end	number	-1	光标结束位置,自动聚集时有效,需与 selection-start 搭配使用
adjust-position	boolean	true	键盘弹起时,是否自动上推页面
hold-keyboard	boolean	false	focus 时,点击页面的时候不收起键盘
bindfocus	eventhandle		输入框聚焦时触发,event. detail = { value, height },height 为键盘高度,自基础库 1.9.90 起支持
bindblur	eventhandle		输入框失去焦点时触发,event. detail = {value, cursor}
bindlinechange	eventhandle		输入框行数变化时调用,event. detail = {height:0, heightRpx:0, lineCount:0}
bindinput	eventhandle		当键盘输入时,触发 input 事件,event. detail = {value, cursor, keyCode},keyCode 为键值,bindinput 处理函数的返回值并不会反映到 textarea 上
bindconfirm	eventhandle		点击"完成"时,触发 confirm 事件,event. detail = {value:value}
bindkeyboard heightchange	eventhandle		键盘高度发生变化时触发此事件,event. detail = {height:height, duration:duration}

textarea 组件使用案例如下。

1. 运行效果

本节实现 textarea 组件案例。textarea 与 input 类似,因此本节案例同样针对输入提示、禁用状态、输入限制和输入监听事件等方面进行测试。需要特别注意的是,textarea 还有高度自适应属性 auto-height,用于在文字过多时自动增大输入框高度,案例在真机中调试运行效果如图 10-9 所示。

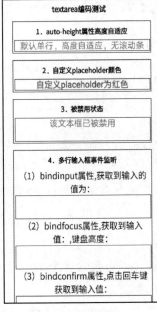
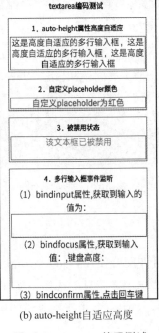

(a) 页面初始状态   (b) auto-height自适应高度   (c) 事件监听与input完全一致

图 10-9   textarea 编码测试

2. WXML 代码

新建 textarea 页面,在 WXML 文件中添加如下代码:

```
1.  <!-- pages/demo10-7/textarea.wxml -->
2.  <view class='container'>
3.    <view class='page-body'>
4.      <view class='h1'>textarea 编码测试</view>
5.      <view class='demo-box'>
6.        <view class='title'>1.auto-height 属性高度自适应</view>
7.        <textarea auto-height placeholder="默认单行,高度自适应,无滚动条" />
8.      </view>
9.      <view class='demo-box'>
10.       <view class='title'>2.自定义 placeholder 颜色</view>
11.       <textarea auto-height placeholder-style="color:red" placeholder="自定义 placeholder
    为红色" />
12.     </view>
13.     <view class='demo-box'>
14.       <view class='title'>3.被禁用状态</view>
15.       <textarea placeholder="该文本框已被禁用" disabled />
16.     </view>
17.     <view class='demo-box'>
18.       <view class='title'>4.多行输入框事件监听</view>
19.         (1)bindinput 属性,获取到输入的值为:{{inputValue1}}
20.       <textarea bindinput="onInput" />
```

```
21.        (2)bindfocus 属性,获取到输入值:{{inputValue2}},键盘高度:{{keyBoardHeight}}
22.        < textarea bindfocus = "onFocus" />
23.        (3)bindconfirm 属性,点击完成键(或回车键)获取到输入值:{{inputValue3}}
24.        < textarea bindconfirm = "onConfirm" />
25.        (4)bindblur 属性,输入框失去焦点时获取到输入值:{{inputValue4}}
26.        < textarea bindblur = "onBlur" />
27.      </view>
28.    </view>
29. </view>
```

页面的逻辑处理函数与 10.4.2 节的 input.js 完全一致,可参考 10.4.2 节案例的 JS 代码。

视频讲解

10.4.4　radio 组件

radio 组件需要与 radio-group 组件配合使用,radio-group 标签之间可包含多个 radio 组件,有多少个 radio 就有多少个选项,但这些选项之间只能选择一项,即单选效果。

首先是 radio-group 组件的属性,只有一个用于监听选中事件的 bindchange 属性,其说明如表 10-14 所示。

表 10-14　radio-group 组件属性说明

属　性	类　型	是否必填	说　明
bindchange	eventhandle	否	checkbox-group 中选中项发生改变时触发 change 事件,detail = {value:[选中的 checkbox 的 value 的数组]}

嵌套在 radio-group 内部的 radio 组件的属性说明如表 10-15 所示。

表 10-15　radio 组件属性说明

属　性	类　型	默　认　值	是否必填	说　明
value	string		否	radio 携带值。当 radio 选中时,radio-group 的 change 事件会携带 radio 的 value
checked	boolean	false	否	当前是否选中
disabled	boolean	false	否	是否禁用
color	string	#09BB07	否	radio 的颜色

radio 组件使用案例如下。

1. 运行效果

本节案例针对 radio 组件的实际使用场景完成一个单选题的答题界面,并可以在控制台实时打印监听到的选中选项,其运行效果如图 10-10 所示。

(a) 单选效果

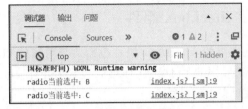
(b) 控制台输出

图 10-10 radio 编码测试

2. WXML 代码

新建 radio 页面, radio.wxml 页面的代码如下所示:

```
1.  <!-- pages/demo10-8/radio.wxml -->
2.  <view class = 'container'>
3.    <view class = 'page-body'>
4.      <view class = 'h1'>radio 编码测试</view>
5.      <view class = 'demo-box'>
6.        <view class = 'title'>1.栈和队列相同的是?</view>
7.        <radio-group bindchange = 'radioChange'>
8.          <view class = 'test' wx:for = '{{radioItems}}' wx:key = 'item{{index}}'>
9.            <radio value = '{{item.value}}' checked = '{{item.checked}}'/>
10.           <text>{{item.chooseitem}}</text>
11.         </view>
12.       </radio-group>
13.     </view>
14.   </view>
15. </view>
```

3. JS 代码

页面的逻辑文件 JS 代码如下:

```
16. // pages/demo10-8/radio.js
17. Page({
18.   data: {
19.     radioItems: [{ chooseitem: 'A.抽象数据类型', value: 'A' },
20.       { chooseitem: 'B.逻辑结构', value: 'B' },
21.       { chooseitem: 'C.存储结构', value: 'C' },
22.       { chooseitem: 'D.运算', value: 'D' }, ] },
23.   radioChange: function (e) {
24.     console.log('radio 当前选中:' + e.detail.value)
25.   }
26. })
```

视频讲解

10.4.5　checkbox 组件

与 radio 组件类似，checkbox 组件也需要与对应的 checkbox-group 组件配合，才能实现项目多选功能，checkbox-group 组件中同样可以包含若干个 checkbox 组件。checkbox-group 组件只有一个属性，其说明如表 10-16 所示。

表 10-16　checkbox-group 的属性说明

属　　性	类　　型	说　　明	备　　注
bindchange	eventhandle	当内部 checkbox 组件选中与否发生改变时触发 change 事件	携带值为 event.detail＝{value：[被选中 checkbox 组件 value 值的数组]}

checkbox 组件的属性说明如表 10-17 所示。

表 10-17　checkbox 组件的属性说明

属　　性	类　　型	说　　明	备　　注
value	string	组件所携带的标识值	当 checkbox-group 组件的 change 事件被触发时，会携带该值
checked	boolean	是否选中该组件	其默认值为 false
disabled	boolean	是否禁用该组件	其默认值为 false
color	color	组件的颜色	与 CSS 中的 color 效果相同

checkbox 组件使用案例如下。

1. 运行效果

本节案例针对 checkbox 组件的实际使用场景完成一个多选题的答题界面，并可以在控制台实时打印监听到的选中选项，运行效果如图 10-11 所示。

(a) 选中ABD选项

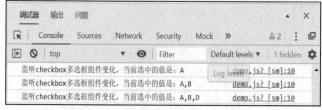

(b) 控制台打印checkbox绑定事件的输出

图 10-11　checkbox 编码测试

2. WXML 代码

添加 checkbox 页面，编写如下代码：

```
27.  <! -- pages/demo10 - 9/checkbox.wxml -- >
28.  < view class = 'container'>
29.    < view class = 'page - body'>
30.      < view class = 'h1'> checkbox 编码测试</view>
31.      < view class = 'demo - box'>
32.        < view class = 'title'> 1.下列关于栈的叙述中,错误的是( )。</view>
33.        < checkbox - group bindchange = 'checkboxChange'>
34.          < view class = 'test' wx:for = '{{checkboxItems}}' wx:key = 'item{{index}}'>
35.            < checkbox value = '{{item.value}}'/>
36.            < text space = "emsp">{{item.chooseitem}}</text>
37.          </view >
38.        </checkbox - group >
39.      </view >
40.    </view >
41.  </view >
```

3. JS 代码

checkbox 页面的逻辑文件 checkbox.js 代码如下:

```
1.   // pages/demo10 - 9/checkbox.js
2.   Page({
3.     data: {
4.       checkboxItems: [ { chooseitem: 'A.采用非递归方式重写递归程序时必须使用栈 ', value: 'A' },
5.         { chooseitem: 'B.函数调用时,系统要用栈保存必要的信息 ', value: 'B' },
6.         { chooseitem: 'C.只要确定了入栈次序,即可确定出栈次序     ', value: 'C' },
7.         { chooseitem: 'D.栈是一种受限的线性表,允许在其两端进行操作', value: 'D' }, ]
8.     },
9.     checkboxChange: function (e) {
10.      console.log('监听 checkbox 多选框组件变化,当前选中的值是:' + e.detail.value)
11.    }
12.  })
```

10.4.6　label 组件

label 组件的主要作用是类似于整合选项中的文字部分以及选项前面的组件,例如在 10.4.9 节中提到的 checkbox 组件,手指一定需要点击选项前面的复选框才能选中对应的选项。当想要实现点击选项中文字部分就同时触发选中框的效果,这时就需要借助 label 组件来实现。

label 组件绑定其他组件的方式有两种:第一种是利用 for 属性,label 组件只有一个 for 属性找到对应的组件 id,如表 10-18 所示;第二种是直接将组件放在该标签下,当点击时,就会触发对应的组件。for 属性优先级高于内部控件,当内部有多个控件的时候默认触发第一个控件。

表 10-18　label 组件属性说明

属 性 名	类 型	说 明
for	string	绑定控件的 id

label 组件的使用案例如下。

1. 运行效果

本节案例针对 label 组件的实际使用场景,与前两节的案例类似,设计了答题页面,并且给出了 label 的两种实现方式及编码,效果如图 10-12 所示。

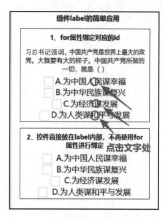

(a) 点击选项后面的文字　　　(b) checkbox组件也被勾选

图 10-12　label 编码测试

2. WXML 代码

新建 label 页面,在 label. wxml 文件下添加如下代码:

```
1.   <!-- pages/demo10 - 10/label.wxml -->
2.   < view class = 'container'>
3.    < view class = 'page - body'>
4.     < view class = 'h1'>组件 label 的简单应用</view>
5.     < view class = 'demo - box'>
6.      < view class = 'title'>1.for 属性绑定对应的 id</view>
7.      < checkbox - group>
8.       < view class = 'content'>习总书记强调,中国共产党是世界上最大的政党.大就要有大的样子.
    中国共产党所做的一切,就是( )</view>
9.       < view wx:for = '{{checkboxItems}}' wx:key = 'item{{index}}'>
10.       < checkbox id = '{{item.id}}' value = '{{item.value}}' />
11.       < label for = '{{item.id}}'> {{item.chooseitem}} </label>
12.       </view>
13.      </checkbox - group>
14.     </view>
15.     < view class = 'demo - box'>
16.      < view class = 'title'>2.控件直接放在 label 内部,不再使用 for 属性进行绑定</view>
17.      < checkbox - group>
```

```
18.            < view wx:for = '{{checkboxItems}}' wx:key = 'item{{index}}'>
19.              < label >
20.                < checkbox value = '{{item.value}}'/> {{item.chooseitem}}
21.              </label >
22.            </view >
23.          </checkbox - group >
24.        </view >
25.      </view >
26. </view >
```

3. JS 代码

逻辑文件 label.js 中页面数据如下所示：

```
1.  //pages//demo10 - 10/label.js
2.    data: {
3.      checkboxItems: [{ id: 'A', chooseitem: 'A.为中国人民谋幸福 ', value: 'A'},
4.        { id: 'B',chooseitem: 'B.为中华民族谋复兴 ', value: 'B'},
5.        { id: 'C',chooseitem: 'C.为经济谋发展   ', value: 'C'},
6.        { id: 'D',chooseitem: 'D.为人类谋和平与发展', value: 'D'}, ]
7.    })
```

上述代码分别测试了 label 标签在组件的不同位置的两种情况：第一种是 label 在其他控件(如 checkbox)的内部，且 label 标签内只有选项的文字，而后使用 for 属性绑定对应选项控件 checkbox 的 id；第二种是 label 在控件之外，这时可以不再使用 for 属性绑定。当一个 label 内包含了多个选项的 checkbox、其他 text 组件的文字时，此时点击 label 标签内的其他 text 组件的文字时，会默认勾选第一个 checkbox。

10.4.7 picker 组件

视频讲解

选择器在软件开发中也是较为常见的一个功能性组件，不管是在注册用户信息时选择地址，还是其他功能页面中选择日期等，都需要用到选择器。小程序为开发者封装了 picker 组件实现该功能，并且还能根据 mode 属性值的不同支持多种选择器。

1. mode 的取值

mode 目前有以下几种取值。

1) selector(普通选择器)

当 mode 为 selector 时 picker 为普通选择器，其属性说明如表 10-19 所示。

表 10-19 mode＝selector 时属性说明

属　　性	类　　型	说　　明
range	array/object array	默认值为[]。mode 为 selector 或 multiSelector 时，range 有效
range-key	string	当 range 是一个 object array 时，通过 range-key 来指定 object 中 key 的值作为选择器显示内容
value	number	默认值为 0。表示选择了 range 中的第几个(下标从 0 开始)
bindchange	eventhandle	value 改变时触发 change 事件，event. detail ＝ {value}

2）multiSelector（多列选择器）

当 mode 为 multiSelector 时 picker 为多列选择器，其属性说明如表 10-20 所示。

表 10-20　mode＝multiSelector 时属性说明

属 性 名	类 型	说 明
range	array/object array	mode 为 selector 或 multiSelector 时，range 有效，默认值为[]
range-key	string	当 range 是一个 object array 时，通过 range-key 来指定 object 中 key 的值作为选择器显示内容
value	array	表示选择了 range 中的第几个，默认值为[]，下标从 0 开始
bindchange	eventhandle	value 改变时触发 change 事件，event. detail ＝｛value｝
bindcolumnchange	eventhandle	列改变时触发

3）time（时间选择器）

当 mode 为 time 时即为时间选择器，其属性说明如表 10-21 所示。

表 10-21　mode＝time 时属性说明

属 性 名	类 型	说 明
value	string	选中的时间，字符串格式为"hh:mm"
start	string	有效时间范围的开始，字符串格式为"hh:mm"
end	string	有效时间范围的结束，字符串格式为"hh:mm"
bindchange	eventhandle	value 改变时触发 change 事件，event. detail ＝｛value｝

4）date（日期选择器）

当 mode 为 date 时即为日期选择器，其属性说明如表 10-22 所示。

表 10-22　mode＝date 时属性说明

属 性 名	类 型	说 明
value	string	选中的日期，字符串格式为"YYYY-MM-DD"，默认值 0
start	string	有效日期范围的开始，字符串格式为"YYYY-MM-DD"
end	string	有效日期范围的结束，字符串格式为"YYYY-MM-DD"
fields	string	有效值为 year、month、day，默认值为 day
bindchange	eventhandle	value 改变时触发，event. detail ＝｛value｝

5）region（省市区选择器）

当 mode 为 region 时即为省市区选择器，其属性说明如表 10-23 所示。

表 10-23　mode＝region 时属性说明

属 性 名	类 型	默 认	说 明
value	array	[]	选中的省市区，默认为每一列的第一个值
custom-item	string		可为每一列的顶部添加一个自定义的项
bindchange	eventhandle		value 改变时触发 change 事件，event. detail ＝｛value，code，postcode｝，其中 code 是统计用区划代码，postcode 为邮政编码

若省略 mode 值不写，则默认是普通选择器，值得一提的是 picker 样式固定，是从底部弹起的滚动选择器。

2. picker 组件使用案例

1）运行效果

本节案例主页添加了多个不同 mode 的滚动选择器，在 JS 逻辑代码中监听选择器选中的值并将其渲染到页面，部分选择器运行截图如图 10-13 所示。

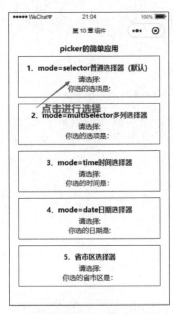
(a) 页面初始状态

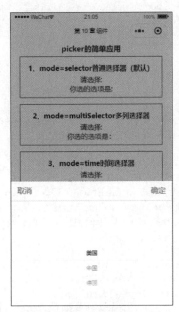
(b) 简单选择器

(c) 多列选择器

(d) 日期选择器

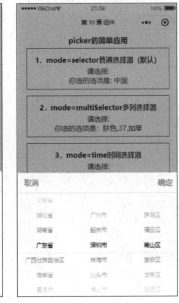
(e) 省市区选择器

(f) 绑定函数将数据渲染到页面

图 10-13　picker 编码测试

2）WXML 代码

新建 picker 页面，在 picker.wxml 中添加如下代码：

```
1.   <!-- pages/demo10 - 11/picker.wxml -->
2.   < view class = 'container'>
3.     < view class = 'page - body'>
4.       < view class = 'h1'> picker 的简单应用</view>
5.       < view class = 'demo - box'>
6.         < view class = 'title'> 1.mode = selector 普通选择器(默认)</view>
7.         < picker mode = 'selector' range = '{{selectorItems}}' bindchange = 'selectorChange'>
8.           < view>请选择:</view>< view>你选的选项是: {{selector}} </view>
9.         </picker>
10.      </view>
11.      < view class = 'demo - box'>
12.        < view class = 'title'> 2.mode = multiSelector 多列选择器</view>
13.        < picker mode = 'multiSelector'
14.              range = '{{multiSelectorItems}}' bindchange = 'multiSelectorChange'>
15.          < view>请选择:</view> < view>你选的选项是: {{multiSelector}} </view>
16.        </picker>
17.      </view>
18.      < view class = 'demo - box'>
19.        < view class = 'title'> 3.mode = time 时间选择器</view>
20.        < picker mode = 'time' bindchange = 'timeChange'>
21.          < view>请选择:</view>< view>你选的时间是: {{time}} </view>
22.        </picker>
23.      </view>
24.      < view class = 'demo - box'>
25.        < view class = 'title'> 4.mode = date 日期选择器</view>
26.        < picker mode = 'date' bindchange = 'dateChange'>
27.          < view>请选择:</view>< view>你选的日期是:{{date}} </view>
28.        </picker>
29.      </view>
30.      < view class = 'demo - box'>
31.        < view class = 'title'> 5.省市区选择器</view>
32.        < picker mode = 'region' bindchange = 'regionChange'>
33.          < view>请选择:</view>< view>你选的省市区是: {{region}} </view>
34.        </picker>
35.      </view>
36.    </view>
37. </view>
```

3）JS 代码

页面的逻辑文件里定义各个选择器的事件处理函数，用于渲染选中的数据，代码如下：

```
1.   // pages/demo10 - 11/picker.js
2.   Page({
3.     data: {
4.       selectorItems: ['美国', '中国', '德国'],
5.       multiSelectorItems: [['黑色', '肤色','酒红','墨绿'], ['36', '37', '38', '39'], ['加绒', '加厚', '聚热']]
6.     },
7.     selectorChange: function(e) {
```

```
 8.      let arrayIndex = e.detail.value;              //获得选项的数组下标
 9.      let value = this.data.selectorItems[arrayIndex]; //获得选项的值
10.      this.setData({ selector: value });            //更新页面数据 selector
11.    },
12.    multiSelectorChange: function(e) {
13.      let arrayIndex = e.detail.value;
14.      let array = this.data.multiSelectorItems;
15.      let value = new Array();                       //声明一个空数组,用于存放最后选择的值
16.      for (let i = 0; i < arrayIndex.length; i++) {
17.        let j = arrayIndex[i];                       //第 i 个数组的元素下标
18.        let k = array[i][j];                         //获得第 i 个数组的元素值
19.        value.push(k);                               //往数组中追加元素
20.      }
21.      this.setData({ multiSelector: value });
22.    },
23.    timeChange: function(e) {
24.      let value = e.detail.value;                    //获得选择的时间
25.      this.setData({ time: value });
26.    },
27.    dateChange: function(e) {
28.      let value = e.detail.value;                    //获得选择的日期
29.      this.setData({ date: value });
30.    },
31.    regionChange: function(e) {
32.      let value = e.detail.value;                    //获得选择的省、市、区
33.      this.setData({ region: value });
34.    }
35.  })
```

10.4.8 slider 组件

slider 组件最常见的就是类似于调节音量的滑动条,适合需要调节的数值是连续值,其属性说明如表 10-24 所示。

视频讲解

表 10-24 slider 组件属性说明

属　　性	类　　型	默认值	是否必填	说　　　明
min	number	0	否	最小值
max	number	100	否	最大值
step	number	1	否	步长,取值必须大于 0,并且可被(max-min)整除
disabled	boolean	false	否	是否禁用
value	number	0	否	当前取值
color	color	#e9e9e9	否	背景条颜色(建议使用 backgroundColor)
selected-color	color	#1aad19	否	已选择的颜色(建议使用 activeColor)
activeColor	color	#1aad19	否	已选择的颜色
backgroundColor	color	#e9e9e9	否	背景条的颜色
block-size	number	28	否	滑块的大小,取值范围为 12~28
block-color	color	#ffffff	否	滑块的颜色
show-value	boolean	false	否	是否显示当前值

续表

属　　性	类　　型	默认值	是否必填	说　　明
bindchange	eventhandle		否	完成一次拖动后触发的事件,event.detail = {value}
bindchanging	eventhandle		否	拖动过程中触发的事件,event.detail = {value}

关于表 10-24 前 3 个属性值得注意的是,step(步长)需要能被(max−min)整除,min 与 max 才能被正常显示在滑动条的头尾,否则范围将显示异常,甚至可能导致超出设定的 max 值。

slider 组件使用案例如下。

1. 运行效果

本节案例针对 slider 组件的显示值、禁用状态、监听事件等方面进行综合测试,案例的运行效果如图 10-14 所示。

(a) 页面初始状态　　　　　(b) 代码中value=50,显示的值是步长的13倍　　　　　(c) 事件监听

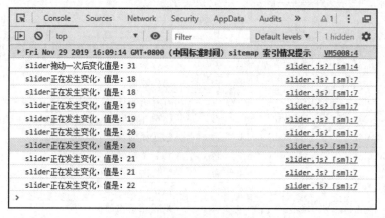

(d) 事件监听函数输出日志

图 10-14　slider 编码测试

2. WXML 代码

新建 slider 页面，其 WXML 代码如下所示：

```
1.  <!-- pages/demo10 - 12/slider.wxml -->
2.  <view class = 'container'>
3.    <view class = 'page - body'>
4.      <view class = 'h1'>slider 的简单应用</view>
5.      <view class = 'demo - box'>
6.        <view class = 'title'>1.滑动条右侧显示当前取值</view>
7.        <slider min = '4' max = '100' value = '50' step = '4' show - value />
8.      </view>
9.      <view class = 'demo - box'>
10.       <view class = 'title'>2.activeColor 属性自定义滑动条颜色和滑块样式</view>
11.       <slider value = '30' block - size = '10' block - color = 'blue' activeColor = 'red'
    backgroundColor = "grey" />
12.     </view>
13.     <view class = 'demo - box'>
14.       <view class = 'title'>3.disabled 禁用滑动条(不能拖动)</view>
15.       <slider min = '0' max = '100' value = '50' disabled />
16.     </view>
17.     <view class = 'demo - box'>
18.       <view class = 'title'>4.bindchange 属性监听滑动条事件</view>bindchange 监听一次拖动后
19.       <slider min = '0' max = '100' value = '10' bindchange = 'sliderChange' />bindchanging 监听拖动过程
20.       <slider min = '0' max = '100' value = '10' bindchanging = 'sliderChanging' />
21.     </view>
22.   </view>
23. </view>
```

3. JS 代码

页面的 JS 代码如下：

```
1.  // pages/demo10 - 12/slider.js
2.  Page({
3.    sliderChange: function (e) { console.log('slider 拖动一次后变化值是：' + e.detail.value)
4.    },
5.    sliderChanging: function (e) {console.log('slider 正在发生变化,值是：' + e.detail.value)
6.    }
7.  })
```

10.4.9 switch 组件

switch 组件是开关选择器，该组件在软件的"设置"功能页面中最为常见。取值为 boolean 类型的开/关两个状态,其属性说明如表 10-25 所示。

视频讲解

表 10-25　switch 属性说明

属　性	类　型	默　认　值	说　明
checked	boolean	false	是否选中
disabled	boolean	false	是否禁用
type	string	switch	样式,有效值为 switch、checkbox
color	string	♯04BE02	switch 的颜色,同 CSS 的 color
bindchange	eventhandle		checked 改变时触发 change 事件,event.detail＝{ value}

switch 组件使用案例如下。

1. 运行效果

switch 组件的属性较少,因此使用也比较简单,本案例针对其 check 属性和事件监听进行测试,运行效果如图 10-15 所示。

(a) 页面初始状态　　　　　　(b) 更改开关状态　　　　　　

(c) 事件监听函数输出日志

图 10-15　switch 编码测试

2. WXML 代码

新建 switch 页面,其 WXML 代码如下所示:

```
1.  <!-- pages/demo10 - 13/switch.wxml -->
2.  < view class = 'container'>
3.    < view class = 'page - body'>
4.      < view class = 'h1'> switch 编码测试</view>
5.      < view class = 'demo - box'>
6.        < view class = 'title'> switch 事件监听</view>
7.        < view>默认关闭
8.        < switch bindchange = "switchChange" />
9.        </view> checked 属性开启
10.       < switch checked/>
11.     </view>
12.   </view>
13. </view>
```

3. JS 代码

页面的 JS 代码如下所示:

```
1.  // pages/demo10-13/switch.js
2.  Page({
3.    switchChange: function (e) {
4.      console.log('监听到switch发生变化,当前值为: ' + e.detail.value)
5.    }
6.  })
```

10.5 form 组件

10.5.1 form 组件介绍

从 10.4 节的学习中可以看到,表单组件更多的是需要用户输入、点击、选择等交互操作,这些组件除了零散地分布于软件的各个功能模块以外,还有一个地方会集中用到多个组件,那就是在软件的注册功能模块,涉及多个组件的数据收集,如果都是零散的数据,那么在 JS 逻辑文件中处理起来将十分烦琐。form 组件类似于一个大篮子,将各种各样的表单组件装起来统一管理,不管有多少个表单组件,都能同时监听到这些表单组件的值。为了区分众多的表单组件,需要在组件中加上 name 作为唯一标识的 key。另外通常会在 form 区域的结束位置加上用于提交(submit)或重置(reset)表单内容的 button(需要设置 button 的 form-type 属性),而 form 组件自身利用 catchsubmit、catchreset 等属性绑定对应的事件监听函数,用于进行表单提交与重置后的逻辑操作。

10.5.2 属性说明

form 组件属性说明如表 10-26 所示。

表 10-26 form 组件属性说明

属　　性	类　　型	说　　明
report-submit	boolean	是否返回 formId,后续用于发送模板消息,默认值为 false
report-submit-timeout	number	等待一段时间(ms)以确认 formId 是否生效。如果未指定这个参数,formId 有很小的概率是无效的(如遇到网络失败的情况)。指定这个参数将可以检测 formId 是否有效,以这个参数的时间作为这项检测的超时时间。如果失败,则返回以 requestFormId:fail 开头的 formId,默认值为 0
bindsubmit	eventhandle	携带 form 中的数据触发 submit 事件,event.detail = {value : {'name': 'value'} , formId: ''}
bindreset	eventhandle	表单重置时会触发 reset 事件

10.5.3　form 组件使用案例

1. 运行效果

针对 form 组件的实际使用场景,本节案例编写了一个简单的用户注册页面,在 form 组件中包含了 10.4 节讲到的多个表单组件,最后利用 button 的 formType 属性进行表单的提交或重置,案例运行效果如图 10-16 所示。

(a) 页面初始状态

(b) 表单提交

(c) 表单重置

(d) 控制台输出

图 10-16　form 编码测试

2. WXML 代码

在 demo10-14 目录下新建 form 页面,其 WXML 代码如下所示:

```
1.   <!-- pages/demo10-14/form.wxml -->
2.   <view class = 'container'>
3.     <view class = 'page-body'>
4.       <view class = 'title'>form 编码测试案例 -- 用户注册</view>
5.       <view class = 'demo-box'>
6.         <view class = 'title'>姓名</view>
7.         <view class = "page-body">
8.           <form catchsubmit = "onSubmit" catchreset = "onReset">
9.             <input name = "input" placeholder = "请输入姓名" />
10.            <view class = "title">是否为学生</view>
11.            否<switch name = "switch" />是
12.            <view class = "title">性别</view>
13.            <radio-group name = "radio">
14.              <label><radio value = "0"/>男</label> <label><radio value = "1"/>女</label>
15.            </radio-group>
16.            <view class = "title">兴趣爱好</view>
17.            <checkbox-group name = "checkbox">
18.              <label><checkbox value = "checkbox1" />乒乓球</label>
19.              <label><checkbox value = "checkbox2" />羽毛球</label>
20.              <label><checkbox value = "checkbox3" />游戏</label>
21.            </checkbox-group>
22.            <view class = 'title'>家庭住址</view>
23.            <picker name = "picker" mode = 'region' bindchange = 'regionChange'>
24.              <view>你的地址为：{{region}}</view>
25.            </picker>
26.            <button type = "primary" formType = "submit">提交</button>
27.            <button formType = "onReset">重置</button>
28.          </form>
29.        </view>
30.      </view>
31.    </view>
32.  </view>
```

3. JS 代码

页面的 JS 代码如下：

```
1.   // pages/demo10-14/form.js
2.   Page({
3.     data: { region:'---' },
4.     onSubmit: function (e) {
5.       console.log('表单提交：', e.detail.value);
6.     },
7.     onReset: function (e) {
8.       console.log('表单已重置');
9.     },
10.    regionChange: function (e) {
11.      let value = e.detail.value;
```

```
12.     this.setData({ region: value });
13.   }
14. })
```

10.6　导航组件

导航组件在 6.3 节页面跳转中已经见到过,页面在进行跳转时有多种形式,如不销毁当前页面的跳转、卸载当前页面的重定向跳转 redirectTo 等。页面跳转实现的方式有两种:一种是给页面的组件(如 view 或者 button 组件)绑定事件,再在 JS 函数中利用 API 函数 wx. redirectTo 等实现;另一种就是本节所要介绍的导航组件 navigator,其属性说明如表 10-27 所示。

表 10-27　navigator 组件属性说明

属　　性	类型	默　认　值	说　　明
target	string	self	在哪个目标上发生跳转,默认值是当前小程序,其他取值为 miniProgram,表示跳转到其他小程序
url	string		当前小程序内的跳转链接
open-type	string	navigate	跳转方式,合法取值为 navigate、redirect、switchTab、reLaunch、navigateBack、exit(退出小程序,仅当 target="miniProgram"时生效)
delta	number	1	当 open-type 为 'navigateBack'时有效,表示回退的层数
app-id	string		当 target="miniProgram"时有效,要打开的小程序 AppID
path	string		当 target="miniProgram"时有效,打开的页面路径,如果为空则打开首页
extra-data	Object		当 target="miniProgram"时有效,需要传递给目标小程序的数据,目标小程序可在 App. onLaunch、App. onShow 中获取到这份数据详情
ersion	string	release	当 target="miniProgram"时有效,表示要打开的小程序版本,其取值为 develop(开发版)、trial(体验版)、release(正式版)
hover-class	string	navigator-hover	指定点击时的样式类,当 hover-class="none"时,没有点击态效果
hover-stop-propagation	boolean	false	指定是否阻止本节点的祖先节点出现点击态
hover-start-time	number	50	按住后多久出现点击态,单位为 ms
hover-stay-time	number	600	手指松开后点击态保留时间,单位为 ms
bindsuccess	string		target="miniProgram"时有效,跳转小程序成功
bindfail	string		target="miniProgram"时有效,跳转小程序失败
bindcomplete	string		target="miniProgram"时有效,跳转小程序完成

利用 target 属性跳转到其他小程序有如下使用限制:

(1) 从基础库 2.3.0 版本开始,在跳转至其他小程序前,将统一增加弹窗,询问用户是否跳转。若用户点击"取消"按钮,则回调 fail cancel。

（2）从 2.4.0 版本开始，开发者提交新版小程序代码时，如使用了跳转其他小程序功能，则需要在 app.json 中配置将要跳转的小程序名单，数量不超过 10 个，否则将无法通过审核。配置代码如下：

```
1.  "navigateToMiniProgramAppIDList":[
2.      "wxe5f52902cf4de896"
3.  ]
```

10.7 多媒体组件

多媒体包含音频、视频和相机等，为了更好地在小程序中使用这些多媒体功能，微信官方也为开发者提供了一系列多媒体组件与 API 接口，当想播放一段语音文件或是视频文件时，在页面调用该组件或者利用相应的 API 接口类在页面的逻辑 JS 文件中获取类的相关实例再进行组件的绑定，即可使用类中的方法控制媒体组件播放音视频。多媒体组件如下所示：

（1）audio 组件：音频组件。

（2）video 组件：视频组件。

（3）image 组件：图片组件。

（4）camera 组件：相机组件。

（5）live-player 和 live-pusher 组件：直播相关组件。

下面将介绍前 4 个常用多媒体组件的属性，每个组件的相关 demo 还涉及了相关的 API 函数使用方法。live-player 和 live-pusher 的使用可参考官方 API 文档。

10.7.1 audio 组件

视频讲解

在页面插入一段音频或者播放音乐有 3 种处理方式：第 1 种是简单地插入 audio 组件，并利用组件的属性控制播放等。第 2 种是利用官方提供的 AudioContext 类，通过 wx.createAudioContext 获取其实例，在该类的方法中提供跳转到指定位置的 seek 方法。但是这两种方法在基础库 1.6.0 版本之后就不再维护，因此推荐第 3 种方式，即使用功能最全的 InnerAudioContext 类。

1. audio 组件属性说明

audio 组件用于在页面中播放一段音频，其属性说明如表 10-28 所示（表中属性均非必填）。

表 10-28　audio 组件属性说明

属　　性	类　　型	默　认　值	说　　明
id	string		audio 组件的唯一标识符
src	string		要播放音频的资源地址
loop	boolean	false	是否循环播放
controls	boolean	false	是否显示默认控件
poster	string		默认控件上的音频封面的图片资源地址，如果 controls 属性值为 false 则设置 poster 无效

属 性	类 型	默 认 值	说 明
name	string	未知音频	默认控件上的音频名字,如果 controls 属性值为 false 则设置 name 无效
author	string	未知作者	默认控件上的作者名字,如果 controls 属性值为 false 则设置 author 无效
binderror	eventhandle		当发生错误时触发 error 事件,detail = {errMsg: MediaError. code},MediaError. code 取值为 1,则获取资源被用户禁止;取值为 2,则网络错误;取值为 3,则解析错误;取值为 4,则不合适资源
bindplay	eventhandle		当开始/继续播放时触发 play 事件
bindpause	eventhandle		当暂停播放时触发 pause 事件
bindtimeupdate	eventhandle		当播放进度改变时触发 timeupdate 事件,detail = {currentTime, duration}
bindended	eventhandle		当播放到末尾时触发 ended 事件

2. AudioContext 类方法说明

AudioContext 实例可通过 wx. createAudioContext 获取,并赋值给页面的 audioCtx 属性。AudioContext 通过 id 跟一个 audio 组件绑定,操作对应的 audio 组件。AudioContext 类没有直接的属性值,只有 4 个类方法,如表 10-29 所示。

表 10-29　AudioContext 类方法说明

类 方 法	说 明
AudioContext. setSrc(string src)	设置音频地址
AudioContext. play	播放音频
AudioContext. pause	暂停音频
AudioContext. seek(number position)	跳转到指定位置

3. InnerAudioContext 类

InnerAudioContext 是官方推荐功能最全的音频类,其实例可在 JS 文件的生命周期函数中通过调用 wx. createInnerAudioContext 接口获取,同样需要赋值给页面的 audioCtx 属性。

1) InnerAudioContext 类的属性值

InnerAudioContext 类中固有的属性说明如表 10-30 所示,可直接在 JS 函数中获取实例后通过"this. audioCtx. 属性名"的写法获得相应的属性值。

表 10-30　InnerAudioContext 类中固有的属性说明

属 性	类 型	说 明
src	string	音频资源的地址,用于直接播放。自 2.2.3 版本开始支持云文件 id
number	startTime	开始播放的位置(单位为 s),默认为 0
autoplay	boolean	是否自动开始播放,默认为 false

续表

属 性	类 型	说 明
loop	boolean	是否循环播放,默认为 false
obeyMuteSwitch	boolean	是否遵循系统静音开关,默认为 true。当此参数为 false 时,即使用户打开了静音开关,也能继续发出声音。从 2.3.0 版本开始此参数不生效,使用 wx. setInnerAudioOption 接口统一设置
volume	number	音量。范围为 0~1。默认为 1
duration	number	当前音频的长度(单位为 s)。只有在当前有合法的 src 时返回(只读)
currentTime	number	当前音频的播放位置(单位为 s)。只有在当前有合法的 src 时返回,时间保留小数点后 6 位(只读)
paused	boolean	当前是否暂停或停止状态(只读)
buffered	number	音频缓冲的时间点,仅保证当前播放时间点到此时间点内容已缓冲(只读)

经测试,即使被绑定的 audio 组件自身是有 src 属性的,点击控件上的“播放”按钮也能正常播放,但是这时 wx. createInnerAudioContext 接口得到的实例赋值给页面的 audioCtx 后表 10-30 的各属性仍然是空的。因此,只有通过重新给 InnerAudioContext 的 src 赋值为网络音频的 URL 后,才能得以解决,代码如下所示:

```
1.  innerAudioPlay: function () {
2.  this.audioCtx.src = 'https://6465 - demo - p9hhp - …. '
    //这是上传到云储存空间的音频的网络 URL;
3.  console.log(this.audioCtx)
4.  }
```

上述代码中,第 3 句最终打印的 this. audioCtx 即 InnerAudioContext 类的实例对象,如图 10-17(a)所示。另外,第 2 句的音频链接建议选用借助“云开发”功能将音频上传到云储存空间后生成的链接,因为如果是别的网站的音频链接极有可能报权限不足的错误,如图 10-17(b)所示。

(a) InnerAudioContext类的实例对象　　　　(b) src为未授权的网络资源链接时报错

图 10-17 InnerAudioContext 测试

2）InnerAudioContext 类方法

InnerAudioContext 类的全部类方法如表 10-31 所示。

表 10-31　InnerAudioContext 类方法说明

类 方 法	说 明
play	播放
pause	暂停。暂停后的音频再播放会从暂停处开始播放
stop	停止。停止后的音频再播放会从头开始播放
seek(number position)	跳转到指定位置
destroy	销毁当前实例
onCanplay(function callback)	监听音频进入可以播放状态的事件，但不保证后面可以流畅播放
offCanplay(function callback)	取消监听音频进入可以播放状态的事件
onPlay(function callback)	监听音频播放事件
offPlay(function callback)	取消监听音频播放事件
onPause(function callback)	监听音频暂停事件
offPause(function callback)	取消监听音频暂停事件
onStop(function callback)	监听音频停止事件
offStop(function callback)	取消监听音频停止事件
onEnded(function callback)	监听音频自然播放至结束的事件
offEnded(function callback)	取消监听音频自然播放至结束的事件
onTimeUpdate(function callback)	监听音频播放进度更新事件
offTimeUpdate(function callback)	取消监听音频播放进度更新事件
onError(function callback)	监听音频播放错误事件
offError(function callback)	取消监听音频播放错误事件
onWaiting(function callback)	监听音频加载中事件。当音频因为数据不足，需要停下来加载时会触发
offWaiting(function callback)	取消监听音频加载中事件
onSeeking(function callback)	监听音频进行跳转操作的事件
offSeeking(function callback)	取消监听音频进行跳转操作的事件
onSeeked(function callback)	监听音频完成跳转操作的事件
offSeeked(function callback)	取消监听音频完成跳转操作的事件

播放音乐案例如下。

1）运行效果

本节案例采用 10.7.1 节介绍的 3 种方式在页面中播放音乐，其中第 1 种方式直接简单地利用 audio 组件播放，后两种方式均使用到了 API 函数。API 函数在使用时也需要与页面的某个 audio 组件进行绑定，而 InnerAudioContext 类功能最强大，也是官方建议使用的。案例运行效果如图 10-18 所示。

以上运行效果可能受开发工具影响不能正常播放，需仔细检查资源链接是否可用，并在开发工具的右侧选择"详细"→"本地设置"命令，勾选"不检验合法域名"复选框。在条件允许的情况下，尽量使用 Android/iOS 系统手机进行真机调试。另外，由于 audio 组件不再维护，若直接使用图 10-18 中第 1 种方式播放音频可能会播放失败，官方建议使用第 3 种方式。

(a) 点击audio组件播放

(b) 利用AudioContext播放

(c) 利用InnerAudioContext播放

图 10-18 audio 音频相关组件与 API 接口类测试

2）WXML 代码

新建 audio 页面，在 WXML 中添加如下代码：

```
1.  <!-- pages/demo10-15/audio.wxml -->
2.  <view class = 'container'>
3.    <view class = 'page-body'>
4.      <view class = 'h1'>多媒体组件 audio 编码测试</view>
5.      <view class = 'demo-box'>
6.        <view class = "title">1.利用 audio 组件播放音乐</view>
7.        <audio id = "myAudio1" src = "{{current.src}}" poster = "{{current.poster}}"
    name = "{{current.name}}" author = "{{current.author}}" controls loop bindplay = "" bindended = ""
    bindpause = "">
8.        </audio>
9.        <view class = "content">audio 组件不再维护，建议使用能力更强的
    'wx.createInnerAudioContext' 接口</view>
10.     </view>
11.     <view class = 'demo-box'>
12.       <view class = "title">2.利用 AudioContext 类的实例，通过 wx.createAudioContext 获取</view>
13.       <audio id = "myAudio2" src = "{{current.src}}" poster = "{{current.poster}}"
    name = "{{current.name}}" controls = "true" author = "{{current.author}}" loop></audio>
14.       <view style = "display:flex;flex-wrap:wrap">
15.         <button type = "mini" bindtap = "audioContextPlay">播放</button>
16.         <button type = "mini" bindtap = "audioContextPause">暂停</button>
17.         <button type = "mini" bindtap = "audioContextStart">回到开头</button>
18.       </view>
```

```
19.     </view>
20.     < view class = 'demo – box'>
21.       < view class = "title"> 3.利用 InnerAudioContext 类实例,调用
    wx.createInnerAudioContext </view>
22.       < audio id = "myAudio3" src = "{{current.src}}" name = "{{current.name}}"
    poster = "{{current.poster}}" controls = "true" author = "{{current.author}}" loop ></audio>
23.       < view class = "content">测试时打开 onload 函数中的注释语句
24.       </view>
25.       < view class = "btn – area" style = "display:flex;flex – wrap:wrap">
26.         < button type = "mini" bindtap = "innerAudioPlay">播放</button>
27.         < button type = "mini" bindtap = "innerAudioPause">暂停</button>
28.         < button type = "mini" bindtap = "innerAudiOStop">停止</button>
29.         < button type = "mini" bindtap = "innerAudiOSeek">跳转到第 5s </button>
30.         < button type = "mini" bindtap = "innerAudioDestroy">销毁实例</button>
31.       </view>
32.     </view>
33.   </view>
34. </view>
```

3) JS 代码

页面的 JS 代码如下:

```
1.   // pages/demo10 – 15/audio.js
2.   Page({
3.     data: {
4.       current: {
5.         poster:
    'https://7368 – shop – pxz7q – 1300874018. tcb. qcloud. la/toky – private/poster. png? sign =
    1e08e639ba168918647e6b5d8ee84b98&t = 1582597351',
6.         //poster 值为云存储空间链接
7.         name: '好想爱这个世界啊',
8.         author: '华晨宇',
9.         src:
    'https://7368 – shop – pxz7q – 1300874018. tcb. qcloud. la/toky – private/haoxiangaizhegeshijiea –
    huachenyu. mp3?sign = f33e16f6c7f21ffe58a0e6dc764c4075&t = 1582595398',
10.        // src 值为云存储空间链接
11.      }
12.    },
13.    onLoad: function(e) {
14.      //使用 wx. createAudioContext 获取 audio 上下文 context
15.      this. audioCtx = wx. createAudioContext('myAudio2')
16.      // this. audioCtx = wx. createInnerAudioContext('myAudio3');
17.      //测试第三个 InnerAudio 时打开第 16 句注释
18.    },
19.    audioContextPlay: function() {
20.      this. data. current. src = this. data. src
21.      this. audioCtx. play()
```

```
22.    },
23.    audioContextPause: function() {
24.      this.audioCtx.pause()
25.    },
26.    audioContextStart: function() {
27.      this.audioCtx.seek(0)
28.    },
29.    /** 只有 innerAudio 对象才有的方法 */
30.    innerAudioPlay: function() {
31.      this.audioCtx.src = this.data.current.src
32.      this.audioCtx.play()
33.    },
34.    innerAudioPause: function() {
35.      this.audioCtx.pause()
36.    },
37.    innerAudiOStop: function() {
38.      this.audioCtx.stop()
39.    },
40.    innerAudiOSeek: function() {
41.      this.audioCtx.seek(5)
42.    },
43.    innerAudioDestroy: function() {
44.      this.audioCtx.destroy()
45.    }
46.  })
```

10.7.2 video 组件

视频讲解

1. video 组件属性说明和 VideoContext 类方法

1）video 组件属性说明

video 组件可在页面中播放一段视频,组件的属性可以用于控制视频的播放时长、设置是否允许显示弹幕等,其属性说明如表 10-32 所示。

表 10-32　video 组件属性说明

属　　性	类　　型	默认值	说　　明
src	string		要播放视频的资源地址,支持云文件 id(2.3.0)
duration	number		指定视频时长
controls	boolean	true	是否显示默认播放控件("播放/暂停"按钮、播放进度、时间)
danmu-list	array.<object>		弹幕列表
danmu-btn	boolean	false	是否显示"弹幕"按钮,只在初始化时有效,不能动态变更
enable-danmu	boolean	false	是否展示弹幕,只在初始化时有效,不能动态变更
autoplay	boolean	false	是否自动播放
loop	boolean	false	是否循环播放
muted	boolean	false	是否静音播放

续表

属　性	类　型	默认值	说　明
initial-time	number	0	指定视频初始播放位置
page-gesture	boolean	false	在非全屏模式下,是否开启亮度与音量调节手势(已废弃,见 vslide-gesture)
direction	number		设置全屏时视频的方向,不指定则根据宽高比自动判断
show-progress	boolean	true	若不设置,宽度大于 240 才显示
show-fullscreen-btn	boolean	true	是否显示"全屏"按钮
show-play-btn	boolean	true	是否显示视频底部控制栏的"播放"按钮
show-center-play-btn	boolean	true	是否显示视频中间的"播放"按钮
enable-progress-gesture	boolean	true	是否开启控制进度的手势
Object-fit	string	contain	当视频大小与 video 容器大小不一致时,视频的表现形式
poster	string		视频封面的图片网络资源地址或云文件 id(2.3.0)
show-mute-btn	boolean	false	是否显示"静音"按钮
title	string		视频的标题,全屏时在顶部展示
play-btn-position	string	bottom	"播放"按钮的位置
enable-play-gesture	boolean	false	是否开启播放手势,即双击切换播放/暂停
auto-pause-if-navigate	boolean	true	当跳转到其他小程序页面时,是否自动暂停本页面的视频
auto-pause-if-open-native	boolean	true	当跳转到其他微信原生页面时,是否自动暂停本页面的视频
vslide-gesture	boolean	false	在非全屏模式下,是否开启亮度与音量调节手势(同 page-gesture)
vslide-gesture-in-fullscreen	boolean	true	在全屏模式下,是否开启亮度与音量调节手势
ad-unit-id	string		视频前贴广告单元 id,更多详情可参考开放能力视频前贴广告
bindplay	eventhandle		开始/继续播放时触发 play 事件
bindpause	eventhandle		当暂停播放时触发 pause 事件
bindended	eventhandle		播放到末尾时触发 ended 事件
bindtimeupdate	eventhandle		播放进度变化时触发,event. detail = {currentTime, duration}。触发频率为 250ms/次
bindfullscreenchange	eventhandle		视频进入和退出全屏时触发,event. detail = {fullScreen, direction},direction 有效值为 vertical 或 horizontal
bindwaiting	eventhandle		视频出现缓冲时触发
binderror	eventhandle		视频播放出错时触发
bindprogress	eventhandle		加载进度变化时触发,只支持一段加载。event. detail = {buffered},百分比
bindloadedmetadata	eventhandle		视频元数据加载完成时触发。event. detail = {width, height, duration}

2）VideoContext 类方法说明

VideoContext 实例可通过 wx.createVideoContext 获取。VideoContext 通过 id 跟一个 video 组件绑定,操作对应的 video 组件。其类方法如表 10-33 所示。

表 10-33 VideoContext 类方法

类 方 法	说 明
play	播放视频
pause	暂停视频
stop	停止视频
seek(number position)	跳转到指定位置
sendDanmu(object data)	发送弹幕
playbackRate(number rate)	设置倍速播放
requestFullScreen(object object)	进入全屏
exitFullScreen	退出全屏
showStatusBar	显示状态栏,仅在 iOS 全屏下有效
hideStatusBar	隐藏状态栏,仅在 iOS 全屏下有效

2. 视频弹幕案例

1）运行效果

本节案例针对 video 组件的实际应用场景编写了一个简单的发送视频弹幕与倍速播放的页面,其中第 2 种播放方式使用到了播放视频相关的 API 函数,运行效果如图 10-19 所示。

(a) video组件播放视频

(b) VideoContext绑定组件可倍速发弹幕

(c) 成功发送弹幕

图 10-19 视频弹幕案例测试效果

2）WXML 代码

新建 video 页面,在 WXML 文件中添加如下代码:

```
1.   <!-- pages/demo10 - 16/video.wxml -->
2.   < view class = 'container'>
3.     < view class = 'page - body'>
4.       < text class = 'h1'>视频 video 编码测试</text>
5.       < view class = 'demo - box'>
6.         < view class = "title">1.利用 video 组件播放视频</view>
7.         < video id = "myVideo1" src = "{{videoSrc}}"></video>
8.       </view>
9.       < view class = 'demo - box'>
10.        < view class = "title">2.利用 VideoContext 绑定 video 发送弹幕内容</view>
11.        < video id = "myVideo2" src = "{{videoSrc}}" binderror = "videoErrorCallback" danmu - list =
     "{{danmuList}}" enable - danmu danmu - btn show - center - play - btn = '{{false}}' show - play - btn =
     "{{true}}" controls ></video>
12.        < input bindblur = "bindInputBlur" type = "text" placeholder = "输入弹幕内容" />
13.        < button bindtap = "bindSendDanmu" type = "primary">发送弹幕</button>
14.        < button bindtap = "setPlayBackRate" type = "primary">2 倍速播放</button>
15.      </view>
16.    </view>
17.  </view>
```

3）JS 代码

页面的 JS 代码如下：

```
1.   // pages/demo10 - 16/video.js
2.   Page({
3.     onReady() {
4.       //API 函数与页面的 video 组件进行绑定
5.       this.videoContext = wx.createVideoContext('myVideo2')
6.     },
7.     inputValue: '',
8.     data: {
9.       src: '',
10.      danmuList:
11.        [{ text: '第 1s 出现的弹幕', color: '#ff0000', time: 1 },
12.         { text: '第 3s 出现的弹幕', color: '#ff00ff', time: 3 }],
13.      videoSrc:
     "http://wxsnsdy.tc.qq.com/105/20210/snsdyvideodownload?filekey = 30280201010421301f02016904025348041 -
     02ca905ce620b1241b726bc41dcff44e00204012882540400&bizid = 1023&hy = SH&fileparam = 302c020101042530230 -
     204136ffd93020457e3c4ff02024ef202031e8d7f02030f42400204045a320a0201000400"
14.      },
15.    bindInputBlur(e) {                          //输入框获取弹幕内容
16.      this.inputValue = e.detail.value
17.    },
18.    bindSendDanmu() {                           //发送弹幕
19.      this.videoContext.sendDanmu({
20.        text: this.inputValue,
21.        color: '#ff0000'
```

```
22.     })
23.   },
24.   videoErrorCallback(e) {
25.     console.log('视频错误信息：',e.detail.errMsg)
26.   },
27.   setPlayBackRate() {                    //2倍速度播放
28.     console.log(this.videoContext)
29.     this.videoContext.playbackRate(2)
30.   }
31. })
```

10.7.3　image 组件

视频讲解

1. image 组件说明

image 组件用于在页面中插入一张图片或小图标，支持 JPG、PNG、SVG、WEBP 格式，从基础库版本 2.3.0 起，图片的 src 属性也支持云文件 ID(即云开发中上传到云空间的文件链接，详情可参考 13.6 节云空间文件管理)。image 组件属性说明如表 10-34 所示。

表 10-34　image 组件属性说明

属　　性	类　　型	默认值	说　　明
src	string		图片资源地址
mode	string	scaleToFill	图片裁剪、缩放的模式
webp	boolean	false	默认不支持 WEBP 格式
lazy-load	boolean	false	图片懒加载，在即将进入一定范围(上下三屏)时才开始加载
show-menu-by-longpress	boolean	false	开启长按图片显示识别小程序码菜单
binderror	eventhandle		错误发生时触发，event.detail ＝ {errMsg}
bindload	eventhandle		图片载入完毕触发，event.detail ＝ {height, width}

其中 mode 属性用于控制所选图片的剪裁与缩放模式，其具体的取值如表 10-35 所示。

表 10-35　mode 的取值

mode 值	说　　明
scaleToFill	缩放模式，不保持纵横比缩放图片，使图片的宽高完全拉伸至填满 image 元素
aspectFit	缩放模式，保持纵横比缩放图片，使图片的长边能完全显示出来。也就是说，可以完整地将图片显示出来
aspectFill	缩放模式，保持纵横比缩放图片，只保证图片的短边能完全显示出来。也就是说，图片通常只在水平或垂直方向是完整的，另一个方向将会发生截取
widthFix	缩放模式，宽度不变，高度自动变化，保持原图宽高比不变
top	裁剪模式，不缩放图片，只显示图片的顶部区域
bottom	裁剪模式，不缩放图片，只显示图片的底部区域
center	裁剪模式，不缩放图片，只显示图片的中间区域

续表

mode 值	说　明
left	裁剪模式,不缩放图片,只显示图片的左边区域
right	裁剪模式,不缩放图片,只显示图片的右边区域
top left	裁剪模式,不缩放图片,只显示图片的左上边区域
top right	裁剪模式,不缩放图片,只显示图片的右上边区域
bottom left	裁剪模式,不缩放图片,只显示图片的左下边区域
bottom right	裁剪模式,不缩放图片,只显示图片的右下边区域

image 组件中二维码/小程序码图片默认不支持长按识别,除非使用 show-menu-by-longpress 属性或者调用 API 函数 wx. previewImage。

2. image 组件测试案例

1) 运行效果

本节案例针对 image 组件的 mode 属性与长按识别属性进行了测试,运行效果如图 10-20 所示。

(a) mode属性= aspectFit

(b) mode属性= aspectFill

(c) mode属性= widthFix

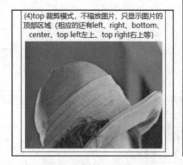

(d) mode属性= top等

(e) 添加show-menu-by-longpress属性

(f) 弹出识别码菜单

图 10-20　image 编码测试

2) WXML 代码

新建 image 目录,WXML 代码如下所示:

```
1.   <!-- pages/demo10-17/image.wxml -->
2.   <view class='container'>
3.     <view class='page-body'>
4.       <view class='h1'>多媒体组件image编码测试</view>
5.       <view class='demo-box'>
6.         <view class="title">1、mode属性图片剪裁</view>
7.         (1)aspectFit完整显示图片
8.         <image src="../../images/lenna.jpg" mode="aspectFit"/>
9.         (2)aspectFill图片短边完全显示,另一方向截取
10.        <image src="../../images/lenna.jpg" mode="aspectFill"/>
11.        (3)widthFix宽度不变,高度自动变化,保持原图宽高比不变
12.        <image src="../../images/lenna.jpg" mode="widthFix" lazy-load/>
13.        (4)top裁剪模式,不缩放图片,只显示图片的顶部区域(相应的还有left、right、bottom、center、
     top left左上、top right右上等)
14.        <image src="../../images/lenna.jpg" mode="top"/>
15.      </view>
16.      <view class="demo-box">
17.        <view class="title">2、show-menu-by-longpress长按图片显示识别小程序码</view>
18.        <image src="../../images/miniprogramcode.jpg" mode="aspectFit"
     show-menu-by-longpress lazy-load></image>
19.      </view>
20.    </view>
21.  </view>
```

10.7.4　camera 组件

1. camera 组件属性说明和相机调用测试案例

1）camera 组件属性说明

camera 组件用于启动系统相机并拍摄照片,相关 API 是 wx. createCameraContext,如果要启用扫码二维码功能,需用户授权 scope. camera 权限,并升级微信客户端至 6.7.3 及以上。camera 组件属性说明如表 10-36 所示。

视频讲解

表 10-36　camera 组件属性说明

属　性	类　型	默认值	是否必填	说　明
mode	string	normal	否	应用模式,只在初始化时有效,不能动态变更。取值为 normal(相机模式)、scanCode(扫码模式)
device-position	string	back	否	摄像头朝向,取值为 front(前置)、back(后置)
flash	string	auto	否	闪光灯。取值为 auto(自动)、on(打开)、off(关闭)、torch(常亮)
frame-size	string	medium	否	指定期望的相机帧数据尺寸。取值为 small(小尺寸帧数据)、medium(中)、large(大)
bindstop	eventhandle		否	摄像头在非正常终止时触发,如退出后台等情况
binderror	eventhandle		否	用户不允许使用摄像头时触发
bindinitdone	eventhandle		否	相机初始化完成时触发
bindscancode	eventhandle		否	在扫码识别成功时触发,仅在 mode="scanCode" 时生效

同一页面只能插入一个 camera 组件,onCameraFrame 接口可根据 frame-size 返回不同尺寸的原始帧数据,与 camera 组件展示的图像不同,其实际像素值由系统决定。

2）CameraContext 类方法说明

CameraContext 类的实例对象需在 JS 文件的 page 中通过调用 API 函数 wx.createCameraContext 获取,并赋值给 page 对象的 ctx 变量。与 audio 和 video 类似,CameraContext 对象需要与页面内唯一的 camera 组件绑定,获取后可操作对应的 camera 组件。其中 CameraContext 类方法说明如表 10-37 所示。

表 10-37　CameraContext 类方法说明

类　方　法	说　　明
onCameraFrame(onCameraFrameCallback callback)	获取 camera 实时帧数据,返回 CameraFrameListener,使用该接口需同时在 camera 组件属性中指定 frame-size
takePhoto(object obj)	拍摄照片
startRecord(object obj)	开始录像
stopRecord	结束录像

2. 相机调用测试案例

1）运行效果

本节相机调用测试案例的运行效果如图 10-21 所示。

(a) 页面初始状态　　　　(b) 点击"拍照"按钮　　　　(c) 点击"录像"按钮

图 10-21　camera 组件编码测试

(d) 保存的照片和视频   (e) 播放视频

图 10-21 （续）

2）WXML 代码

新建 camera 页面，在 WXML 文件中添加如下代码：

```
1.  <!-- pages/demo10 - 18/camera.wxml -->
2.  < view class = 'container'>
3.    < view class = 'page - body'>
4.      < view class = 'h1'>媒体组件 video 的简单应用</view>
5.      < view class = 'demo - box'>
6.        < view class = 'title'> 1.使用 createCameraContext 绑定相机并操作</view>
7.        < camera device - position = "back" flash = "off" style = "width: 100 % ; height: 300px;">
</camera>
8.        < view class = "btn - area">
9.          < button type = "primary" bindtap = "takePhoto">拍照</button>
10.         < button type = "primary" bindtap = "startRecord">录像</button>
11.         < button type = "primary" bindtap = "stopRecord">停止</button>
12.       </view>
13.     </view>
14.     < view class = "show - imageVideo">
15.       < view class = "title">2.查看保存的照片或者视频 </view>
16.       < text >(1)照片路径: success 回调函数的 res.tempThumbPath </text>
17.       < image wx:if = "{{src}}" mode = "aspectFill" src = "{{src}}"></image>
18.       < text >(2)录像路径: success 回调函数的 res.tempVideoPath </text>
19.       < video src = "{{videoSrc}}" show - play - btn = "{{true}}" wx:if = "{{videoSrc}}"></video>
20.     </view>
21.   </view>
22. </view>
```

3）JS 代码

页面的 JS 代码如下所示：

```
1.   // pages/demo10 - 18/camera.js
2.   Page({
3.     onReady: function () {
4.       //利用 createCameraContext 获得 CameraContext 对象并赋值给页面的 ctx
5.       this.ctx = wx.createCameraContext()
6.     },
7.     /* 拍照 */
8.     takePhoto() {
9.       this.ctx.takePhoto({
10.        quality: 'high',
11.        success: (res) => {
12.          this.setData({ src: res.tempImagePath })
13.        }
14.      })
15.    },
16.    /* 开始录像 */
17.    startRecord() {
18.      wx.showToast({
19.        title: '正在录像,点击停止结束录像...',
20.        icon: 'none',
21.        duration: 5000
22.      })
23.      var that = this;
24.      this.ctx.startRecord({
25.        timeoutCallback() { that.ctx.stopRecord() },
26.        success: (res) => { console.log(res) },
27.        fail: (res) => { console.log(res) }
28.      })
29.    },
30.    /* 停止录像 */
31.    stopRecord() {
32.      this.ctx.stopRecord({
33.        success: (res) => {
34.          console.log(res)
35.          this.setData({ videoSrc: res.tempVideoPath })
36.        },
37.        fail: (res) => { console.log(res) }
38.      })
39.    },
40.  })
```

10.8 map 组件

map 组件可利用传入的中心经纬度调用腾讯地图以显示对应的区域,与其相关的 API 函数是 wx. createMapContext(String mapId,Object this),该函数可以创建 map 的上下文对象 MapContext。

10.8.1 map 组件属性说明

map 组件属性说明如表 10-38 所示。

表 10-38 map 组件属性说明

属　　性	类　　型	默认	是否必填	说　　明
longitude	number		是	中心经度
latitude	number		是	中心纬度
scale	number	16	否	缩放级别,取值范围为 3～20
markers	array＜marker＞;		否	标记点
polyline	array＜polyline＞		否	路线
circles	array＜circle＞		否	圆
controls	array＜control＞		否	控件(即将废弃,建议使用 cover-view 代替)
include-points	array＜point＞		否	缩放视野以包含所有给定的坐标点
show-location	boolean	false	否	显示带有方向的当前定位点
polygons	array＜polygon＞		否	多边形
subkey	string		否	个性化地图使用的 key
layer-style	number	1	否	个性化地图配置的 style,不支持动态修改
rotate	number	0	否	旋转角度,范围为 0°～360°,地图正北和设备 y 轴的夹角
skew	number	0	否	倾斜角度,范围为 0°～40°,关于 z 轴的倾角
enable-3D	boolean	false	否	展示 3D 楼块(工具暂不支持)
show-compass	boolean	false	否	显示指南针
show-scale	boolean	false	否	显示比例尺,工具暂不支持
enable-overlooking	boolean	false	否	开启俯视
enable-zoom	boolean	true	否	是否支持缩放
enable-scroll	boolean	true	否	是否支持拖动
enable-rotate	boolean	false	否	是否支持旋转
enable-satellite	boolean	false	否	是否开启卫星图
enable-traffic	boolean	false	否	是否开启实时路况
setting	object		否	配置项
bindtap	eventhandle		否	点击地图时触发,自 2.9.0 版本起返回经纬度信息
bindmarkertap	eventhandle		否	点击标记点时触发,e. detail ＝ {markerId}
bindlabeltap	eventhandle		否	点击 label 时触发,e. detail ＝ {markerId}
bindcontroltap	eventhandle		否	点击控件时触发,e. detail ＝ {controlId}

续表

属　　性	类　　型	默认	是否必填	说　　明
bindcallouttap	eventhandle		否	点击标记点对应的气泡时触发，e. detail = {markerId}
bindupdated	eventhandle		否	在地图渲染更新完成时触发
bindregionchange	eventhandle		否	视野发生变化时触发
bindpoitap	eventhandle		否	点击地图 poi 点时触发，e. detail = {name, longitude, latitude}

关于 map 组件还需注意以下几点：

（1）个性化地图暂不支持开发工具调试，需使用微信客户端进行测试。

（2）地图中的颜色值 color、borderColor、bgColor 等需使用 6 位（或 8 位）十六进制数表示，8 位时后两位表示 alpha 值，如 #000000AA。

（3）地图组件的经纬度必填，如果不填经纬度则默认值是北京的经纬度。

（4）map 组件使用的经纬度是火星坐标系，调用 wx. getLocation 接口需要指定 type 为 gcj02。

更多关于 map 属性的详细取值可参考微信官方文档"组件"→"地图"→map。在这里就不再给出属性取值的说明。

视频讲解

10.8.2　map 组件测试案例

1. 运行效果

map 组件所具有的固有属性可以支持在地图中显示指南针、开启旋转、绘制多个经纬度的多边形等功能，本节案例针对这些属性编写了综合案例，可通过点击地图下方按钮进行属性的开启或关闭，案例在真机中运行效果如图 10-22 所示。

(a) 页面初始状态　　　　　(b) 开启指南针　　　　　(c) 绘制三个经纬度点的多边形

图 10-22　makers 定位天安门广场

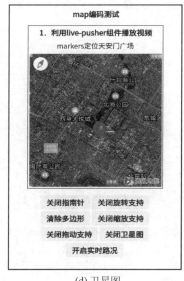

(d) 卫星图　　　　　　　　　　　　(e) 开启实时路况

图 10-22 （续）

2. WXML 代码

新建 map1 页面，在 WXML 文件中添加如下代码：

```
1.  <!-- pages/demo10 - 19/map1.wxml -->
2.  < view class = 'container'>
3.    < view class = 'page - body'>
4.      < text class = 'h1'> map 编码测试</text>
5.      < view class = 'demo - box'>
6.        < view class = "h1"> markers 定位天安门广场</view>
7.          < map
8.            bindregionchange = 'regionChange'
9.            subkey = "{{subKey}}"
10.           style = "width: 100 % ; height: 300px;"
11.           latitude = "{{latitude}}"
12.           longitude = "{{longitude}}"
13.           scale = "{{18}}"
14.           markers = "{{markers}}"
15.           covers = "{{covers}}"
16.           enable - 3D = "{{enable3d}}"
17.           show - compass = "{{showCompass}}"
18.           enable - zoom = "{{enableZoom}}"
19.           enable - rotate = "{{enableRotate}}"
20.           enable - satellite = "{{enableSatellite}}"
21.           enable - traffic = "{{enableTraffic}}"
22.           enable - overlooking = "{{enableOverlooking}}"
23.           enable - scroll = "{{enableScroll}}"
24.           polygons = "{{drawPolygon?polygons:[]}}">
```

```
25.        </map>
26.      </view>
27.      <view class = "btn - area">
28.        <button size = "mini" bindtap = "toggleShowCompass">{{!showCompass ? '显示' : '关闭'}}指南
           针</button>
29.        <button size = "mini" bindtap = "toggleRotate">{{!enableRotate ? '开启' : '关闭'}}旋转支持
           </button>
30.        <button size = "mini" bindtap = "togglePolygon">{{!drawPolygon ? '绘制' : '清除'}}多边形
           </button>
31.        <button size = "mini" bindtap = "toggleZoom">{{!enableZoom ? '开启' : '关闭'}}缩放支持
           </button>
32.        <button size = "mini" bindtap = "toggleScroll">{{!enableScroll ? '开启' : '关闭'}}拖动支持
           </button>
33.        <button size = "mini" bindtap = "toggleSatellite">{{!enableSatellite ? '开启' : '关闭'}}卫
           星图</button>
34.        <button size = "mini" bindtap = "toggleTraffic">{{!enableTraffic ? '开启' : '关闭'}}实时路
           况</button></view>
35.      </view>
36.  </view>
```

3. JS 代码

页面的 JS 代码如下所示:

```
1.  // pages/demo10 - 19/map1.js
2.  Page({
3.    data: {
4.      latitude: 39.903740,
5.      longitude: 116.397827,
6.      markers: [{ id: '1', latitude: 39.903740, longitude: 116.397827,
7.              iconPath: '../../images/location.png', height: 50, width: 50, }],
8.      polygons: [{ points: [
9.          { latitude: 39.903740, longitude: 116.397827, },
10.         { latitude: 39.917940, longitude: 116.397140, },
11.         { latitude: 39.917940, longitude: 116.367140, }, ],
12.       strokeWidth: 3, strokeColor: '#000000AA', }],
13.     subKey: 'B5QBZ - 7JTLU - DSSVA - 2BRJ3 - TNXLF - 2TBR7', //个性化地图所使用的 Key
14.     showCompass: false, enableOverlooking: false, enableZoom: true, enableScroll: true,
15.     enableRotate: false, drawPolygon: false, enableSatellite: false, enableTraffic: false
16.   },
17.   regionChange: function (e) {
18.     console.log('regionChange 被触发,视野发生变化.');
19.   },
20.   toggleShowCompass() {
21.     this.setData({ showCompass: !this.data.showCompass })
```

```
22.     },
23.     toggleOverlooking() {
24.       this.setData({ enableOverlooking: !this.data.enableOverlooking })
25.     },
26.     toggleZoom() {
27.       this.setData({ enableZoom: !this.data.enableZoom })
28.     },
29.     toggleScroll() {
30.       this.setData({ enableScroll: !this.data.enableScroll })
31.     },
32.     toggleRotate() {
33.       this.setData({ enableRotate: !this.data.enableRotate })
34.     },
35.     togglePolygon() {
36.       this.setData({ drawPolygon: !this.data.drawPolygon })
37.     },
38.     toggleSatellite() {
39.       this.setData({ enableSatellite: !this.data.enableSatellite })
40.     },
41.     toggleTraffic() {
42.       this.setData({ enableTraffic: !this.data.enableTraffic })
43.     }
44.   })
```

10.8.3 地图 API 属性说明

与地图相关的 API 是 MapContext 类,其实例可通过 API 函数 wx.createMapContext 获取。与音视频 API 类似,MapContext 通过 id 与一个 map 组件绑定,操作对应的 map 组件,其方法说明如表 10-39 所示。

表 10-39　MapContext 类方法说明

类　方　法	说　明
getCenterLocation()	获取当前地图中心的经纬度。返回的是 gcj02 坐标系,可以用于 wx.openLocation
moveToLocation(object obj)	将地图中心移置当前定位点,此时需设置地图组件 show-location 为 true。2.8.0 版本起支持将地图中心移动到指定位置
translateMarker(object obj)	平移 marker,带动画
includePoints(object obj)	缩放视野展示所有经纬度
getRegion	获取当前地图的视野范围
getRotate	获取当前地图的旋转角
getSkew	获取当前地图的倾斜角
getScale	获取当前地图的缩放级别

视频讲解

10.8.4　地图 API 测试案例

1. 运行效果

使用地图 API 能操作 map 组件以实现更复杂的功能，本节案例针对地图 API 函数 wx.createMapContext 功能进行了测试，包括将地图移动到用户当前位置、移动标注 marker、缩放视野展示所有经纬度等。案例运行结果如图 10-23 所示。

(a) 页面初始

(b) 移动到用户当前位置

(c) 获取地图中心位置的经纬度设置marker

(d) marker标注正在向当前位置移动

(e) 缩放视野显示所有给定的经纬度点

图 10-23　地图 API 编码测试

2. WXML 代码

新建 map2 页面,在 WXML 中添加如下代码:

```
1.  <!-- pages/demo10 - 19/map2.wxml -->
2.  < view class = 'container'>
3.    < view class = 'page - body'>
4.      < text class = 'h1'>地图 API 编码测试</text >
5.      < view class = 'demo - box'>
6.        < map id = "myMap" markers = "{{markers}}" show - location ></map >
7.      </view >
8.      < view class = "btn - area">
9.        < button type = "mini" bindtap = "moveToLocation">移动到用户当前位置</button >
10.       < button type = "mini" bindtap = "getCenterLocation">获取当前地图中心位置</button >
11.       < button type = "mini" bindtap = "translateMarker">移动标注 marker </button >
12.       < button type = "mini" bindtap = "includePoints">缩放视野展示所有经纬度</button >
13.     </view >
14.   </view >
15. </view >
```

上述代码中的第 6 句添加了一个带有 show-location 属性的 map 组件,这使得第 9 句在点击按钮后可以将地图自动移动到用户当前的位置。还有其他 API 函数也可以用于获取用户当前位置,如 wx. getLocation 等,关于 API 函数 wx. getLocation 的详细说明可参见 20.1 节。使用该 API 函数需要在 app. json 中配置 permission 属性,在用户授权之后才能获取用户当前的经纬度等详细信息。app. json 配置如下:

```
1.  "permission": {
2.      "scope.userLocation": {
3.        "desc": "你的位置信息仅用于小程序位置接口的测试"
4.      }
5.  }
```

3. JS 代码

map2 页面 JS 代码如下:

```
1.  // pages/demo10 - 19/map2.js
2.  var latitude = 0;
3.  var longitude = 0;
4.  Page({
5.    onReady: function() {
6.      this.mapCtx = wx.createMapContext('myMap')
          //通过 wx.createMapContext 获取 MapContext 实例
7.    },
8.    getCenterLocation: function() {          //"获取当前地图中心的经纬度并打开
9.      var that = this
10.     this.mapCtx.getCenterLocation({
11.       success: function(res) {
```

```
12.        const latitude = res.latitude
13.        const longitude = res.longitude
14.        that.setData({
15.          markers: [{ id: '1', iconPath: '../../images/center.png', latitude: latitude,
16.            longitude: longitude, height: 50, width: 50, }],
17.        })
18.        //wx.openLocation({              //可利用 openLocation 使用微信内置地图查看位置
19.        //latitude, longitude, scale: 18
20.        // })
21.      }
22.    })
23.  },
24.  moveToLocation: function() {          //移动到用户当前所在的位置
25.    this.mapCtx.moveToLocation()
26.  },
27.  translateMarker: function() {         //移动 maker 标注至中心点
28.    var that = this
29.    wx.getLocation({
30.      type: 'gcj02',
31.      success(res) {
32.        const latitude = res.latitude
33.        const longitude = res.longitude
34.        const speed = res.speed
35.        const accuracy = res.accuracy
36.        that.mapCtx.translateMarker({ markerId: '1', autoRotate: true, duration: 2000, rotate: 0,
37.          destination: { latitude: latitude, longitude: longitude, },
38.          success(res) { console.log(res) },
39.          animationEnd() { console.log('animation end') }
40.        })
41.      }
42.    })
43.  },
44.  includePoints: function() {           //缩放视野展示所有经纬度
45.    this.mapCtx.includePoints({
46.      padding: [10],
47.      points: [{ latitude: 25.81931, longitude: 113.3345211, }, { latitude: 25.817735,
    longitude: 114.922362, }]
48.    })
49.  }
50. })
```

10.9 本章小结

本章主要讲解了视图层重要的基础构成部分：组件。根据组件的不同功能特点，本章分类详细讲解了各类组件的使用。学完本章组件其实已经学完了小程序前端框架的大部分内容，案例中所涉及的许多 API 函数使用也并不复杂，举一反三，可以推测其他 API 函数的使用。在第 11 章中将学习 UI 开发中常见的操作反馈工具与部分简单的界面 API 的使用。

第 11 章

操作反馈工具与简单的界面API

本章学习目标

- 学会 4 种操作反馈工具 toast、modal、loading 和 action-sheet 的基本使用。
- 结合案例学会几种页面反馈 API 的基本使用,包括设置背景、设置 tabbar、动态加载字体、下拉刷新等。

11.1 toast

11.1.1 toast 属性说明

toast(吐司提示)是一个在页面中心弹出的会保持 1～2s 的轻量级消息提示框,其背景为半透明黑色,可以显示带有成功或失败样式的图标。带有图标时,toast 的提示标题字数需控制在 7 个汉字内。使用 toast 需要在 JS 函数中调用官方 API 函数 wx. showToast。toast 属性说明如表 11-1 所示。

表 11-1 toast 属性说明

属　　性	类　　型	默认值	是否必填	说　　明
title	string		是	提示的内容,带有 icon 图标时,title 文本最多显示 7 个汉字长度
icon	string	'success'	否	图标,取值为 success、loading、none。取值为 none 时,title 最多显示两行文字
image	string		否	自定义图标的本地路径,image 的优先级高于 icon
duration	number	1500	否	提示的延迟时间(单位为 ms)
mask	boolean	false	否	是否显示透明蒙层,防止触摸穿透
success	function		否	接口调用成功的回调函数
fail	function		否	接口调用失败的回调函数
complete	function		否	接口调用结束的回调函数(无论调用成功还是失败都会执行)

wx.showToast 可与 wx.hideToast 配对使用,其中后一个 API 函数可随时取消 toast 的显示。

11.1.2　toast 测试案例

视频讲解

1. 运行效果

toast 常用的属性有标题文字、图标和持续时间等,本节测试案例针对这些属性编写了综合案例,最终实现效果如图 11-1 所示。

(a) 页面初始状态

(b) duration属性设置持续时间

(c) 默认图标样式为"√"

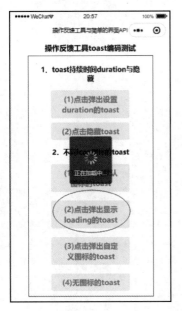
(d) 图标为loading时

(e) 利用image属性自定义图标

(f) 设置icon为none

图 11-1　toast 编码测试

2. WXML 代码

新建 toast 页面，在 WXML 文件中添加如下代码：

```
1.  <!-- pages/demo11 - 1/toast.wxml -->
2.  < view class = 'container'>
3.    < view class = 'page - body'>
4.      < view class = 'h1'>操作反馈工具 toast 编码测试</view>
5.      < view class = 'demo - box'>
6.        < view class = "btn - area">
7.          < view class = 'title'>1、toast 持续时间 duration 与隐藏</view>
8.          < button type = "default" bindtap = "toast1Tap">(1)点击弹出设置 duration 的 toast
   </button>
9.          < button type = "default" bindtap = "hideToast">(2)点击隐藏 toast </button>
10.         </view>
11.         < view class = 'title'>2、不同 icon 图标的 toast </view>
12.         < button type = "default" bindtap = "toast2Tap">(1)点击弹出默认图标的 toast </button>
13.         < button type = "default" bindtap = "toast3Tap">(2)点击弹出显示 loading 的 toast </button>
14.         < button type = "default" bindtap = "toast4Tap">(3)点击弹出自定义图标的 toast </button>
15.         < button type = "default" bindtap = "toast5Tap">(4)无图标的 toast </button>
16.       </view>
17.     </view>
18.  </view>
```

3. JS 代码

页面的 JS 代码如下所示：

```
1.  // pages/demo11 - 1/toast.js
2.  Page({
3.    toast1Tap() {
4.      wx.showToast({
5.        title: 'duration 5000',
6.        duration: 5000,
7.      })
8.    },
9.    hideToast() {
10.     wx.hideToast()
11.   },
12.   toast2Tap() {
13.     wx.showToast({ title: '默认图标样式√' })
14.   },
15.   toast3Tap() {
16.     wx.showToast({
17.       icon: 'loading',
18.       title: '正在加载中...',
19.       duration: 6000
20.     })
21.   },
```

```
22.    toast4Tap() {
23.      wx.showToast({
24.        title: '抱歉!发生错误',
25.        image: '../../images/error.png',
26.        duration: 3000,
27.      })
28.    },
29.    toast5Tap() {
30.      wx.showToast({
31.        title: 'icon 为 none 属性,文字可以显示两排,不仅仅是 7 个',
32.        duration: 3000,
33.        icon: 'none',
34.      })
35.    }
36.  })
```

以上代码分别针对 toast 的持续时间、显示或隐藏、图标显示的样式等进行了编码测试,在利用 image 属性设置自定义图标时,可提前在 https://www.iconfont.cn/网站搜索"错误",再下载一个带有"×"的 PNG 图标放置在 Chapter11 项目的 images 目录下,在上面的第 25 句代码处,image 属性值填写的就是图标的路径。

11.2 modal

11.2.1 modal 属性说明

toast 是轻量级的提示,而 modal(弹窗提示)相比之下则显得更"重量级"一些。modal 适合用在一些需要用户确认的场景,如删除、更改和授权等。使用 modal 需要在 JS 函数中调用官方 API 函数 wx.showModal。modal 属性说明如表 11-2 所示。

表 11-2 modal 属性说明

属 性	类 型	默 认 值	说 明
title	string		提示的标题
content	string		提示的内容
showCancel	boolean	true	是否显示"取消"按钮
cancelText	string	"取消"	"取消"按钮的文字,最多 4 个字符
cancelColor	string	#000000	"取消"按钮的文字颜色,十六进制格式颜色字符串
confirmText	string	"确定"	"确认"按钮的文字,最多 4 个字符
confirmColor	string	#576B95	"确认"按钮的文字颜色,十六进制格式颜色字符串
success	function		接口调用成功的回调函数,返回的 res 参数中有 confirm 与 cancel。其中 confirm 为 true 时,表示用户点击了"确定"按钮;cancel 为 true 时,表示用户点击了"取消"按钮
fail	function		接口调用失败的回调函数
complete	function		接口调用结束的回调函数

表 11-2 中 success 回调函数的参数 res. cancel 为 true 时，表示用户点击了"取消"按钮，可用于 Android 系统区分点击"蒙层"按钮关闭还是点击"取消"按钮关闭。Android 6.7.2 以下版本点击 "取消"或"蒙层"按钮时，回调 fail，errMsg 为"fail cancel"。而 Android 6.7.2 及以上版本和 iOS 点 击"蒙层"按钮不会关闭模态弹窗，所以尽量避免在"取消"分支中实现业务逻辑。

11.2.2　modal 测试案例

视频讲解

1. 运行效果

本节案例针对标题文字的有无进行了测试，运行效果如图 11-2 所示。

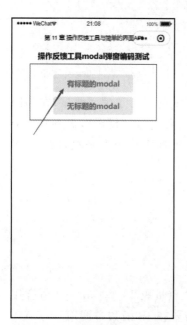

(a) 页面初始状态

(b) 有标题、无"取消"按钮的弹窗

(c) 无标题弹窗

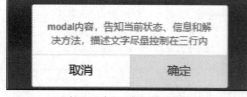

(d) 按下"确定"按钮的事件监听

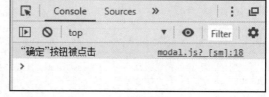

(e) 日志输出

图 11-2　modal 编码测试

2. WXML 代码

新建 modal 页面，在 WXML 文件中添加如下代码：

```
1.  <!-- pages/demo11 - 2/modal.wxml -->
2.  < view class = 'container'>
3.   < view class = 'page - body'>
```

```
4.        <view class = 'h1'>操作反馈工具 modal 弹窗编码测试</view>
5.        <view class = 'demo - box'>
6.          <view class = "btn - area">
7.            <button type = "default" bindtap = "modalTap">有标题的 modal </button>
8.            <button type = "default" bindtap = "noTitlemodalTap">无标题的 modal </button>
9.          </view>
10.       </view>
11.     </view>
12. </view>
```

3. JS 代码

页面的 JS 代码如下：

```
1.  // pages/demo11 - 2/modal.js
2.  Page({
3.    modalTap() {
4.      wx.showModal({
5.        title: '无"取消"按钮的 modal',
6.        content: 'modal 内容,告知当前状态、信息和解决方法,描述文字尽量控制在三行内',
7.        showCancel: false,
8.        confirmText: '确定'
9.      })
10.   },
11.   noTitlemodalTap() {
12.     wx.showModal({
13.       content: 'modal 内容,告知当前状态、信息和解决方法,描述文字尽量控制在三行内',
14.       confirmText: '确定',
15.       cancelText: '取消',
16.       success: function (res) {
17.         if (res.confirm) {
18.           console.log('"确定"按钮被点击')
19.         } else if (res.cancel) {
20.           console.log('"取消"按钮被点击')
21.         }
22.       }
23.     })
24.   }
25. })
```

11.3 loading

loading(加载提示)常用在请求网络数据时,一些需要用户等待的场景。此时显示 loading 可以给出友好的提示,不然用户会觉得程序出现卡顿或是页面不动,这些情况通常都会给用户带来不好的体验。实现 loading 的方式有两种：一种是 11.1 节中设置 toast 的 icon 属性为 loading；另一种就是本节介绍的 wx.showLoading 函数。另外,在整个页面的下拉加载或刷新时,也可以在 navigationBar 中显示加载动画,此时可使用 wx.showNavigationBarLoading 函数配合页面下拉的生命周期函数实现。

11.3.1 loading 属性说明

wx.showLoading 属性说明如表 11-3 所示。

表 11-3 wx.showLoading 属性说明

属 性	类 型	默认值	是否必填	说 明
title	string		是	提示的内容
mask	boolean	false	否	是否显示透明蒙层，防止触摸穿透
success	function		否	接口调用成功的回调函数
fail	function		否	接口调用失败的回调函数
complete	function		否	接口调用结束的回调函数

关于 wx.showLoading 还有以下注意事项：

（1）wx.showLoading 和 wx.showToast 同时只能显示一个。

（2）wx.showLoading 应与 wx.hideLoading 配对使用，由于 showLoading 函数没有 duration 属性设置弹框的持续时间，可以利用 JS 中的定时器函数 setTimeout 实现。

wx.showNavigationBarLoading 用于在页面的顶部显示加载动画，其属性比较单一，不能进行过多的关于标题或者内容的设置，只有监听成功与否的三个回调函数属性，分别是 success、fail 和 complete。

11.3.2 loading 测试案例

视频讲解

1. 实现效果

本节实现关于 loading 的测试案例，运行效果如图 11-3 所示。

(a) loading 弹框效果

(b) 与 toast 的 icon="loading" 效果对比

(c) 导航栏加载动画

图 11-3 loading 编码测试

从图 11-3 的对比中可以看出 wx.showLoading 函数实现加载弹框的效果与 toast 一致,但是就编码复杂度而言,loading 还要利用 setTimeout 函数或者使用 wx.hideLoading 函数取消加载框,在实际开发时应灵活地选择这两种方式。另外,导航栏 loading 动画常在页面的下拉刷新中使用。在新建页面时可能会注意到,在页面的生命周期中有一个叫作 onPullDownRefresh 的生命周期函数监听页面的下拉事件,当把 wx.showNavigationBarLoading 函数写进该生命周期函数中即可进行下拉刷新,不过在这之前,还需要在页面的 JSON 配置文件中配置窗口,使得 enablePullDownRefresh 属性为true。当然,如果想要所有页面都能进行下拉刷新,直接在全局配置文件 app.json 的 window 属性中配置 enablePullDownRefresh 也可以。

2. WXML 代码

新建 loading 页面,在 WXML 文件中添加如下代码:

```
1.  <!-- pages/demo11 - 3/loading.wxml -->
2.  < view class = 'container'>
3.    < view class = 'page - body'>
4.      < view class = 'h1'>操作反馈工具 loading 加载提示编码测试</view>
5.      < view class = 'demo - box'>
6.       < view class = "btn - area">
7.        < view class = "title">1.wx.showLoading loading 弹框(与 toast 类似)</view>
8.        < button type = "default" bindtap = "loadingTap1">点击触发 loading 弹框</button>
9.       </view>
10.     </view>
11.     < view class = 'demo - box'>
12.      < view class = "btn - area">
13.       < view class = "title">2.wx.showNavigationBarLoading 导航栏 loading 动画</view>
14.       < button type = "default" bindtap = "loadingTap2">点击触发导航栏 loading 动画</button>
15.       < button type = "default" bindtap = "loadingTap3">点击隐藏导航栏 loading 动画</button>
16.      </view>
17.     </view>
18.    </view>
19.  </view>
```

3. JS 代码

在逻辑文件 JS 中编写事件处理函数 loadingTap,代码如下:

```
1.  // pages/demo11 - 3/loading.js
2.  Page({
3.    loadingTap1: function () {              //点击触发 loading 弹框
4.      wx.showLoading({
5.        title: '加载中',
6.      })
7.      setTimeout(function () {
8.        wx.hideLoading()                    //2s 后自动隐藏 loading
```

```
9.        }, 2000)
10.      },
11.      onPullDownRefresh: function () {        //在下拉页面的生命周期函数中触发加载,注意配置
12.        wx.showNavigationBarLoading()
13.      },
14.      loadingTap2: function () {             //点击触发导航栏 loading 动画
15.        wx.showNavigationBarLoading()
16.      },
17.      loadingTap3: function () {             //点击隐藏导航栏 loading 动画
18.        wx.hideNavigationBarLoading()
19.      }
20.  })
```

11.4 action-sheet

11.4.1 action-sheet 属性说明

action-sheet 与 10.4.13 节的表单工具 picker 类似,可以显示一个从底部弹出的操作菜单视图,用户选择具体的某一项,而后在回调函数中可以监听到用户的选择从而进行下一步逻辑处理。action-sheet 需要在 JS 函数中调用官方 API 函数 wx. showActionSheet 实现,该函数属性说明如表 11-4 所示。

表 11-4 wx. showActionSheet 属性说明

属　　性	类　　型	默认值	是否必填	说　　明
itemList	array.＜string＞		是	按钮的文字数组,数组长度最大为 6
itemColor	string	♯000000	否	按钮的文字颜色
success	function		否	接口调用成功的回调函数,函数的参数 res 中可获得 tapIndex。含义:用户点击的按钮序号,从上到下,从 0 开始
fail	function		否	接口调用失败的回调函数
complete	function		否	接口调用结束的回调函数(无论调用成功、失败都会执行)

视频讲解

11.4.2 action-sheet 测试案例

1. 运行效果

本节针对 action-sheet 的特性进行了简单的案例编写,在点击按钮后会从底部弹出菜单选项,用户点击后可在控制台打印输出点击的菜单项,运行效果如图 11-4 所示。

 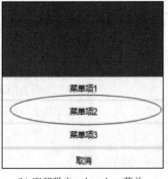 

(a) 点击按钮触发　　　　　　(b) 底部弹出action-sheet菜单　　　　　(c) 回调函数输出日志

图 11-4 action-sheet 编码测试

2. JS 代码

在页面逻辑文件 JS 中编写事件处理函数 showActionSheet，代码如下：

```
1.  // pages/demo11 - 4/action - sheet.js
2.  Page({
3.    data: {
4.      menuItemList: ['菜单项 1', '菜单项 2', '菜单项 3'],
5.    },
6.    showActionSheet: function () {
7.      var that = this;
8.      wx.showActionSheet({
9.        itemList: that.data.menuItemList,
10.       success: function (res) {
11.         console.log('' + that.data.menuItemList[res.tapIndex])
12.       },
13.       fail: function (res) {
14.         console.log(res.errMsg)
15.       }
16.     })
17.   }
18. })
```

11.5 Background

11.5.1 wx.setBackgroundTextStyle

wx.setBackgroundTextStyle 可以动态设置下拉背景字体、loading 图标的样式，其参数是一个 Object 对象，对象中允许的属性说明如表 11-5 所示。

表 11-5　wx. setBackgroundTextStyle 参数的属性说明

属　　性	类　　型	是 否 必 填	说　　明
textStyle	string	是	下拉背景字体、loading 图的样式。取值为 dark 或 light
success	function	否	接口调用成功的回调函数
fail	function	否	接口调用失败的回调函数
complete	function	否	接口调用结束的回调函数

11.5.2　wx. setBackgroundColor

wx. setBackgroundColor 可以动态设置窗口的背景色，其参数同样是一个 Object 对象，对象中允许的属性说明如表 11-6 所示。

表 11-6　wx. setBackgroundColor 参数的属性说明

属　　性	类　　型	说　　明
backgroundColor	string	窗口的背景色，必须为十六进制颜色值
backgroundColorTop	string	顶部窗口背景色，十六进制颜色值，仅适用于 iOS
backgroundColorBottom	string	底部窗口背景色，十六进制颜色值，仅适用于 iOS
success	function	接口调用成功的回调函数
fail	function	接口调用失败的回调函数
complete	function	接口调用结束的回调函数

11.5.3　背景样式测试案例

视频讲解

1. 实现效果

本节利用背景样式和背景颜色设计使用背景样式 API 的测试案例，运行效果如图 11-5 所示。运行时需要在开发工具模拟器页面利用鼠标模拟用户的下拉动作才能看到背景样式的改变。

2. 配置页面属性

要想看到设置窗口样式被更改的效果，需要开启下拉刷新效果，在 setBackground. json 文件中添加 enablePullDownRefresh 属性的配置，代码如下所示：

```
1.  {
2.     "enablePullDownRefresh": true
3.  }
```

3. JS 代码

新建 setBackground 页面，在页面的逻辑文件 JS 中添加如下代码：

(a) 下拉页面鼠标未松时效果   (b) 松开后加载效果

图 11-5 背景样式测试案例实现效果

```
1.    // pages/demo11－5/setBackground.js
2.    Page({
3.      onLoad: function (options) {
4.        wx.setBackgroundColor({
5.          backgroundColor: '＃ffffff',          //窗口的背景色
6.          backgroundColorTop: '＃DC143C',       //顶部窗口的背景色
7.          backgroundColorBottom: '＃21A366',    //底部窗口的背景色
8.          success: function (e) {
9.            console.log(e)
10.         }
11.       })
12.       wx.setBackgroundTextStyle({
13.         textStyle: 'dark',                    //三个加载小圆点的样式
14.         success: function (e) { console.log(e) }
15.       })
16.     },
17.     onPullDownRefresh: function () {
18.       console.log("下拉")
19.     }
20.   })
```

上述代码第4、12句分别使用了本节设置 background 的两个 API 函数,可是保存后在模拟器中却看不到效果,这是因为设置的都是窗口的样式。说起窗口,大家可能会想到页面的 JSON 文件也是用于配置窗口的,甚至在页面的 JSON 文件中同样可以将上述代码的第 5～7 句属性添加进去,其与调用 API 函数的区别其实是 JSON 文件属于静态配置,而界面 API 函数需调用后才动态改变。

11.6　tabBar

11.6.1　wx.showTabBarRedDot 与 wx.hideTabBarRedDot

wx.showTabBarRedDot 用于显示 tabBar 某一项右上角的红点,其参数是一个 Object 对象,对象中所允许的属性说明如表 11-7 所示。

表 11-7　wx.showTabBarRedDot 参数的属性说明

属　　性	类　　型	是否必填	说　　明
index	number	是	tabBar 的哪一项,从左边算起
success	function	否	接口调用成功的回调函数
fail	function	否	接口调用失败的回调函数
complete	function	否	接口调用结束的回调函数

wx.hideTabBarRedDot 用于隐藏 tabBar 某一项的右上角的红点,其参数是一个 Object 对象,对象中所允许的属性与 wx.showTabBarRedDot 完全一致。

11.6.2　wx.showTabBar 与 wx.hideTabBar

wx.showTabBar 用于动态控制是否显示 tabBar,其参数是一个 Object 对象,对象中所允许的属性说明如表 11-8 所示。

表 11-8　wx.showTabBar 参数的属性说明

属　　性	类　　型	默　认　值	说　　明
animation	boolean	false	是否需要动画效果
success	function		接口调用成功的回调函数
fail	function		接口调用失败的回调函数
complete	function		接口调用结束的回调函数

wx.hideTabBar 用于动态隐藏 tabBar,其参数与 wx.showTabBar 完全一致。

11.6.3　wx.setTabBarBadge 与 wx.removeTabBarBadge

wx.setTabBarBadge 用于为 tabBar 某一项的右上角添加文本,其参数是一个 Object 对象,对象中所允许的属性说明如表 11-9 所示。

表 11-9 wx.setTabBarItem 参数的属性说明

属 性	类 型	是否必填	说 明
index	number	是	tabBar 的哪一项,从左边算起
text	string	是	显示文本,超过 4 个字符则显示成"…"
success	function	否	接口调用成功的回调函数
fail	function	否	接口调用失败的回调函数
complete	function	否	接口调用结束的回调函数

wx.removeTabBarBadge 用于移除 tabBar 某一项右上角的文本,其参数仍然是一个 Object 对象,不过对象的属性比表 11-9 少了一个 text 属性。

11.6.4 wx.setTabBarStyle

wx.setTabBarStyle 用于动态设置 tabBar 的样式,其属性说明如表 11-10 所示。

表 11-10 wx.setTabBarStyle 参数的属性说明

属 性	类 型	是否必填	说 明
color	string	否	tab 上的文字默认颜色,HexColor
selectedColor	string	否	tab 上的文字选中时的颜色,HexColor
backgroundColor	string	否	tab 的背景色,HexColor
borderStyle	string	否	tabBar 上边框的颜色,仅支持 black/white
success	function	否	接口调用成功的回调函数
fail	function	否	接口调用失败的回调函数
complete	function	否	接口调用结束回调函数

11.6.5 wx.setTabBarItem

wx.setTabBarItem 用于动态设置 tabBar 某一项的内容,自版本 2.7.0 起图片支持临时文件和网络文件。参数是一个 Object 对象,其属性说明如表 11-11 所示。

表 11-11 wx.setTabBarItem 参数的属性说明

属 性	类 型	是否必填	说 明
index	number	是	tabBar 的哪一项,从左边算起
text	string	否	tab 上的按钮文字
iconPath	string	否	图片路径,icon 大小限制为 40KB,建议尺寸为 81px×81px,当 postion 为 top 时,此参数无效
selectedIconPath	string	否	选中时的图片路径,icon 大小限制为 40KB,建议尺寸为 81px×81px,当 postion 为 top 时,此参数无效
success	function	否	接口调用成功的回调函数
fail	function	否	接口调用失败的回调函数
complete	function	否	接口调用结束的回调函数

视频讲解

11.6.6　动态设置 tabBar 测试案例

1. 效果演示

本节案例综合测试界面中与 tabBar 相关的 API 函数，首先需要在 app.json 中配置 tabBar，之后主要的测试功能包含显示红点提示、显示或隐藏 tabBar 以及动态改变 tabBar 的背景和文字内容等，案例运行效果如图 11-6 所示。

(a) 点击显示红点

(b) 点击关闭tabBar

(c) tabBar消失的效果

(d) 点击给tabBar添加提示文字

(e) 红色数字效果

(f) 动态改变tabBar样式

图 11-6　与 tabBar 相关的 API 函数编码测试

2. WXML 代码

在 WXML 页面中添加如下测试代码：

```
1.  <!-- pages/demo11-6/setTabBar.wxml -->
2.  <view class = 'container'>
3.    <view class = 'page-body'>
4.      <text class = 'h1'>与 TabBar 设置相关的 API 函数</text>
5.      <view class = 'demo-box'>
6.        <view class = "title">1.wx.showTabBarRedDot 与 wx.hideTabBarRedDot</view>
7.        <view class = "content">用于显示 tabBar 某一项的右上角的红点</view>
8.        <view class = "btn_area">
9.          <button bindtap = "showTabBarRedDot" wx:if = "{{isShowRedDot}}" type = "primary">显示红点
    </button>
10.         <button bindtap = "showTabBarRedDot" wx:else type = "primary">关闭红点</button>
11.       </view>
12.     </view>
13.     <view class = 'demo-box'>
14.       <view class = "title">2.wx.showTabBar 与 wx.hideTabBar</view>
15.       <view class = "content">用于动态控制是否显示 tabBar</view>
16.       <view class = "btn_area">
17.         <button bindtap = "showTabBar" wx:if = "{{isShowTabBar}}" type = "primary">显示
    TabBar</button>
18.         <button bindtap = "showTabBar" wx:else type = "primary">关闭 TabBar</button>
19.       </view>
20.     </view>
21.     <view class = 'demo-box'>
22.       <view class = "title">3.wx.setTabBarBadge 与 wx.removeTabBarBadge</view>
23.       <view class = "content">用于为 tabBar 某一项的右上角添加文本</view>
24.       <view class = "btn_area">
25.         <button bindtap = "showTabBarBadge" wx:if = "{{isTabBarBadge}}"
    type = "primary">给第一个 tabBar 添加红色数字"4"</button>
26.         <button bindtap = "showTabBarBadge" wx:else type = "primary">移除数字</button>
27.       </view>
28.     </view>
29.     <view class = 'demo-box'>
30.       <view class = "title">4.wx.setTabBarStyle</view>
31.       <view class = "content">动态设置 tabBar 的整体样式</view>
32.       <view class = "btn_area">
33.         <button bindtap = "setTbStyle" type = "primary">动态改变 tabBar 样式</button>
34.       </view>
35.     </view>
36.     <view class = 'demo-box'>
37.       <view class = "title">5.wx.setTabBarItem</view>
38.       <view class = "content">动态设置 tabBar 某一项的内容</view>
39.       <view class = "btn_area">
40.         <button bindtap = "setTbItem" type = "primary">动态改变 tabBar 内容</button>
41.       </view>
42.     </view>
43.   </view>
44. </view>
```

3. JS 代码

JS 代码如下：

```
1.  // pages/demo11-6/setTabBar.js
2.  Page({
3.    data: {
4.      isShowRedDot: true, isShowTabBar: false, isTabBarBadge: true,
5.    },
6.    /* 显示红点 */
7.    showTabBarRedDot: function () {
8.      var temp = this.data.isShowRedDot
9.      if (temp) { wx.showTabBarRedDot({ index: 1 })
10.     } else { wx.hideTabBarRedDot({ index: 1 }) }
11.     this.setData({ isShowRedDot: !temp })
12.   },
13.   /* 是否显示 tabBar */
14.   showTabBar: function () {
15.     var temp = this.data.isShowTabBar
16.     if (temp) { wx.showTabBar({ animation: false })
17.     } else { wx.hideTabBar({ animation: false }) }
18.     this.setData({ isShowTabBar: !temp })
19.   },
20.   /* 给 tabBar 第 1 项添加红色数字 4 */
21.   showTabBarBadge: function () {
22.     var temp = this.data.isTabBarBadge
23.     if (temp) { wx.setTabBarBadge({ index: 0, text: "4" })
24.     } else { wx.removeTabBarBadge({ index: 0 }) }
25.     this.setData({ isTabBarBadge: !temp })
26.   },
27.   /* 设置样式 */
28.   setTbStyle: function () {
29.     wx.setTabBarStyle({ color: '#222222', selectedColor: '#FF6C36', backgroundColor:
        '#CDAECD', borderStyle: 'black' })
30.   },
31.   /* 动态更改 tabBar 的内容 */
32.   setTbItem: function () {
33.     wx.setTabBarItem({
34.       index: 2, text: '嗨', iconPath: 'images/icon_API.png', selectedIconPath: "images/icon_API_
        HL.png",
35.     })
36.   },
37. })
```

11.7 加载第三方字体 wx.loadFontFace

11.7.1 属性说明

wx.loadFontFace用于动态加载网络字体。文件地址需为字体文件下载类型，需注意 iOS 仅支持 HTTPS 格式的文件地址。wx.loadFontFace 的参数为 Object 对象，对象中所允许的属性说明如表 11-12 所示。

表 11-12 wx.loadFontFace 参数的属性说明

属 性	类 型	是否必填	说 明
family	string	是	定义的字体名称
source	string	是	字体资源的地址。建议格式为 TTF 和 WOFF，WOFF2 在低版本的 iOS 上会不兼容
desc	object	否	可选的字体描述符
success	function	否	接口调用成功的回调函数
fail	function	否	接口调用失败的回调函数
complete	function	否	接口调用结束的回调函数（调用成功、失败都会执行）

关于 wx.loadFontFace 的使用还有以下注意事项：

（1）字体文件返回的 contet-type 参考 font，格式不正确时会解析失败。

（2）字体链接必须是 HTTPS(iOS 不支持 HTTP)。

（3）字体链接必须是同源下的，或开启了跨域资源共享标准（cross-origin sharing standard，cors）支持，小程序的域名是 servicewechat.com。

（4）canvas 等原生组件不支持使用 wx.loadFontFace 接口添加的字体。

（5）工具中提示 Faild to load font 可以忽略。

11.7.2 字体 API 测试案例

视频讲解

1. 运行效果

本节案例利用关于字体 API 函数 wx.loadFontFace 加载网络第三方字体并在页面进行展示，案例运行效果如图 11-7 所示。

2. WXML 代码

新建页面，在 WXML 文件中添加如下代码：

```
1.  <!-- pages/demo11-7/loadFontFace.wxml -->
2.  < view class = 'container'>
3.    < view class = 'page-body'>
4.      < text class = 'h1'> 字体 API 测试案例</text>
5.      < view class = 'demo-box'>
6.        < view class = "title">下载的字体</view>
```

图 11-7　加载网络字体

```
7.        < view class = "content">
8.        < text   style = "font - family: '字心坊韵圆体'">这是"字心坊韵圆体"字体样式\n </text>
9.        < text   style = "font - family: '本墨竞圆 - 立体'">这是"本墨竞圆 - 立体"字体样式</text>
10.       </view >
11.       < view class = "title">wx. loadFontFace 代码请见本页面的 JS 文件</view>
12.     </view >
13.   </view >
14. </view >
```

3. JS 代码

页面的 JS 代码如下：

```
1.   // pages/demo11 - 7/loadFontFace.js
2.   Page({
3.     onLoad: function(options) {
4.       //注: 字体资源来源网站: http://www.fonts.net.cn/fonts - zh/tag - youyuan - 1.html
5.       wx. loadFontFace({
6.         family: '字心坊韵圆体',
7.         source:
     'url("https://7368 - shop - pxz7q - 1300874018. tcb. qcloud. la/toky - private/ZiXinFangYunYuanTi -
     2. ttf?sign = dda08a954d253ffed78ef7939416cea1&t = 1582683011")',
       //注: 链接为云开发云存储空间的文件链接
8.         success: console. log
9.       })
10.       wx. loadFontFace({
11.         family: '本墨竞圆 - 立体',
12.         source:
     'url("https://7368 - shop - pxz7q - 1300874018. tcb. qcloud. la/toky - private/BenMoJingYuan - LiTi - 2. tt
     f?sign = 6cdf91586061a177ebb9dc1f7750cdfe&t = 1582683061")',
13.         success: console. log
14.       })
15.     }
16.   })
```

11.8   PullDownRefresh

11.8.1   wx. startPullDownRefresh

wx. startPullDownRefresh 可在页面开启刷新效果，调用后触发下拉刷新动画，效果与用户手动下拉刷新一致。其参数只有 success、fail 和 complete 三个回调函数。

11.8.2　wx. stopPullDownRefresh

wx. stopPullDownRefresh 可停止当前页面下拉刷新,其参数与 wx. startPullDownRefresh 一致。关于下拉刷新的两个 API 函数使用比较简单,可自行测试,在这里就不再编写测试代码,在实际开发中,建议配合本章中关于 loading 的相关操作反馈工具一起使用。

11.9　本章小结

本章讲到的操作反馈工具以及一些用于界面的设置 API 函数属于小程序 API 的内容,但是就其功能来说,这些工具类 API 函数在页面交互过程中起着举足轻重的作用。例如经常用到甚至可能在程序中无处不在的 toast、软件在请求某项权限时弹出的 modal、进行数据加载时会用到的 loading 等。正是这些轻巧的操作反馈工具搭配上需要用户输入或选择的表单组件,提示着用户完成一步一步的功能逻辑。

学完本章后,开发者对小程序 API 的使用有了初步的理解,这些 API 函数在很大程度上简化了编码过程,可以帮助开发者更轻松地构建想要实现的功能。

第 12 章

"扶贫超市Part3" 主要页面的UI

视频讲解

12.1 首页 UI 设计

在进行 UI 设计时建议根据实际功能先进行草图绘制,也可以参考前端资源网站,如进入设计师导航网站(https://hao.uisdc.com/),找到可参考的 UI 图片,如图 12-1 所示。

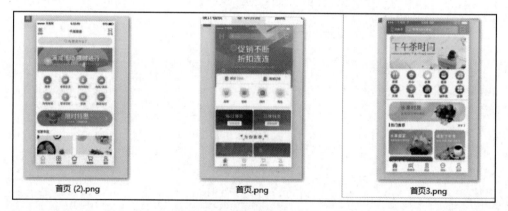

图 12-1 可参考的 UI 图片

找到合适的参考 UI 界面后就可以进行实战编码了。"扶贫超市"首页布局的设计分为三部分,分别是 swiper 轮播图、中间分类部分以及推荐分类的图片块,选择图 12-1 中的"首页 3"样式。

12.1.1 swiper 轮播

1. 实现效果

首页的 swiper 轮播部分主要使用 swiper 组件,内部的图片采用圆角矩形效果,相比于占满屏幕的直角显得不那么生硬,更加符合审美效果。最终实现的效果如图 12-2 所示。

(a) 第一张轮播图

(b) 第二张轮播图

图 12-2　swiper 轮播最终实现的效果

2．WXML 代码

index 首页(shop/pages/index/index.wxml)WXML 文件需添加如下代码：

```
1.  <!-- 首页 shop/pages/index/index.wxml -->
2.  < view class = "body">
3.    < view class = "swiper_view">
4.      < swiper class = "swiper_box" indicator - dots = "{{ indicatorDots }}"
    autoplay = "{{ autoplay }}" current = "{{ current }}" interval = "{{ interval }}"
    duration = "{{ duration }}" circular = "{{ circular }}" bindchange = "swiperchange"
    indicator - active - color = 'white'>
5.        < block wx:for = "{{ images}}" wx:key = "">
6.          < swiper - item > < image src = "{{ item }}" class = "slide - image" /> </swiper - item >
7.        </block >
8.      </swiper >
9.    </view >
10. </view >
```

上述代码的第 4 句在页面添加了一个 swiper 组件，第 6 句 swiper-item 循环一个 JS 中的 images 数组。

3．JS 中静态数据

在 JS 代码中定义 images 数组为图片的 URL 地址(此处为云开发存储空间的地址)，以及其他 swiper 组件会用到的属性值，代码如下：

```
1.   //首页 shop/pages/index/index.js
2.   Page({
3.     data: {
4.       indicatorDots: true,
5.       autoplay: true,
6.       current: 0,
7.       interval: 5000,
8.       duration: 1000,
9.       images: ['https://7368 - shop - pxz7q - 1300874018.tcb.qcloud.la/indexSwiperImg/bar1.png',
10.                'https://7368 - shop - pxz7q - 1300874018.tcb.qcloud.la/indexSwiperImg/bar2.png',
11.                'https://7368 - shop - pxz7q - 1300874018.tcb.qcloud.la/indexSwiperImg/bar3.png'
12.       ]
13.     },
14.   })
```

4. 样式代码

为了实现如图 12-2 所示参考图片的圆角矩形效果,需要为 swiper 组件中的图片样式设置 border-radius。并且为了实现组件的居中效果,在这里还用到了 flex 布局,设置 justify-content 与 align-items 属性的值为 center。其样式代码如下:

```
1.   .body {
2.     width: 100 % ;
3.     height: 350rpx;
4.     justify - content: center;
5.     align - items: center;
6.     display: flex;
7.   }
8.   .swiper_view {
9.     height: 300rpx;
10.    width: 90 % ;
11.  }
12.  swiper - item image {
13.    width: 100 % ;
14.    height: 300rpx;
15.    border - radius: 30rpx;
16.    border: 1px solid #8000000f;
17.  }
```

12.1.2　分类部分

1. 实现效果

首页的第二部分是超市商品的分类模块,采用圆形并且是不同颜色的图标排列,最终实现的效果如图 12-3 所示。

图 12-3 分类部分最终实现的效果

2. 素材准备

首先在推荐的图标网站(https://www.iconfont.cn/)根据分类名找到合适的图标并下载,保存在 images 文件夹下,如图 12-4 所示。

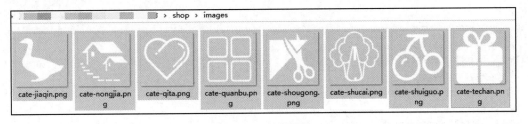

图 12-4 所需图标

3. JS 静态数据准备

由于当前未向服务器请求数据,因此只能在 JS 中写好模拟数据以便测试样式,具体如下所示:

```
1.  categoryContents: [
2.       { name: '特产', imgsrc: '../../images/cate - techan.png', backgroundColor: '#FE9446' },
3.       { name: '手工', imgsrc: '../../images/cate - shougong.png', backgroundColor: '#FB6348' },
4.       { name: '水果', imgsrc: '../../images/cate - shuiguo.png', backgroundColor: '#F5EF50' },
5.       { name: '蔬菜', imgsrc: '../../images/cate - shucai.png', backgroundColor: '#55E26D' },
6.       { name: '农家', imgsrc: '../../images/cate - nongjia.png', backgroundColor: '#3BC6E6' },
7.       { name: '家禽', imgsrc: '../../images/cate - jiaqin.png', backgroundColor: '#CF60ED' },
8.       { name: '其他', imgsrc: '../../images/cate - qita.png', backgroundColor: '#F5956A' },
9.       { name: '全部', imgsrc: '../../images/cate - quanbu.png', backgroundColor: '#81A5EA'
10.       }]
```

4. WXML 代码

WXML 文件中利用 wx:for 循环标签循环 JS 中的静态数据数组，可将代码简洁化。WXML 代码如下所示：

```
1.  < view class = "category - view">
2.    < block wx:for = "{{categoryContents}}">
3.      < view class = "category - box" bindtap = "navigateTo" data - catename = "{{item.name}}">
4.        < view class = "circle - beg" style = "background - color:{{item.backgroundColor}}">
5.          < image src = "{{item.imgsrc}}"></image>
6.        </view>
7.        < text>{{item.name}}</text>
8.      </view>
9.    </block>
10. </view>
```

5. WXSS 文件

分类部分的样式充分利用了 flex 布局，其对应的 WXSS 代码如下：

```
1.  .category - view {
2.    height: 300rpx;
3.    width: 100 % ;
4.    align - items: center;
5.    display: flex;
6.    flex - wrap: wrap;
7.  }
8.  .category - box {
9.    display: flex;
10.   height: 150rpx;
11.   width: 180rpx;
12.   flex - direction: column;
13.   align - items: center;
14.   justify - content: center;
15. }
16. .circle - beg {
17.   width: 100rpx;
18.   height: 100rpx;
19.   border - radius: 50 % ;
20.   display: flex;
21.   align - items: center;
22.   justify - content: center;
23. }
24. .circle - beg image {
25.   height: 60rpx;
26.   width: 60rpx;
27. }
```

12.1.3 推荐分类图片块

1. 实现效果

推荐分类图片块的实现效果如图 12-5 所示。

2. 素材准备

想要实现第 3 部分效果,首先需要找到一些素材元素,图片素材元素可以前往推荐的前端资源网站下载。字体元素有 3 种办法获取:第一,可在推荐的艺术字生成网站 https://izihun.com/art-edit/上将生成的字体 PNG 图片作为 Photoshop(简称 PS)的图层导入;第二,使用 PS 的字体工具面板导入系统自带字体;第三,11.7 节曾介绍过小程序自带的 API 函数 wx.loafFontFace,该函数可以加载第三方字体。

素材准备完毕之后还需要一些关于 PS 的技巧,如 PS 抠图技巧、PS 制作渐变色图片方法等。最后生成的图片素材如图 12-6 所示。

图 12-5　分类图片块的实现效果

图 12-6　全部图片素材

3. WXML 代码

接下来开始编码操作,在 WXML 中添加如下代码:

```
1.  <view class = "content">
2.   <view class = "content - view1">
3.    <image src = "../../images/content2 - bar.png" bindtap = "navigateTo" data - catename = "水果">
     </image>
4.   </view>
5.   <view class = "content - view2">
6.    <view>
7.     <view style = "float:left;width: 8rpx;height: 40rpx; background: #000;"></view>
8.     <text style = "margin - left:15rpx">热门推荐</text>
```

```
9.      </view>
10.       < view style = "display:flex;align - items:center;">
11.         < text style = "float:right;">更多</text >
12.         < image src = "../../images/more.png"></image >
13.       </view>
14.     </view>
15.     < view class = "content - view3">
16.       < view class = "cv3 - item1" >
17.         < image src = "../../images/cv3image1.png" bindtap = "navigateTo"
18.           data - catename = "水果"></image >
19.         < image src = "../../images/cv3image3.png" bindtap = "navigateTo"
20.           data - catename = "农家"></image >
21.       </view>
22.       < view class = "cv3 - item1">
23.         < image src = "../../images/cv3image2.png" bindtap = "navigateTo"
24.           data - catename = "特产"></image >
25.         < image src = "../../images/cv3image4.png" bindtap = "navigateTo"></image >
26.       </view>
27.     </view>
28. </view>
```

4. WXSS 代码

第 3 部分 WXSS 代码如下：

```
1.  .content {
2.    margin - top: 10rpx;
3.    background - color: white;
4.    display: flex;
5.    flex - direction: column;
6.    align - items: center;
7.  }
8.  .content - view1 {
9.    margin - top: 40rpx;
10.   display: flex;
11.   align - items: center;
12.   justify - content: center;
13. }
14. .content - view1 image {
15.   height: 200rpx;
16.   border - radius: 60rpx;
17. }
18. .content - view2 {
19.   margin - top: 30rpx;
20.   display: flex;
21.   width: 88 % ;
22.   justify - content: space - between;
23. }
24. .content - view2 image {
25.   width: 30rpx;
26.   height: 30rpx;
```

```
27.  }
28.  .content - view3 {
29.    width: 90 % ;
30.    display: flex;
31.  }
32.  .cv3 - item1 {
33.    width: 52 % ;
34.    height: 400rpx;
35.    display: flex;
36.    flex - direction: column;
37.    align - items: center;
38.  }
39.  .cv3 - item1 image {
40.    width: 90 % ;
41.    margin - top: 30rpx;
42.    height: 50 % ;
43.    border - radius: 20rpx;
44.  }
```

12.2 分类页面 UI 设计

12.2.1 实现效果

分类页面最终实现的效果如图 12-7 所示。

图 12-7 分类页面最终实现的效果

该页面可分为顶部分类菜单与下方商品滑动视图两部分,顶部的菜单实际上也是一个横向的scroll-view 组件,可向左滑动。

12.2.2 顶部分类菜单

1. WXML 代码

顶部菜单栏的 WXML 代码如下:

```
1.  < scroll - view scroll - x = "true" class = "menubar">
2.    < view class = "menu">
3.      < block wx:for = "{{categories}}">
4.        < text class = "{{cateId == item.categoryId?'active':''}}" bindtap = "changeCate"
   data - id = "{{item.categoryId}}">{{item.cateName}}</text >
5.      </block >
6.    </view>
7.  </scroll - view >
```

上述代码第 3~5 句循环分类数组 categories,该数组需要在加载页面时向后台请求得到,此处暂时用静态数据代替。

2. JS 静态数据

在 JS 文件中初始化 categories 如下:

```
1.   //分类页面 shop/pages/classify/index.js
2.   Page({
3.     data: {
4.       categories: [
5.         { categoryId: 0, cateName: '未分类'},
6.         { categoryId: 1, cateName: '蔬菜类'},
7.         { categoryId: 2, cateName: '水果类'},
8.         { categoryId: 3, cateName: '农家'},
9.         { categoryId: 4, cateName: '家禽类'},
10.        { categoryId: 5, cateName: '特产'},
11.        { categoryId: 6, cateName: '手工类'},
12.        { categoryId: 7, cateName: '其他'},
13.      ]
14.    },
15.  })
```

3. 样式代码

菜单栏的样式代码如下:

```
1.   /* 分类页 shop/pages/classify/index.wxss */
2.   .menubar {
3.     height: 100rpx;
4.     left: 0;
```

```
5.     top: 0;
6.     z-index: 99;
7.     white-space: nowrap;
8.   }
9.   .menu {
10.    height: 100rpx;
11.    line-height: 80rpx;
12.    display: flex;
13.    flex-direction: row;
14.    margin-top: 10rpx;
15.  }
16.  .menu text {
17.    display: inline-block;
18.    width: 110rpx;
19.    font-size: 13pt;
20.    height: 100%;
21.    text-align: center;
22.    margin-left: 20rpx;
23.    margin-right: 16rpx;
24.  }
25.  .menu text.active {
26.    color: #48d070;
27.    font-size: 15pt;
28.  }
```

4. 分类切换的逻辑 JS 代码

在 WXML 中使用了变量 cateId 是否等于当前数组中的 categoryId 来决定菜单栏文字的样式，并绑定了 changeCate 函数用于改变 cateId 及其赋值，代码如下所示：

```
1.  <text class = "{{cateId == item.categoryId?'active':''}}"
2.  bindtap = "changeCate" data-id = "{{item.categoryId}}">{{item.cateName}}</text>
```

对应的 JS 代码如下：

```
1.  //分类页面 shop/pages/classify/index.js
2.  Page({
3.    data: {
4.      cateId:0,                              //当前分类的 ID
5.      categories: [
6.        //省略
7.      },
8.    changeCate: function (e) {
9.      this.setData({
10.       cateId: e.target.dataset.id,
11.     }),
12.     wx.showToast({ title: '加载中..', icon: 'loading', duration: 1000 })
13.     this.getGoods(this.limit, this.skip);        //请求数据,传入需要的数据条数限制 limit,以及
```

```
14.      //起始点 skip
15.    },
16.  })
```

12.2.3　商品内容区域

商品内容区域同样采用 flex 布局,用到一个重要的属性是 flex-wrap 设置为 wrap,即自动换行。

1. WXML 代码

WXML 代码如下所示:

```
1.  < scroll - view scroll - y = "true" class = "content" style = "height: {{windowHeight}}px;
2.                 width: {{windowWidth}}px;" bindscrolltolower = "pullUpLoad">
3.    < view class = "content">
4.      < view class = "waterfall - view">
5.      < block wx:for = "{{goodsList}}" >
6.        < view class = "good - box" bindtap = "navigateTo" data - id = "{{item._id}}">
7.          < image src = "{{item.iconUrl}}">
8.          </image>
9.          < text>{{item.description}}{{item.specification}}</text>
10.         < view style = "width:100 %">
11.           < text style = "float:left;color:red;font - size:14pt">¥{{item.price}}</text>
12.         </view>
13.       </view>
14.      </block>
15.    </view>
16.  </view>
17. </scroll - view>
```

2. JS 代码

在分类页面关于商品内容部分的 JS 代码中,需要利用 API 函数获得手机的宽和高,以设置第一行代码中 scroll-view 组件的宽和高。除此之外,还要为上面第 5 句代码循环的 goodsList 数组添加两条静态的测试数据用于样式的调试,JS 代码如下所示:

```
1.  data: {
2.      cateId: 0,
3.      categories: [                      //省略
4.      ],
5.      goodsList: [{
6.          classify: "未分类", description: "好吃又正宗的兴国县鱼丝", name: "兴国鱼丝",
7.
    iconUrl:"cloud://shop - pxz7q.7368 - shop - pxz7q - 1300874018/98aff662 - 2dfc - 4504 - a6a6 -
    97f9f4e57c30ico.jpg",              //商品图片的云文件 ID
8.          price:39,sales: 999,specification: "500g",status: 1,storage: 999,_id:'1'},
9.          {
10.         classify: "未分类", description: "赣南脐橙果肉鲜嫩多汁", name: "脐橙",
```

```
11.              iconUrl: " ",                    //商品图片的云文件 ID 或是云储存空间链接
12.              price: 29.9, sales: 999, specification: "250g", status: 1,storage: 999,_id: "2"}]
13.        },
14.    onShow: function (e) {
15.      //用于设置商品滑动视图的宽高
16.      wx.getSystemInfo({                    //调用 API 函数
17.        success: (res) => {
18.          this.setData({
19.            windowHeight: res.windowHeight,
20.            windowWidth: res.windowWidth
21.          })
22.        }
23.      })
24.    },                                      //后续代码省略
```

关于获取当前设备信息的 API 函数 wx. getSystemInfo 可查阅 17.1.1 节,查看其完整属性以及调用情况。

3. WXSS 代码

加入静态数据后可以为内容设置样式,分类页面关于商品内容部分的 WXSS 代码如下:

```
1. .content {
2.    display: flex;
3.    justify - content: center;
4. }
5. .waterfall - view {
6.    justify - content: center;
7.    display: flex;
8.    flex - direction: row;
9.    flex - wrap: wrap;
10.   width: 95 % ;
11. }
12. .good - box {
13.   width: 45 % ;
14.   margin: 10rpx;
15.   display: flex;
16.   flex - direction: column;
17.   align - items: center;
18. }
19. .good - box image {
20.   width: 300rpx;
21.   height: 200rpx;
22. }
```

视频讲解

12.3 购物车页面 UI 设计

12.3.1 实现效果

购物车页面最终实现的效果如图 12-8 所示。

图 12-8　购物车页面最终实现的效果

针对如图 12-8 所示的购物车页面,可先把该页面分成上下部分,分别是购物车条目部分和下方两个按钮部分。在购物车条目的视图中,首先会使用 checkbox 组件用于选中当前商品,其次是商品信息,可采用两个 flex 布局实现。最后一个有难度的是关于商品数量增减的控制,该视图也分为三部分,首先是左、右的增减号以及中间显示当前数量的输入框。关于左、右减增号有两种实现方式:一种是利用 image 组件直接引入图标;另一种是本节中使用到的利用样式。

12.3.2 JS 静态测试数据

在 JS 文件中添加测试数据用于样式的调试,其代码如下:

```
1.  Page({
2.    data: {
3.      carts: [{ goodsId: 1, amount: 1, status: 1, },
4.             { goodsId: 2, amount: 1, status: 1, }],
```

```
5.      goodsList: [{
6.          classify: "未分类", description: "好吃又正宗的兴国县鱼丝", name: "兴国鱼丝",
7.
   iconUrl:"cloud://shop - pxz7q. 7368 - shop - pxz7q - 1300874018/98aff662 - 2dfc - 4504 - a6a6 -
   97f9f4e57c30ico. jpg",                //商品图片的云文件 ID
8.          price:39,sales: 999,specification: "500g",status: 1,storage: 999,_id:'1'},
9.          {
10.         classify: "未分类", description: "赣南脐橙果肉鲜嫩多汁", name: "脐橙",
11.         iconUrl: "",                //商品图片的云文件 ID 或是云储存空间链接
12.         price: 29.9, sales: 999, specification: "250g", status: 1,storage: 999,_id: "2"}]
13.       },
14.   }]
15.  }
16. })
```

12.3.3　商品条目区视图

1. WXML 代码

WXML 代码如下：

```
1.  < view class = "content">
2.    < view class = "cartsitem - view" wx:if = "{{carts.length}}" wx:for = "{{carts}}" wx:key = "">
3.      < view class = "ciview1">
4.        < checkbox data - id = "{{item.goodsId}}" data - index = "{{index}}"
   checked = "{{chceked[index]}}" bindtap = "check"></checkbox >
5.      </view >
6.      < view class = "ciview2" bindtap = "navigateTo" data - id = "{{ item.goodsId }}">
7.        < image src = "{{ goodsList[index]. iconUrl }}" />
8.        < view style = "margin - left:20rpx;">
9.          < view >{{goodsList[index]. name }}</view >
10.          < text style = "color:red">￥ {{ goodsList[index]. price }}</text >
11.        </view >
12.      </view >
13.      < view class = "ciview3">
14.        < view style = "display: flex;flex - direction: row;">
15.          < view bindtap = "decrease" class = "quantity - decrease" data - id = "{{ item.goodsId }}"
   data - amount = "{{ item.amount }}"></view >
16.          < input type = "number" class = "quantity" maxlength = "3" data - id = "{{ item.goodsId }}"
   value = "{{ item.amount }}" bindblur = "bindKeyInput" />
17.          < view bindtap = "increase" class = "quantity - increase" data - id = "{{ item.goodsId }}"
   data - amount = "{{ item.amount }}"></view >
18.        </view >
19.      </view >
20.    </view >
21. </view >
```

class 为 ciview1 的第 3～5 句代码,代表第一部分 checkbox 组件视图,class 为 ciview2 的第 6～12 句代码,代表商品信息区域,且点击该区域还能跳转到商品详情页面。class 为 ciview3 的第 13 句到最后,是比较有技巧性的商品数量添加与减少的视图,用到了 input 组件,其左、右减增号使用 WXSS 中的样式实现。

2. WXSS 代码

WXSS 代码具体如下:

```
1.  .ciview3 {                               /* 最右边用于加、减商品数量的容器 */
2.    display: flex;
3.    flex-direction: row;
4.    align-items: center;
5.    justify-content: center;
6.  }
7.  .quantity-decrease, .quantity-increase, .quantity {  //以下样式同时作用于三个
8.    display: inline-block;
9.    position: relative;
10.   width: 25px;
11.   height: auto;
12.   border: 1px solid transparent;
13.   border-radius: 4px;
14.   border-color: #ccc;
15.   box-sizing: border-box;
16. }
17. .quantity-decrease {                           //减号的左上角圆角效果
18.   border-top-right-radius: 0;
19.   border-bottom-right-radius: 0;
20.   margin-left: 0;
21. }
22. .quantity-increase {                           //加号的右上角圆角效果
23.   border-top-left-radius: 0;
24.   border-bottom-left-radius: 0;
25.   margin-left: -1px;
26. }
27. .quantity-decrease:before, .quantity-increase:before { /* 在商品数量 view 中画横线的样式 */
28.   content: "";
29.   position: absolute;
30.   top: 11px;
31.   left: 6px;
32.   width: 12px;
33.   height: 1px;
34.   background-color: #ccc;
35. }
36. .quantity-increase:after {      /* 在商品数量 view 中画竖线的样式 */
37.   content: "";
```

```
38.    position: absolute;
39.    top: 6px;
40.    left: 11px;
41.    width: 1px;
42.    height: 12px;
43.    background - color: ♯ccc;
44.  }
```

经过第 8 章页面布局的学习,相信对于 flex 布局的使用应该不再是难事,因此上述代码只给出
了 class 为 ciview3 的最右边用于加、减商品数量的视图样式代码,特别是代码第 27 句开始的画横
线与第 36 句开始的画竖线的样式较为特殊,使用了绝对布局 absolute,使内容固定在 view 之上。

12.3.4 按钮区域

1. WXML 代码

按钮区域的布局较为简单,其 WXML 代码如下:

```
1.  < view class = " button - view " >
2.    < button style = " background - color: ♯48D070" bindtap = "confirmOrder" >去结算</button>
3.    < button style = " background - color:red" bindtap = "clear">清空</button>
4.  </view >
```

2. WXSS 代码

其 WXSS 代码如下:

```
1.  . button - view button {
2.    width: 80 % ;
3.    color: white;
4.    margin - top: 60rpx;
5.  }
```

12.4 "我的"页面 UI 设计

视频讲解

12.4.1 实现效果

"我的"页面最终实现效果如图 12-9 所示。图 12-9 中的页面分为两部分,首先上半部分是用户
个人信息的头像和昵称的展示,其次是关于列表条目的展示,分别为我的订单、收货地址、联系客服
以及常见问题等列表项。由于列表项样式相同,可以将其属性写进 JS 文件的数组中作为页面数据,
循环渲染到页面上。

图 12-9 "我的"页面最终实现效果

12.4.2 用户个人信息部分

1. WXML 代码

用户个人信息部分使用 open-data 组件十分方便,在 6.5 节的新闻客户端项目实战中也曾使用过,WXML 代码如下:

```
1.  <view class = "userinfo">
2.    <open - data type = "userAvatarUrl" class = "userinfo - avatar"></open - data>
3.    <open - data type = "userNickName" class = "userinfo - nickname"></open - data>
4.  </view>
```

2. WXSS 代码

WXSS 代码如下:

```
1.  .userinfo {
2.    display: flex;
3.    flex - direction: column;
4.    padding: 50rpx 0;
5.    align - items: center;
6.    background: #48D071;
7.  }
```

```
8.   .userinfo - avatar {
9.      width: 200rpx;
10.     height: 200rpx;
11.     margin: 20rpx;
12.     border - radius: 50 % ;
13.  }
14.  .userinfo - nickname {
15.     color: # fff;
16.  }
```

12.4.3　列表项部分

1. 素材准备

首先将每个列表项的图标放入 images 文件夹下，如图 12-10 所示。

图 12-10　所需图标

2. JS 静态数据

素材准备完成后，再将静态数据写入 JS 代码中，如下所示：

```
1.   data: {
2.      items: [
3.       { icon: '../../images/iconfont - order.png', text: '我的订单', path: '/pages/order/list/
     index' },
4.       {icon: '../../images/iconfont - addr.png', text: '收货地址',path: '/pages/address/list/
     index' },
5.       { icon: '../../images/iconfont - kefu.png', text: '联系客服', path: '', },
6.       { icon: '../../images/iconfont - help.png', text: '常见问题', path: '/pages/help/list/index',}
7.       ],
8.       settings: [{ icon: '../../images/iconfont - clear.png', text: '清除缓存', path: '0.0KB'},
9.               {icon: '../../images/iconfont - about.png',text: '关于我们',path: '/pages/about/
     index' },
10.      ] },
```

3. WXML 代码

利用 flex 布局列表条目的布局也十分简单，其 WXML 代码如下：

```
1.    < view class = "list - view">
2.      < view style = "background - color:white;width:100 % ;">
3.        < view wx:for = "{{ items }}" style = "margin - top:30rpx;">
4.          < navigator class = "list - itemview"data - path = "{{ item.path }}"data - index = "{{index}}" >
5.            < view style = "display:flex;">
6.              < image class = "icon - item" src = "{{ item.icon }}"></image > {{ item.text }}
7.            </view >
8.            < image style = "width:40rpx;height:40rpx;" src = "../../images/more.png"></image >
9.          </navigator >
10.           < view class = "line - view"></view >
11.        </view >
12.      </view >
13.      < view style = " background - color:white;width:100 % ;margin - top:15px">
14.        < view wx:for = "{{ settings }}" style = "margin - top:30rpx;">
15.          < navigator class = "list - itemview" data - path = "{{ item.path }}"
     data - index = "{{ index }}" >
16.            < view style = "display:flex;">
17.              < image class = "icon - item" src = "{{ item.icon }}"></image > {{item.text}}</view >
18.            < image style = "width:40rpx;height:40rpx;" src = "../../images/more.png"></image >
19.          </navigator >
20.          < view class = "line - view"></view >
21.        </view >
22.      </view >
23. </view >
```

4. WXSS 代码

WXSS 代码如下：

```
1.  .list - view {
2.    display: flex;
3.    flex - direction: column;
4.  }
5.  .list - itemview {
6.    display: flex;
7.    flex - direction: row;
8.    justify - content: space - between;
9.  }
10. .icon - more, .icon - item, .icon - more image {
11.   display: flex;
12.   width: 60rpx;
13.   height: 60rpx;
14.   margin - bottom: 2px;
15.   margin - right: 5px;
16.   vertical - align: middle;
17. }
18. .line - view {                        /* 中间过渡的横线 */
19.   width: 100 % ;
```

视频讲解

```
20.    height: 1px;
21.    border - top: solid ♯ECECEC 1px;
22. }
```

12.5 管理员端商品管理页面 UI 设计

12.5.1 实现效果

添加商品与分类以及对商品信息的修改、删除功能都属于管理员端的操作,进行用户与管理员身份的登录判断后若是管理员,则会自动识别,并跳转到/pages/admin/index/index 页面。先在 pages 下新建该页面,该页面 UI 想要实现的效果如图 12-11 所示。

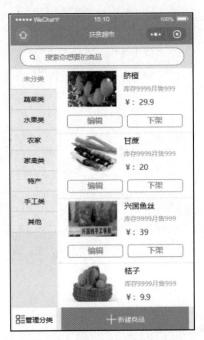

图 12-11 商品管理实现效果

12.5.2 顶部搜索栏

1. WXML 代码

```
1. <!-- pages/admin/index/index.wxml -->
2. <view>
3.    <!-- 搜索栏 -->
4.    <view class = "search">
5.       <view class = "search - in">
```

```
6.          < icon type = "search" size = "16" color = "black" />
7.          < navigator class = "s − txt" url = "/pages/backstage/backstage/goodsSearch/index">
8.                搜索你想要的商品
9.          </navigator >
10.      </view >
11.    </view >
```

2. WXSS 代码

WXSS 代码如下：

```
1.  . search {
2.    height: 100rpx;
3.    background − color: #efeff4;
4.  }
5.  . search − in {
6.    width: 90 % ;
7.    position: absolute;
8.    left: 5 % ;
9.    top: 15rpx;
10.   border: 1px solid #48d070;
11.   background − color: white;
12.   border − radius: 50px;
13. }
14. . search − in icon {
15.   font − size: 20px;
16.   position: absolute;
17.   line − height: 70rpx;
18.   left: 5 % ;
19. }
20. . s − txt {
21.   width: 50 % ;
22.   font − size: 11pt;
23.   color: #999;
24.   margin − left: 15 % ;
25.   line − height: 70rpx;
26. }
```

12.5.3　左侧分类栏

1. WXML 代码

```
1.    < view class = "sort − product">
2.        <!-- 左侧栏 -->
3.      < view class = "nav_left">
4.        < block wx:for = "{{categories}}" wx:for − item = "item" wx:key = "{{index}}">
5.          < view class = "nav_left_items" bindtap = "switchLeftTab"
```

```
6.              data - id = "{{item.categoryId}}">
7.              {{item.cateName}}</view>
8.         </block>
9.      </view>
```

2. WXSS 代码

WXSS 代码如下：

```
1.    /* 左侧栏主盒子 */
2.    .nav_left {
3.      width: 25%;
4.      height: 100%;
5.      background: #f5f5f5;
6.      text - align: center;
7.      overflow: scroll;
8.    }
9.    /* 左侧栏 list 的 item */
10.   .nav_left .nav_left_items {
11.     height: 30px;
12.     line - height: 30px;
13.     padding: 6px 0;
14.     border - bottom: 1px solid #dedede;
15.     font - size: 14px;
16.   }
17.   /* 左侧栏 list 的 item 被选中时 */
18.   .nav_left .nav_left_items.active {
19.     background: #fff;
20.     color: #48d079;
21.   }
```

12.5.4　右侧商品栏

1. WXML 代码

```
1.    <!-- 右侧栏 -->
2.    < scroll - view scroll - y class = "nav_right">
3.      < view class = "nav_right_items">
4.        < block wx:for = "{{goodsList}}" bindtap = "switxhLeftTap" wx:key = "{{index}}">
5.          < view class = "goods - items" data - id = "{{item._id}}" bindtap = "bindViewTap">
6.            < view class = "goodInfo">
7.              < image src = "{{item.iconUrl}}"></image >
8.              < view class = "goodInfo - detail">
9.                < view>{{item.name}}</view>
10.               < view style = "display:flex;flex - direction: row;">
11.                 < view class = "store">库存{{item.storage}}</view>
```

```
12.                    < view class = "sale">月售{{item.sales}}</view>
13.                </view >
14.                    < view class = "price">￥: {{item.price}}</view>
15.              </view >
16.            </view >
17.            < view class = "btn－area">
18.              < view type = "mini">编辑</view>
19.              < view type = "mini">下架</view>
20.            </view >
21.          </view >
22.        </block >
23.      </view >
24.    </scroll－view >
25.  </view >
26. </view >
```

2. WXSS 代码

WXSS 代码如下：

```
1.   /*右侧栏主盒子*/
2.   .nav_right {
3.     position: absolute;
4.     top: 100rpx;
5.     right: 0;
6.     flex: 1;
7.     width: 75%;
8.     height: 85%;
9.     padding: 0px;
10.    box－sizing: border－box;
11.    overflow: scroll;
12.  }
13.  .goods－items {
14.    width: 100%;
15.    background: white;
16.    border－bottom: 2px solid #f5f5f5;
17.    display: flex;
18.    flex－direction: column;
19.  }
20.  .goodInfo {
21.    width: 100%;
22.    display: flex;
23.    flex－direction: row;
24.    justify－content: center;
25.  }
26.  .goodInfo－detail {
27.    margin－left: 20rpx;
28.    display: flex;
```

```
29.    flex - direction: column;
30.    width: 250rpx;
31.    justify - content: space - around;
32. }
33. .goodInfo image {
34.    width: 200rpx;
35.    height: 150rpx;
36.    margin: 10rpx;
37. }
38. .price {
39.    top: 40 % ;
40.    color: red;
41. }
42. .sale, .store {
43.    font - size: 10pt;
44.    color: ♯c0c0c0;
45. }
46. .btn - area {
47.    background - color: white;
48.    display: flex;
49.    flex - direction: row;
50.    width: 100 % ;
51.    height: 100rpx;
52.    justify - content: center;
53.    align - items: center;
54. }
55. .btn - area view {
56.    text - align: center;
57.    margin: 10rpx;
58.    width: 40 % ;
59.    height: 50rpx;
60.    border - radius: 10rpx;
61.    border: solid 1px ♯48d070;
62.    color: ♯48d070;
63. }
```

12.5.5 底部固定操作按钮

1. WXML 代码

```
1.  < view class = "footer">
2.    < view class = "footer - view">
3.      < view class = "fv - item1">
4.        < image src = "../../../images/manageCate. png"></image >
5.        < text style = "font - size: 14px;">管理分类</text >
6.      </view >
```

```
7.        < view class = "fv - item2">
8.          < image src = "../../../images/add.png"></image>
9.          < text style = "color:white;font - size: 14px;">新建商品</text>
10.       </view>
11.     </view>
12.  </view>
```

2. WXSS 代码

WXSS 代码如下:

```
1.   /* 底部固定 */
2.   .footer {
3.     background - color: #F5F5F5;
4.     position: fixed;
5.     bottom: 0;
6.     width: 100%;
7.     height: 100rpx;
8.   }
9.   .footer - view {
10.    display: flex;
11.    width: 100%;
12.    height: 100rpx;
13.    flex - direction: row;
14.  }
15.  .fv - item1 {
16.    background - color: white;
17.    width: 25%;
18.    height: 100rpx;
19.    display: flex;
20.    justify - content: center;
21.    align - items: center;
22.    flex - direction: row;
23.  }
24.  .fv - item2 {
25.    background - color: #48d070;
26.    width: 73%;
27.    height: 100rpx;
28.    margin - left: 20rpx;
29.    display: flex;
30.    justify - content: center;
31.    align - items: center;
32.    flex - direction: row;
33.    margin - right: 20rpx;
34.  }
35.  .fv - item1 image{
36.    width: 40rpx;
37.    height: 40rpx;
```

```
38. }
39. .fv - item2 image{
40.   width: 50rpx;
41.   height: 50rpx;
42. }
```

12.6 本章小结

  本章是扶贫超市实战的第3部分,主要针对项目各主要页面的UI开发进行了详细介绍。页面的前端开发重点是前期设计,可参考一些优秀设计师的作品,也可自行根据功能进行UI设计。设计完成后还需要利用PS等软件设计出原型图和素材等,最后才进行编码工作。在编码过程中用到的便是第3篇中关于页面布局、样式等相关知识,要学会灵活运用flex布局以及WXML面板进行样式调试。

第 **4** 篇

小程序的后台开发

第 13 章

认识云开发项目

本章学习目标

- 了解小程序云开发的概念及其组成部分。
- 简单认识云开发目录,能够独立构建云环境,完成初始化等工作。
- 学会新建云函数,并完成云端部署。
- 结合示例程序完成用户管理案例。
- 结合案例完成上传文件,学会使用云空间,查看文件的云 ID 和云链接等。

13.1 云开发的概念与组成

云开发可以为开发者提供完整的原生云端支持和微信服务支持,弱化后端和运维概念,无须开发者搭建自己的服务器,而是使用平台提供的 API 进行核心业务开发,可实现快速上线和迭代。同时,云开发与小程序已经使用的如 J2EE 或者 PHP 的服务器是相互兼容的,并不互斥。

传统的基于 Java 开发的后台框架,例如 SSM(Spring+SpringMVC+MyBatis)或者 SprinBoot,它们通常需要开发者在掌握数据库知识、熟悉 Java 语言开发的基础上,还要掌握这些框架的相关配置,才能正确地写出与前端交互的接口和其他复杂的操纵数据库的逻辑代码。这也是在云开发出现之前,只能将小程序称作前端框架的原因,而一个没有后台的前端程序就好像静态网页一样只能用作展示,几乎不能完成其他复杂的业务逻辑。云开发出现以后,无疑大大削弱了后台的角色,对传统的后台项目而言,小程序的云开发具备很多优势,主要提供以下几大基础功能支持。

(1) 云函数:相当于后台项目的接口。云函数是在云端运行的代码,利用微信私有协议天然鉴权(指验证用户是否拥有访问系统的权利),可保证传输数据的安全性,开发者只需遵循 JS 语法编写自身业务逻辑代码。

(2) 数据库:一个既能在小程序前端操作,也能在云函数中读写的 JSON 数据库。

(3) 云存储:在小程序前端直接上传/下载云端文件,也在云开发控制台进行可视化管理。

(4) 云调用:基于云函数免鉴权,使用小程序开放接口的功能,包括服务端调用、获取开放数据等。

13.2 云开发的创建与开通

13.2.1 创建一个云开发项目

创建一个带有云开发功能的小程序项目十分简单,只需要确保是在微信公众平台注册、申请的带有正式 AppID 的小程序,也就是说不能使用测试的 AppID,在开发工具的启动页选中"小程序·云开发"单选按钮即可,如图 13-1 所示。

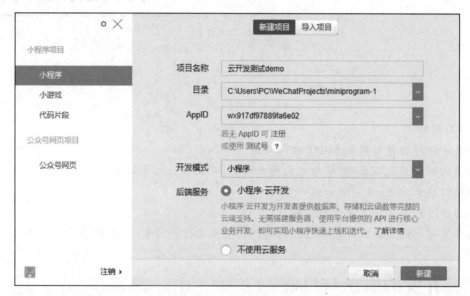

图 13-1　创建云开发程序

进入开发工具主界面,可以发现云开发的示例 Demo 与传统的小程序目录相比,多了一个叫作 cloudfunctions 的文件夹,该文件夹下放置了很多云函数,一个云函数独占一个目录,类似于后台项目的接口。

13.2.2 开通云开发并构建云环境

点击开发工具主界面的"云开发",这时会出现一个新窗口提示开通云开发服务,如图 13-2 所示。

接下来需要手动输入云环境的名称,一个环境对应一整套独立的云开发资源,包括数据库、存储空间、云函数等。各个环境是相互独立的,用户开通云开发后即创建了一个环境,默认可拥有最多两个环境。

在实际开发中,建议每一个正式环境都搭配一个测试环境,所有功能先在测试环境测试完毕后再上到正式环境。以初始可创建的两个环境为例,建议一个创建为 test 测试环境,一个创建为 release 正式环境。为了方便开发者调试,从开发者工具 1.02.1905302 及基础库 2.7.1 起,在 wx.cloud.init 后会在调试器中输出 SDK 中所使用的默认环境。创建云环境的步骤如图 13-3 所示。

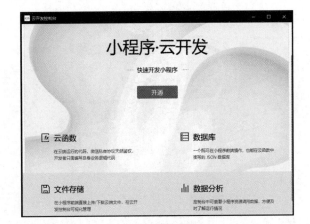

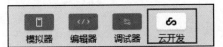

模拟器
编辑器
调试器
云开发

(a) 点击“云开发”

小程序·云开发
快速开发小程序
开通
云函数
数据库
文件存储
数据分析

(b) 确认开通

图 13-2　开通云开发服务

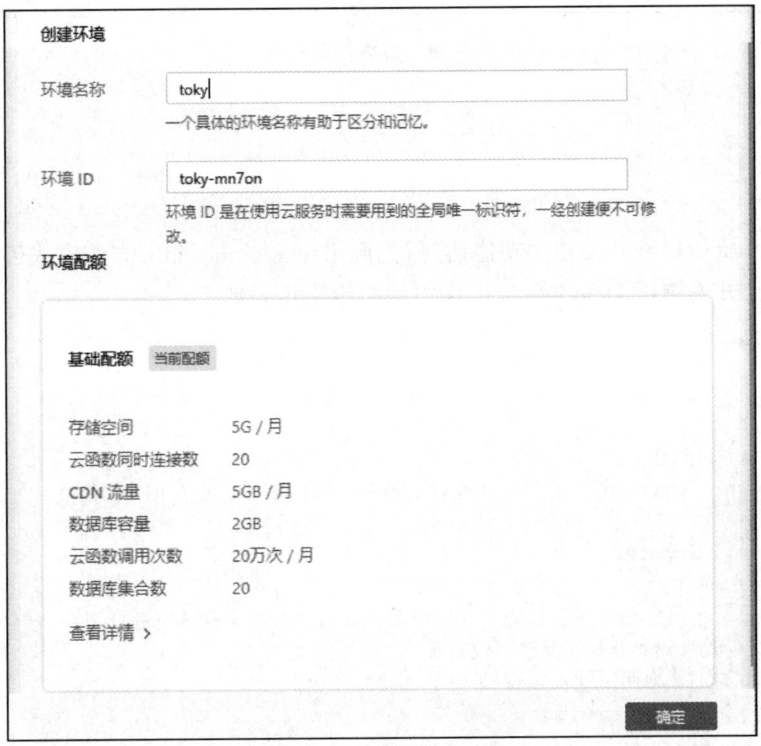

创建环境
环境名称
toky
一个具体的环境名称有助于区分和记忆。
环境 ID
toky-mn7on
环境 ID 是在使用云服务时需要用到的全局唯一标识符，一经创建便不可修改。
环境配额
基础配额
当前配额
存储空间
5G / 月
云函数同时连接数
20
CDN 流量
5GB / 月
数据库容量
2GB
云函数调用次数
20万次 / 月
数据库集合数
20
查看详情 >
确定

图 13-3　输入环境名称完成创建

后续还可在设置中添加其他环境,如图 13-4 所示。

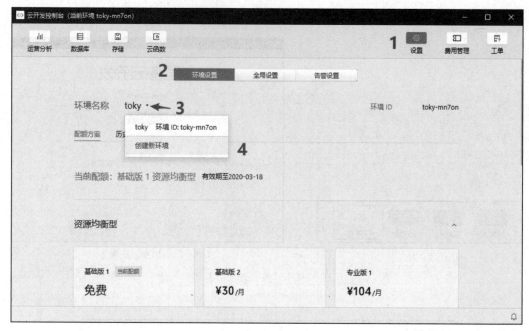

图 13-4　创建其他环境

视频讲解

13.3　初始化

在小程序端开始使用云开发相关功能前,需先调用 wx.cloud.init 方法完成云开发相关功能初始化。如新建的云开发测试 Demo 的 app.js 中的初始化代码如下:

```
1.   //app.js
2.   App({
3.     onLaunch: function () {
4.       if (!wx.cloud) {
5.         console.error('请使用 2.2.3 或以上的基础库以使用云开发相关功能')
6.       } else {
7.         wx.cloud.init({
8.           // env 参数说明:
9.           // env 决定小程序发起的云开发调用会默认请求哪个云环境的资源
10.          //环境的 id 可打开云控制台查看
11.          //如不填则使用默认环境(第一个创建的环境)
12.          // env: 'my - env - id',
13.          traceUser: true,
14.        })
15.      }
16.  })
```

13.4　新建云函数并部署

13.4.1　部署已有的云函数

到目前为止在 cloudfunctions 目录下的云函数只是写在本地目录中，还未真正部署到云端，因此还需要将完成功能操作的云函数进行同步。选中某个云函数的目录，右击，在弹出的快捷菜单中选择"创建并部署"两项，可以在云端安装云函数所需的依赖库，再选择当前运行的云环境，如图 13-5 所示。

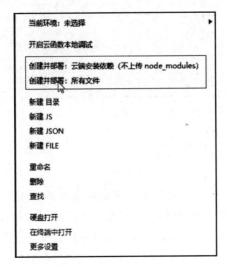
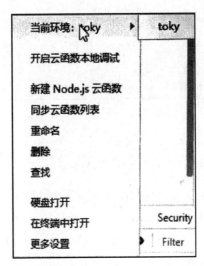

图 13-5　部署云函数

最终达到的效果是全部的云函数文件夹会被标记成云朵状，如图 13-6(a)所示。此时点击开发工具中"通知中心"右下角的提示图标，如图 13-6(b)所示可以看到所有云函数的上传信息。

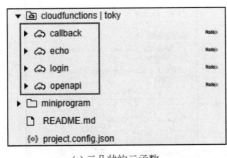
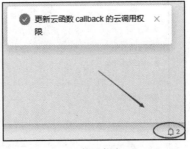

(a) 云朵状的云函数　　　　　　　　　　　(b) 提示信息

图 13-6　成功部署全部云函数

当然，在云开发后台的窗口点击"云函数"也能看到所有部署成功的云函数列表，如图 13-7 所示。

图 13-7　云函数列表

13.4.2　新建一个云函数

点击图 13-8(a)页面中的"快速新建云函数",可以看到关于创建自定义云函数的指引。创建云函数只需在 cloudfunctions 目录下新建即可,创建完毕后微信开发工具还提供了如图 13-8(c)所示的示例代码,这时只需更改入口函数 exports. main ＝(event,context)中的逻辑,然后将写好的云函数部署到云端。

(a) 点击"快速新建云函数"

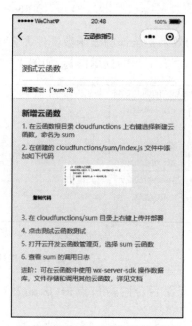

(b) 依照指引创建云函数并添加代码

图 13-8　新建云函数并部署过程

```
index.js - sum  ×    package.json      storageC
1    // 云函数入口文件
2    const cloud = require('wx-server-sdk')
3
4    cloud.init()
5
6    // 云函数入口函数
7    exports.main = async (event, context) => {
8      const wxContext = cloud.getWXContext()
9
10     return {
11       event,
12       openid: wxContext.OPENID,
13       appid: wxContext.APPID,
14       unionid: wxContext.UNIONID,
15     }
16   }
```

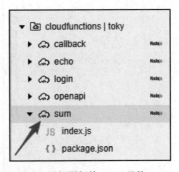

(c) 云函数index.js文件示例代码　　　　　　(d) 已部署好的sum云函数

图 13-8　（续）

接下来打开云开发的云函数窗口进行 sum 云函数的测试，如图 13-9 所示。

(a) 云开发控制台查看所有云函数并点击"云端测试"

图 13-9　sum 云函数的测试

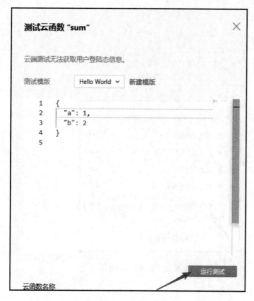

(b) 点击运行 "测试" 按钮   (c) 返回结果以及其他测试信息

图 13-9   （续）

13.4.3   调用新建的云函数

1. 前端代码

在 miniprogram/pages/addFunction 目录下的 addFunction.js 文件中可以看到如下代码：

```
1.   testFunction() {
2.      wx.cloud.callFunction({                    //调用云函数
3.         name: 'sum',
4.         data: { a: 1, b: 2 },
5.         success: res => {
6.            wx.showToast({ title: '调用成功', })
7.            this.setData({ result: JSON.stringify(res.result) })
8.         },
9.         fail: err => {
10.           wx.showToast({ icon: 'none', title: '调用失败', })
11.           console.error('[云函数] [sum] 调用失败: ', err)
12.        }
13.     })
14.  },
```

上述代码在第 2 句使用 wx.cloud.callFunction 调用云函数，并在第 3 句用 name 属性指定云函数名，并在第 4 句 data 属性中传入所需参数，最后在 success 回调函数中可以接收到从云函数返回的数据。

2. 云函数 sum 的 index.js 代码

```
1.  //云函数入口文件
2.  const cloud = require('wx-server-sdk')
3.  cloud.init()
4.  //云函数入口函数
5.  exports.main = (event, context) => {
6.    return {
7.      sum: event.a + event.b
8.    }
9.  }
```

上述代码是 sum 云函数 index.js 中的主要逻辑,第 5 句代码的 event 参数里可接收前端传入的参数 a 和 b,从第 6 句代码开始该云函数可向小程序端返回 a+b 得到的结果 sum。

13.5 云开发之用户管理案例

视频讲解

本节将实现一个云开发案例,通过实例来了解云开发的功能。首先是界面的第一项功能:获取 openid。

13.5.1 openid 介绍

openid 是用于唯一标识用户的标志,它是一串与小程序的 AppID 类似的字符串。实际上,openid 是用户的微信号经加密后产生的字符串,每个用户对每个小程序的 openid 是唯一的。获取 openid 的操作如图 13-10 所示。

(a) 点击"点击获取openid"

(b) "用户管理指引"页面

图 13-10 获取 openid 的操作

可以根据图 13-10(b)中页面文字的指引,在云开发窗口的"运营分析"→"用户访问"页面中看到所有使用了该小程序的用户详细信息,包括唯一标识用户的 openid、头像、用户昵称、所在城市、注册与登录时间等信息,如图 13-11 所示。

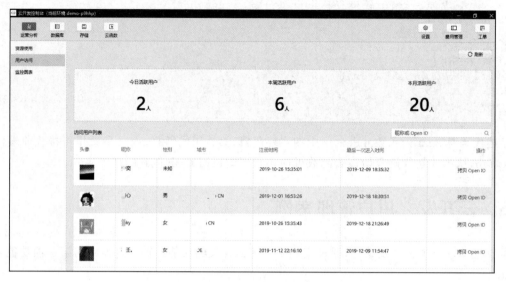

图 13-11　云开发用户管理页面

13.5.2　openid 获取用户信息

1. 小程序前端代码

打开 miniprogram/pages/index 目录下的 index.js 文件,可以看到前端调用云函数 login 的代码,如下所示:

```
1.  onGetOpenid: function() {
2.      //调用云函数
3.      wx.cloud.callFunction({
4.        name: 'login',
5.        data: { },
6.        success: res => {
7.          console.log('[云函数] [login] user openid: ', res.result.openid)
8.          app.globalData.openid = res.result.openid
9.          wx.navigateTo({ url: '../userConsole/userConsole', })
10.       },
11.       fail: err => {
12.         console.error('[云函数] [login] 调用失败', err)
13.         wx.navigateTo({
14.           url: '../deployFunctions/deployFunctions',
15.         })
16.       }
17.     })
18.   },
```

上述代码的第 3 句即访问了名为 login 的云函数,在成功的回调函数中可以拿到返回的数据 res,其中就包括了用户的 openid。

2. 云函数代码

在放置云函数的 cloudfunctions/login 目录下可以看到 index.js 文件中代码如下所示:

```
1.   const cloud = require('wx - server - sdk')
2.   //初始化 cloud
3.   cloud.init({
4.     // API 调用都保持和云函数当前所在环境一致
5.     env: cloud.DYNAMIC_CURRENT_ENV
6.   })
7.   /* 这个示例将经自动鉴权过的小程序用户 openid 返回给小程序端 *
8.    * event 参数包含小程序端调用传入的 data */
9.   exports.main = (event, context) => {
10.    console.log(event)
11.    console.log(context)
12.    //可执行其他自定义逻辑
13.    //console.log 的内容可以在云开发云函数调用日志查看
14.    //获取 WX Context (微信调用上下文),包括 OPENID、AppID 及 UNIONID(需满足 UNIONID 获取条件)等
         //信息
15.    const wxContext = cloud.getWXContext()
16.    return {
17.      event,
18.      openid: wxContext.OPENID,
19.      AppID: wxContext.AppID,
20.      unionid: wxContext.UNIONID,
21.      env: wxContext.ENV,
22.    }
23.  }
```

可以看到代码第 1 句从 wx-server-sdk 模块中获得了一个全局的 cloud 对象,在第 15 句利用 cloud.getWXContext 函数即可以获取 openid、AppID 等信息,最终使用 return 语句即返回给前端一个 JSON 类型的数据。

13.6 上传文件案例以及云空间文件管理

视频讲解

13.6.1 实现效果

文件的上传与下载在小程序前端有专门的 API 函数实现,分别是 wx.uploadFile 与 wx.downloadFile,具体使用可参考 18.4 节。但是这两个接口函数是针对于后台,是在使用自己服务器的情况下在前端调用的,通常还需要开发者在自己的后台接口中实现文件流的读取、文件重命名、

存入自己的数据库等操作。当接入云开发后,后台功能被大大弱化,并且由于使用的是腾讯提供的云环境,对于传输的安全性也得到了更好的保障。具体使用的 API 函数是 wx.cloud.uploadFile,文件直接存入云存储空间,方便进行可视化管理。其上传步骤如图 13-12 所示。

(a) 点击 "上传图片"

(b) 上传成功

(c) 云开发后台文件管理页面

图 13-12   上传文件案例实现效果

13.6.2　代码说明

小程序前端代码如下所示：

```
1.    //上传图片
2.    doUpload: function () {
3.      var that = this
4.      //选择图片
5.      wx.chooseMessageFile({
6.        count: 10,
7.        type: 'file',
8.        success(res) {
9.          //选择一张图片,res.tempFiles[].path 可以作为 img 标签的 src 属性直接显示
10.         that.setData({
11.           file: res.tempFiles[0],
12.           path: res.tempFiles[0].path
13.         })
14.         const filePath = res.tempFiles[0].path
15.         const cloudPath = 'my-image' + filePath.match(/\.[^.]+?$/)[0] //重命名
16.         //上传图片
17.         wx.cloud.uploadFile({
18.           cloudPath,                   //上传至云端的路径
19.           filePath,                    //小程序临时文件路径
20.           success: res => {
21.             app.globalData.fileID = res.fileID   //返回文件 ID
22.             app.globalData.cloudPath = cloudPath
23.             app.globalData.imagePath = filePath
24.             wx.navigateTo({
25.               url: '../storageConsole/storageConsole'
26.             })
27.           },
28.    //省略
29.        },
```

从上述代码可以看到，在第 17 句上传文件使用的是 wx.cloud.uploadFile。与 13.5 节的自己编写 login 云函数不同，wx.cloud.uploadFile 更像是属于云开发的 API 函数，是 wx.uploadFile 的升级版。

上传成功后会获得文件唯一标识符，即文件的云 ID，后续操作都是基于文件 ID 进行而不是 URL。

如果是想减少代码包中图片所占用的内存才将文件上传至云存储空间，建议在多媒体组件如 image、audio 的 src 属性处填入下载地址（如图 13-13 所示），即以 https 开头的 URL 链接，该操作同样适用于背景音频等其他文件。

13.6.3 下载文件

在 13.6.2 节中使用 wx.cloud.uploadFile 函数上传图片成功后,可在云开发后台的云空间看到对应的图片,如图 13-13 所示。

图 13-13 云开发存储空间文件

用户可以根据文件的文件 ID 下载文件,其对应的 API 函数是 wx.cloud.downloadFile。值得注意的是,用户仅可下载其有访问权限的文件,示例代码如下:

```
1.  wx.cloud.downloadFile({
2.    fileID: '',                          //文件 ID
3.    success: res => {
4.      //返回临时文件路径
5.      console.log(res.tempFilePath)
6.    },
7.    fail: console.error
8.  })
```

13.6.4 删除文件

有权限的用户可以通过 wx.cloud.deleteFile 函数删除云空间的文件,示例代码如下:

```
1.  wx.cloud.deleteFile({
2.    fileList: ['a7xzcb'],
3.    success: res => {
4.      //成功回调后的逻辑 success
```

```
5.     console.log(res.fileList)
6.   },
7.   fail: console.error
8. })
```

视频讲解

13.7 数据库操作案例

13.7.1 操作指引

数据库最重要的基础功能就是增、删、改、查,在给定的云开发 Demo 程序中给定了详细的指引帮助开发者快速上手建立所需的集合(类似于表),并完成这四大基础功能。数据库操作的完整指引步骤如图 13-14 所示。

其他几个名为 onQuery(查询)、onCounterInc(更新 count 值)、onRemove(删除记录)的函数对应数据库的基本操作与新增记录类似。点击"下一步"按钮根据指引完成下一步的操作,如图 13-15 所示。

(a) 点击第二项操作数据库

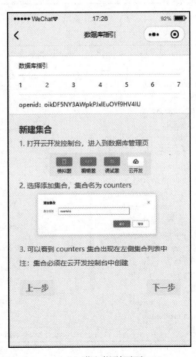

(b) 进入指引页面

图 13-14 数据库操作指引步骤

(c) 新增一个集合(类似于关系数据库中的表)

```js
23  onAdd: function () {
24      const db = wx.cloud.database()
25      db.collection('counters').add({
26          data: {
27              count: 1
28          },
29          success: res => {
30              // 在返回结果中会包含新创建的记录的 _id
31              this.setData({
32                  counterId: res._id,
33                  count: 1
34              })
35              wx.showToast({
36                  title: '新增记录成功',
37              })
38              console.log('[数据库] [新增记录] 成功, 记录 _id: ', res._id)
39          },
40          fail: err => {
41              wx.showToast({
42                  icon: 'none',
43                  title: '新增记录失败'
44              })
45              console.error('[数据库] [新增记录] 失败: ', err)
46          }
47      })
```

/miniprogram/pages/databaseGuide/databaseGuide.js   4.8 KB

(d) 取消注释

图 13-14　(续)

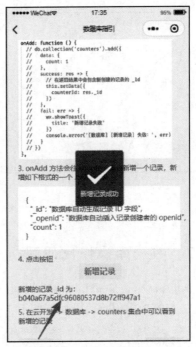

(e) 新增记录   (f) 添加成功可在云开发页面查看

图 13-14 （续）

(a) 查询记录   (b) 更新记录   (c) 删除记录

图 13-15 数据库操作指引

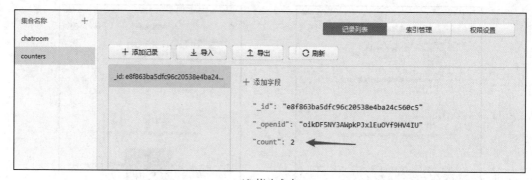

(d) 修改成功

图 13-15 （续）

13.7.2　数据库操作代码解析

在 miniprogram/pages/databaseGuide 目录下查看 databaseGuide.js 的源代码，其中关于数据库的增、删、改、查的功能函数代码如下所示：

```
1.   onAdd: function () {                                    //增
2.     const db = wx.cloud.database()
3.     db.collection('counters').add({
4.       data: {count: 1},
5.       success: res => {
6.         this.setData({ counterId: res._id, count: 1 })//返回结果中包含新创建的记录的_id
7.       },
8.     })
9.   },
10.  onQuery: function() {                                   //查
11.    const db = wx.cloud.database()
12.    //查询当前用户所有的 counters
13.    db.collection('counters').where({
14.      _openid: this.data.openid
15.    }).get({
16.      success: res => {
17.        this.setData({
18.          queryResult: JSON.stringify(res.data, null, 2)
19.        })
20.      },
21.    })
22.  },
23.  onCounterInc: function() {                              //改
24.    const db = wx.cloud.database()
25.    const newCount = this.data.count + 1
26.    db.collection('counters').doc(this.data.counterId).update({
27.      data: { count: newCount },
28.      success: res => {
```

```
29.        this.setData({
30.          count: newCount
31.        })
32.      },
33.  onRemove: function() {                           //删
34.    if (this.data.counterId) {
35.      const db = wx.cloud.database()
36.      db.collection('counters').doc(this.data.counterId).remove({
37.        success: res => {
38.          this.setData({ counterId: '', count: null, })
39.        },
40.      })
41.    } else {
42.      wx.showToast({ title: '无记录可删,请见创建一个记录', })
43.    }
44.  },
```

从上面代码可以看出,在进行数据库操作之前都需要先通过 wx.cloud.database()方法获得一个 db 对象,db.collection('counters')语句可以获得对应的数据库中名叫 counters 的集合,向集合中增加一条记录直接通过 add 函数即可。

查询记录首先需要使用 where 函数,通过传入的主键_openid 查询对应的记录,查询成功后还需要 get 函数获取返回的数据。

更改记录时用到的 doc 函数可以获取集合中指定记录的引用,该方法接收一个 id 参数,指定需引用的记录的_id,最后再使用 update 方法传入要更新的字段与数据即可更改记录。

与修改数据类似,删除也是直接在原有的数据基础之上进行操作,因此需要获得记录的引用,即使用 doc 函数。在第 36 句代码中可以看到,获取记录的引用后直接使用 remove 函数即可将字段删除。

13.8　本章小结

本章学习了小程序后台相关的云开发与云存储空间,为更好地配合本书中项目实战的项目讲解,特将云开发内容提前到 API 函数之前,可见其重要性。软件开发的核心是前后端的数据交互,在开发工作之前进行了详尽的需求分析之后,即可以围绕功能进行数据库的设计。

在本章中新建了第一个带有云开发功能的小程序,与建立的只相当于前端作用的小程序不同,带有云开发功能的小程序区分小程序端与后台。后台包括云函数、数据库、云存储空间几大部分。学完本章后,将对云开发的各个组成部分有宏观的掌控,根据指引完成各部分操作后对后台的任务也更加清晰。在后面几章中将深入云开发的各个部分进行详细讲解。

第14章

云开发数据库

本章学习目标

- 复习数据库相关知识,了解云开发数据库与常见关系型数据库的区别。
- 了解云开发数据库中字段有哪些数据类型。
- 学习数据库表中重要的权限控制。
- 学习一些数据库复杂操作,包括更新数据元素和嵌套对象以及联表查询等。

14.1　基本概念

云开发提供了一个 JSON 数据库,顾名思义,数据库中的每条记录都是一个 JSON 格式对象。一个数据库可以有多个集合(相当于关系型数据中的表),集合可看作一个 JSON 数组,数组中的每个对象就是一条记录。关系型数据库和 JSON 数据库的对应关系如表 14-1 所示。

表 14-1　关系型数据库和 JSON 数据库的对应关系

关　系　型	文　档　型
数据库 database	数据库 database
表 table	集合 collection
行 row	记录 record/doc
列 column	字段 field

JSON 数据库集合每条记录都有一个_id字段用以唯一标识一条记录,_openid 字段用以标识记录的创建者,其在文档创建时是由系统根据小程序的用户默认创建的,开发者可使用它来标识和定位文档。需特别注意的是,在管理端(控制台和云函数)中创建的不会有 _openid 字段。开发者可以自定义 _id,但不可自定义和修改 _openid。

与数据库有关的 API 函数分为小程序端和服务端两部分,小程序端 API 拥有严格的调用权限控制,开发者可在小程序内直接调用 API 进行非敏感数据的操作。对于有更高安全要求的数据,可在云函数内通过服务端 API 进行操作。云函数的环境是与客户端完全隔离的,在云函数上可以安全且私密地操作数据库。

数据库 API 包含增、删、改、查功能,使用 API 操作数据库只需三步:获取数据库引用、构造查询/更新条件、发出请求。

14.2 数据类型

云开发数据库提供以下几种数据类型。

(1) string:字符串。

(2) number:数字。

(3) object:对象。

(4) array:数组。

(5) boolean:布尔值。

(6) date:时间类型。精确到毫秒,在小程序端可用 JS 内置 Date 对象创建客户端时间,该时间与服务端时间不一定吻合,若需使用服务端时间,则应该用 API 中提供的 serverDate 对象来创建。

(7) geo:地理位置类型。要使用地理位置查询功能时,必须建立地理位置索引,建议用于存储地理位置数据的字段均建立地理位置索引。

(8) null:相当于一个占位符,表示一个字段存在但是值为空。

14.3 权限控制

数据库的权限分为小程序端和管理端。管理端包括云函数端和控制台。小程序端调用数据库的语句运行时,受权限控制的限制,小程序端操作数据库应有严格的安全规则限制。管理端运行在云函数上,拥有所有读写数据库的权限。云控制台的权限同管理端,拥有所有权限。一共有两种权限控制方案:第一种是初期提供的基础的 4 种简易权限设置;第二种是灵活的、可自定义的权限控制,即数据库安全规则。

14.3.1 基础权限配置

1. 配置入口

云开发数据库提供了 4 种基础权限配置,适用于简单的前端访问控制,只支持 4 种预设的规则(对集合中的每条数据记录):①所有用户可读,仅创建者可写;②仅创建者可读写;③所有用户可读;④所有用户不可读写。

这 4 种基础权限配置在云开发控制台建立集合时有所体现,如图 14-1 所示。

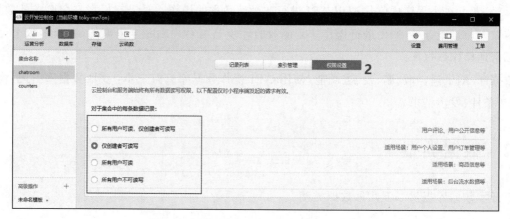

图 14-1　数据库集合的 4 种基础权限配置

2. 基础权限的局限性

与数据库安全规则相比,4 种基础权限的配置具有以下的局限性:

(1) 访问权限控制要求只能基于记录的 _openid 字段和用户 openid,控制粒度较粗、相对不灵活。

(2) 当权限为"仅创建者可读写"时,查询时会默认给查询条件加上一条_openid 必须等于用户 openid。

(3) 当权限为"仅创建者可读写"或"所有用户可读,仅创建者可写"时,更新前会默认先带上 _openid 必须等于用户 openid 的查询条件,再将查询到的结果进行更新,即使是用 doc.update 也是如此。因此,会出现即使没有对应_id 的记录的访问权限,也会出现更新操作不会失败的情况,只会在返回的结果中说明 updated 更新的记录数量为 0。

(4) 创建记录时,会自动给记录加上 _openid 字段,值等于用户 openid,且不允许用户在创建记录时尝试设置 _openid。

(5) 更新记录时,不允许修改 _openid。

14.3.2　数据库安全规则

1. 数据库安全规则优势

安全规则让开发者可以灵活地自定义前端数据库的读写权限,通过配置安全规则,开发者可以精细化地控制集合中所有记录的读写权限,自动拒绝不符合安全规则的前端数据库请求,保障数据安全。使用安全规则,将获得以下能力:

(1) 灵活自定义集合记录的读写权限:获得比基础的 4 种基础权限设置更灵活、强大的读写权限控制,让读写权限控制不再强制依赖于_openid 字段和用户 openid。

(2) 防止越权访问和越权更新:用户只能获取通过安全规则限制所能获取的内容,越权获取数据将被拒绝。

(3) 限制新建数据的内容:让新建数据必须符合规则,如可以要求权限标记字段必须为用户 openid。

安全规则要求前端发起的查询条件必须是安全规则的子集，否则拒绝访问。比如定义一个读写访问规则是 auth. openid ＝＝ doc. _openid，则表示访问时的查询条件（doc）的 openid 必须等于当前用户的 openid（由系统赋值的不可篡改的 auth. openid 给出），如果查询条件没有包含这一项，则表示尝试越权访问 _openid 字段不等于自身的记录，会被后台拒绝访问。

2. 配置入口

数据库自定义安全规则的配置只有在开发者工具 1.02.1911202 版本以后才支持。如果使用稳定版开发工具，在云开发数据库的集合权限配置页有可能找不到该入口，只有在开发版本 Nightly Build 的权限配置页才能找到，如图 14-2 所示。

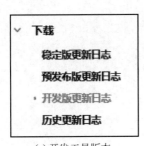

(a) 开发工具版本

(b) 开发版本Nightly Build

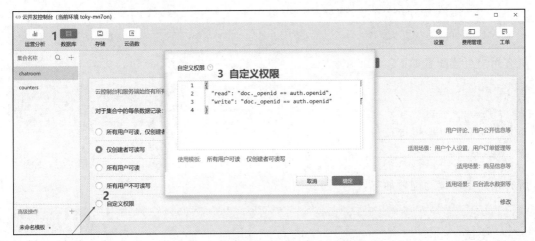

(c) 在云开发控制台配置集合的自定义权限

图 14-2 数据库安全规则配置

14.3.3 数据库安全规则编写

1. 支持配置的操作类型

所有支持类型如表 14-2 所示。

表 14-2　数据库安全规则权限支持类型

操　　作	默　认　值	说　　明
read	false	读
write	false	写,可以细分为新建、更新、删除
create	无	新建
update	无	更新
delete	无	删除

2. 数据库安全规则与基本权限对应关系

所有用户可读,仅创建者可写的配置如下:

```
1.  {
2.    "read": true,
3.    "write": "doc._openid == auth.openid"
4.  }
```

仅创建者可读写的配置如下:

```
1.  {
2.    "read": "doc._openid == auth.openid",
3.    "write": "doc._openid == auth.openid"
4.  }
```

所有用户可读配置如下:

```
1.  {
2.    "read": true,
3.    "write": false
4.  }
```

所有用户不可读写配置如下:

```
1.  {
2.    "read": false,
3.    "write": false
4.  }
```

3. 规则表达式的编写

规则表达式是类 JS 的表达式,支持部分表达式,内置全局变量、全局函数。

1) 全局变量

规则表达式所允许的全部全局变量如表 14-3 所示。

表 14-3 全局变量

变 量	类 型	说 明
auth	object	用户登录信息,auth.openid 是用户 openid
doc	object	记录内容,用于匹配记录内容/查询条件
now	number	当前时间的时间戳

2) 运算符

规则表达式的所有运算符如表 14-4 所示。

表 14-4 规则表达式的运算符

运算符	说 明	示 例	示例解释(集合查询)
==	等于	auth.openid == 'zzz'	用户的 openid 为 zzz
!=	不等于	auth.openid != 'zzz'	用户的 openid 不为 zzz
>	大于	doc.age>10	查询条件的 age 属性大于 10
>=	大于或等于	doc.age>=10	查询条件的 age 属性大于或等于 10
<	小于	doc.age<10	查询条件的 age 属性小于 10
<=	小于或等于	doc.age<=10	查询条件的 age 属性小于或等于 10
in	在集合中	auth.openid in ['zzz','aaa']	用户 openid 是['zzz','aaa']中的一个
!(xx in[])	不在集合中,使用 in 的方式描述!(a in [1,2,3])	!(auth.openid in ['zzz','aaa'])	用户的 openid 不是['zzz','aaa']中的任何一个
&&	与	auth.openid == 'zzz' && doc.age>10	用户的 openid 为 zzz 并且查询条件的 age 属性大于 10
||	或	auth.openid == 'zzz' || doc.age>10	用户的 openid 为 zzz 或者查询条件的 age 属性大于 10
.	对象元素访问符	auth.openid	用户的 openid
[]	数组访问符属性	doc.favorites[0] == 'zzz'	查询条件的 favorites 数组字段的第一项的值等于 zzz

3) 全局 get 函数

get 获取指定记录,在安全规则中获取其记录来参与到安全规则的匹配中,函数的参数格式是`database.集合名.记录 id`,可以接收变量,值可以通过多种计算方式得到,例如使用字符串模板进行拼接的语法格式如下:

```
(database.${doc.collction}.${doc.\_id})
```

如果有对应对象,则函数返回记录的内容,否则返回空。配置的规则示例如下所示:

```
1.  {
2.    "read": "true",
3.    "delete": "get(`database.user.${id}`).isManager"
4.  }
```

14.4 数据库复杂操作

14.4.1 查询和更新数组元素与嵌套对象

1. 普通匹配

传入对象的每个<key,value>构成一个筛选条件,有多个<key,value>则表示需同时满足这些条件,是与的关系;如果需要或关系,可使用［command.or］((Command.or))。如找出未完成的进度为 50 的待办事项:

```
1.    db.collection('todos').where({
2.      done: false,
3.      progress: 50
4.    }).get()
```

2. 匹配记录中的嵌套字段

假设在集合中有如下一个记录:

```
{
  "style": {
    "color": "red"
  }
}
```

该集合中 style 字段保存的是 object 类型数据,数据记录如图 14-3 所示。

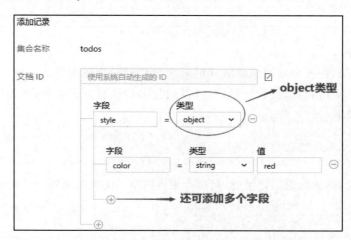

图 14-3   在 todos 集合中添加 object 类型字段 style 的记录

此时若要查找 todos 集合中 style.color 为 red 的记录,那么可以传入相同结构的对象作查询条件或使用"点表示法"查询,代码如下所示:

```
1.  //方式一
2.  db.collection('todos').where({
3.    style: {
4.      color: 'red'
5.    }
6.  }).get()
7.  //方式二
8.  db.collection('todos').where({
9.    'style.color': 'red'
10. }).get()
```

3. 匹配数组

1）匹配完整的数据记录

假设在集合中有如下一个记录：

```
{
  "numbers": [10, 20, 30]
}
```

此时字段 numbers 是 array 数组类型，数据记录如图 14-4 所示。

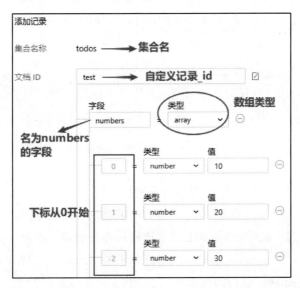

图 14-4 在 todos 集合中添加 array 类型字段 numbers 的记录

查询时可以传入一个相同的数组来筛选出这条记录，代码如下所示：

```
1.  db.collection('todos').where({
2.    numbers: [10, 20, 30]
3.  }).get()
```

2）匹配数组中元素

如果想找出数组字段中数组值包含某个值的记录,可以在匹配数组字段时传入要查找的值。如查找 numbers 字段的值包含 20 的记录:

```
1.  db.collection('todos').where({
2.    numbers: 20
3.  }).get()
```

3）匹配数组第 *n* 项元素

如果想找出数组字段中数组的第 *n* 项元素等于某个值的记录,那么在< key,value >匹配中可以字段下标为 key、目标值为 value 进行匹配。注意,这里与通常的数组下标用[]表示有所区别,而是用类似于 object 对象的“.”表示法。

继续查找 todos 集合中 numbers 字段第 2 项元素(数组下标从 0 开始,因此第 2 项是用 numbers.1)值为 20 的记录,查询代码如下所示:

```
1.  db.collection('todos').where({
2.    'numbers.1': 20
3.  }).get()
```

更新也是类似,将_id 为 test 的记录中 numbers 字段的第二项元素值更新为 30,代码如下所示:

```
1.  db.collection('todos').doc('test').update({
2.    data: { 'numbers.1': 30 },
3.  })
```

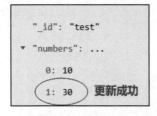

图 14-5　更新成功

更新后 numbers 字段对应的[1,20]变为[1,30],更新成功的效果如图 14-5 所示。

4）结合查询指令进行匹配

在对数组字段进行匹配时,也可以使用如 lt、gt 等指令来筛选出字段数组中存在满足给定比较条件的记录。如对上面的例子,可查找出所有 numbers 字段的数组值中存在包含大于 25 的值的记录:

```
1.  const _ = db.command
2.  db.collection('todos').where({
3.    numbers: _.gt(25)
4.  }).get()
```

查询指令也可以通过逻辑指令组合条件,如找出所有 numbers 数组中存在包含大于 25 的值同时也存在小于 15 的值的记录:

```
1.  const _ = db.command
2.  db.collection('todos').where({
3.    numbers: _.gt(25).and(_.lt(15))
4.  }).get()
```

5）匹配并更新数组中的元素

如果想要匹配并更新数组中的元素,而不是替换整个数组,除了指定数组下标外,还可以更新数组中第一个匹配到的元素。更新数组字段的时候可以用字段路径.$的表示法来更新数组字段的第一个满足查询匹配条件的元素。注意,使用这种更新时,查询条件必须包含该数组字段。假如有如下记录:

```
1.  {
2.    "_id": "doc1",
3.    "scores": [10, 20, 30]
4.  }
5.  {
6.    "_id": "doc2",
7.    "scores": [20, 20, 40]
8.  }
```

让所有 scores 中的第一个 20 的元素更新为 25:

```
1.  //注意:批量更新需在云函数中进行
2.  const _ = db.command
3.  db.collection('todos').where({
4.    scores: 20
5.  }).update({
6.    data: { 'scores.$': 25 }
7.  })
```

如果记录是对象数组,同样也可以进行更新操作,路径如下:字段路径.$.字段路径。另外还需注意以下几点:

（1）不支持用在数组嵌套数组中。

（2）如果用 unset 更新操作符,不会从数组中去除该元素,而是置为 null。

（3）如果数组元素不是对象且查询条件用了 neq、not 或 nin,则不能使用 $。

更新数组中所有匹配的元素可以用"字段路径.$[]"的表示法来更新数组字段的所有元素。假如有如下记录:

```
1.  {
2.    "_id": "doc1",
3.    "scores": {
4.      "math": [10, 20, 30]
5.    }
6.  }
```

若想让 scores.math 字段所有数字加 10：

```
1.  const _ = db.command
2.  db.collection('todos').doc('doc1').update({
3.    data: {
4.      'scores.math.$[]': _.inc(10)
5.    }
6.  })
```

更新后 scores.math 数组从 [10，20，30] 变为 [20，30，40]。

4. 匹配多重嵌套的数组和对象

上面所讲述的所有规则都可以嵌套使用,假设在集合中有如下一个记录：

```
1.  {
2.    "root": {
3.      "Objects": [
4.        { "numbers": [10, 20, 30] },
5.        { "numbers": [50, 60, 70] }
6.      ]
7.    }
8.  }
```

找出集合中所有满足 root.Objects 字段数组的第二项 numbers 字段的第三项等于 70 的记录：
代码如下：

```
1.  db.collection('todos').where({
2.    'root.Objects.1.numbers.2': 70
3.  }).get()
```

指定下标并不是必需的,举例来讲,可以找出集合中所有的满足 root.Objects 字段数组中任意
一项的 numbers 字段包含 30 的记录,其代码如下：

```
1.  db.collection('todos').where({
2.    'root.Objects.numbers': 30
3.  }).get()
```

更新操作类似,若想更新_id 为 test 的 root.Objects 字段数组的第二项的 numbers 字段的第三
项为 80,可通过如下代码实现：

```
1.  db.collection('todos').doc('test').update({
2.    data: { 'root.Objects.1.numbers.2': 80 },
3.  })
```

14.4.2 联表查询

1. 聚合查询

聚合是一种数据批处理的操作。聚合操作可以将数据分组(或者不分组,即只有一组/每个记录都是一组),然后对每组数据执行多种批处理操作,最后返回结果。有了聚合能力,可以方便地解决很多没有聚合能力时无法实现或只能低效实现的场景。这类场景的例子有:

(1)分组查询。比如按图书类别获取各类图书的平均销量,这对关系型数据库就是一个 groupBy + avg 的操作,但在现有能力下因没有分组和求统计值的能力,因此只能全量取数据后统计,既增加大量网络流量和延时又对本地算力和性能有较大消耗。

(2)只取某些字段的统计值或变换值返回。比如假设图书集合中每个图书记录中存放了一个数组字段代表每月销量,而此时想要获取每个图书的月平均销量,即希望取数组字段的平均值而不希望取多余数据再本地计算,这种场景下不使用聚合是无法实现的。

(3)流水线式分阶段批处理。比如求各图书类别的总销量最高的作者和最低的作者的操作,就涉及先分组、再排序、再分组的分阶段的批处理操作,这种场景也是需要聚合能力才能完成的。

(4)获取唯一值(去重)。比如获取某个类别的图书的所有作者名,需去掉重复的记录。

以下是一个最简的分组查询示例:

```
1.  const db = wx.cloud.database()
2.  const $ = db.command.aggregate
3.  db.collection('books').aggregate()
4.    .group({
5.      //按 category 字段分组
6.      _id: '$category',
7.      //让输出的每组记录有一个 avgSales 字段,其值是组内所有记录的 sales 字段的
8.      //平均值
9.      avgSales: $.avg('$sales')
10.   })
11.   .end()
```

上述代码首先将 books 集合的数据按 category 字段分组(分组后每组成为一个记录,_id 为分组所依据的字段值,其他字段都是统计值),然后分别取组内的 sales 字段的平均值。

2. lookup

使用 lookup 阶段可以完成联表查询,与同一个数据库下的一个指定的集合进行 left outer join(左外连接)。对该阶段的每一个输入记录,lookup 会在该记录中增加一个数组字段,该数组是被联表中满足匹配条件的记录列表。lookup 会将连接后的结果输出到下个阶段。

lookup 有两种使用方式,分别是:

- 相等匹配。
- 自定义连接条件、拼接子查询。

对于相等匹配,其对应的伪 SQL 语句类似于:

```
SELECT *, <output array field>
FROM collection
WHERE <output array field> IN (SELECT * FROM <collection to join>
                               WHERE <foreignField> = <collection.localField>);
```

将输入记录的一个字段和被连接集合的一个字段进行相等匹配时,采用以下定义:

```
1.  lookup({
2.    from: <要连接的集合名>,
3.    localField: <输入记录的要进行相等匹配的字段>,
4.    foreignField: <被连接集合的要进行相等匹配的字段>,
5.    as: <输出的数组字段名>
6.  })
```

对于自定义连接条件、拼接子查询,其对应的伪 SQL 相当于:

```
SELECT *, <output array field>
FROM collection
WHERE <output array field> IN (SELECT <documents as determined from the pipeline>
                               FROM <collection to join>
                               WHERE <pipeline> );
```

如果需要指定除相等匹配之外的连接条件,或指定多个相等匹配条件,或需要拼接被连接集合的子查询结果,则可以使用如下定义:

```
1.  lookup({
2.    from: <要连接的集合名>,
3.    let: { <变量1>: <表达式1>, ..., <变量n>: <表达式n> },
4.    pipeline: [ <在要连接的集合上进行的流水线操作> ],
5.    as: <输出的数组字段名>
6.  })
```

14.5　本章小结

本章主要讲解了云开发数据库的基本概念、数据类型以及其权限控制的两种方式,并针对一些复杂查询给出了示例代码。

第15章

云函数及其调试

本章学习目标
- 熟悉云函数新建、部署和调用等过程。
- 学会云函数的常见操作，如调用数据库、调用存储以及调用其他云函数等。
- 学会如何调试云函数，能够使用简单的云端测试等。

15.1　云函数基础

视频讲解

15.1.1　配置云函数本地目录

在项目根目录中可以看到 project.config.json 文件，在其中定义 cloudfunctionRoot 字段，指定本地已存在的目录作为云函数的本地根目录。

15.1.2　新建 Node.js 云函数

在云函数根目录上右击，在弹出的快捷菜单中可以选择创建一个新的 Node.js 云函数，开发者工具在本地创建出目录和文件，同时在线上环境中创建出对应的云函数。一个完整的云函数包括以下几个组成部分：

（1）云函数目录。以云函数名字命名的目录，存放该云函数的所有代码。

（2）index.js。云函数入口文件，云函数被调用时实际执行的入口函数是 index.js 中导出的 main 方法。

（3）package.json。npm 包定义文件，其中默认定义了最新 wx-server-sdk 依赖。

云函数创建成功后，开发者工具会提示是否为该云函数立即安装本地依赖，即 wx-server-sdk，若选择是，则工具会开启终端执行 npm install。

15.2　wx-server-sdk 初始化

云函数属于管理端,在云函数中运行的代码拥有不受限的数据库读写权限和云文件读写权限。需特别注意,云函数运行环境即是管理端,与云函数中的传入的 openid 对应的微信用户是否是小程序的管理员或开发者无关。

云函数中使用 wx-server-sdk 需在对应云函数目录下安装 wx-server-sdk 依赖,在创建云函数时会在云函数目录下默认新建一个 package.json 文件并提示用户是否立即本地安装依赖。云函数的运行环境是 Node.js,因此在本地安装依赖时需先安装 Node.js,并在环境变量中配置好 node 和 npm。若不本地安装依赖,可以用命令行在该目录下运行:

```
npm install -- save wx - server - sdk@latest
```

在云函数中调用其他 API 前,同小程序端一样,需先执行一次初始化方法:

```
1.  const cloud = require('wx - server - sdk')
2.  //给定字符串环境 ID: 接下来的 API 调用都将请求到环境 some - env - id,
3.  //若 env 值为 DYNAMIC_CURRENT_ENV 常量,则接下来的 API 调用都将请求到与
4.  //该云函数当前所在环境相同的环境
5.  cloud.init({
6.    env: 'some - env - id'
7.  })
```

15.3　云函数的常见操作

15.3.1　调用数据库

若 JSON 数据库中存在一个 todos 集合,获取 todos 集合数据的方式如下:

```
1.  const cloud = require('wx - server - sdk')
2.  cloud.init({
3.    env: cloud.DYNAMIC_CURRENT_ENV
4.  })
5.  const db = cloud.database()
6.  exports.main = async (event, context) => {
7.  // collection 的 get 方法会返回一个 Promise,云函数在数据库异步取完数据后返回结果
8.    return db.collection('todos').get()
9.  }
```

15.3.2　调用存储

上传包含在云函数目录中的名为 demo.jpg 的图片文件,其示例代码如下:

```
1.   const cloud = require('wx - server - sdk')
2.   const fs = require('fs')                    // fs 为处理文件的模块
3.   const path = require('path')
4.   cloud.init({
5.     env: cloud.DYNAMIC_CURRENT_ENV
6.   })
7.   exports.main = async (event, context) => {
8.     const fileStream = fs.createReadStream(path.join(__dirname, 'demo.jpg'))
9.     // __dirname 的值是云端云函数代码所在目录
10.    return await cloud.uploadFile({
11.      cloudPath: 'demo.jpg',
12.      fileContent: fileStream,
13.    })
14.  }
```

15.3.3　调用其他云函数

若要在云函数中调用另一个云函数 sum 并返回结果,代码如下所示:

```
1.   const cloud = require('wx - server - sdk')
2.   cloud.init({
3.     env: cloud.DYNAMIC_CURRENT_ENV
4.   })
5.   exports.main = async (event, context) => {
6.     return await cloud.callFunction({
7.       name: 'sum',
8.       data: { x: 1, y: 2, }
9.     })
10.  }
```

15.4　云开发调试

视频讲解

15.4.1　云函数云端测试

云函数最便捷的调试是云端测试,云端测试直接向云函数接口发起请求,在请求的模板中输入云函数需要接收的参数,保证 key 和 value 的正确性。打开"云开发面板"的云函数列表,选择云端测试,具体测试步骤如图 15-1 所示。

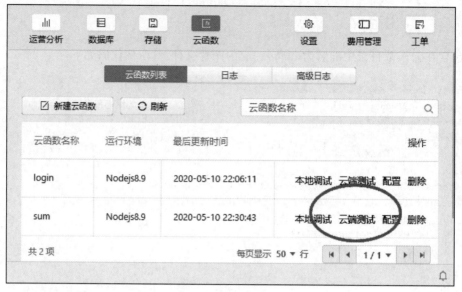

(a) 选择云端测试

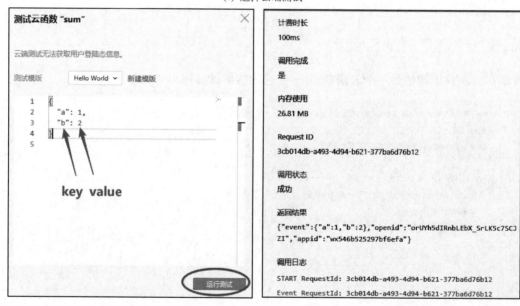

(b) 填写正确的参数与值　　　　　　　　　(c) 返回结果

图 15-1　云端测试步骤

15.4.2　Network 面板

　　微信开发者工具 1.02.1905302 及基础库 2.7.1 起,在小程序 Network 面板中会显示云开发请求,包含 cloud 请求,这里会展示实际请求的环境 ID、请求体、JSON 回包、耗时及调用堆栈等信息,如图 15-2 所示。

(a) 调试器Network面板显示云开发请求

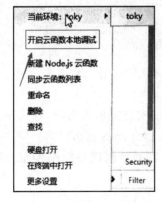

(b) 请求返回的数据

图 15-2　**Network 面板显示云开发请求详细信息**

15.4.3　开启云函数本地调试

1. 开启本地调试

除了在 Network 面板中查看云函数请求运行情况与返回数据外，还可以采用云函数本地调试。在云函数目录中选择"开启云函数本地调试"命令，如图 15-3 所示。

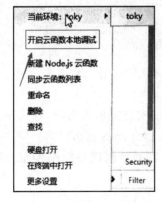

(a) 选择"开启云函数本地调试"命令

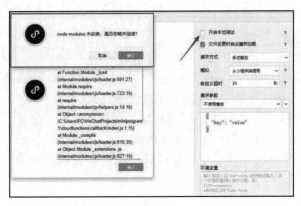

(b) 本地调试窗口

图 15-3　**开启云函数本地调试步骤**

2. 配置 Node 环境

打开云函数本地调试窗口,勾选右边的"开启本地调试"选项,会提示安装依赖包,这是因为云函数要运行不能缺少 JS 的框架,如 Node.js 依赖。若想在本地调试,必须使本地机和云端服务器配置一样,也安装这些依赖模块。微信开发工具安装时默认下载了 Node 的环境,如图 15-4 所示。

(a) 云开发本地调试窗口设置要使用的Node环境目录

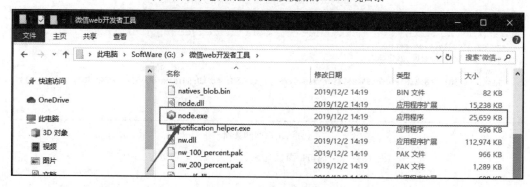

(b) 微信开发工具安装目录

图 15-4 配置 Node 环境

为了便于在命令行中进入云函数目录,使用 npm install 命令安装依赖包,将 node.exe 所在的路径添加到计算机的系统环境变量中。其他版本的 Node.js 依赖下载地址为 https://nodejs.org/en/download/。

右击某个云函数目录,在弹出的快捷菜单中选择"在终端中打开"命令,在终端中输入命令:

```
npm install
```

npm 是随同 Node.js 一起安装的包管理工具,能解决 Node.js 代码部署上的很多问题。给名为 openapi 的云函数安装依赖的步骤如图 15-5 所示。

若要本地调试所有云函数,须依次打开每个云函数安装依赖。安装完依赖后,可在云函数本地调试窗口看到与小程序前端类似的 Console 面板,也包括 Sources、Network 面板等,并且在 Sources 面板中也能像 4.1.8 节中那样进行云函数代码的断点调试。开启本地调试的操作界面如图 15-6 所示。

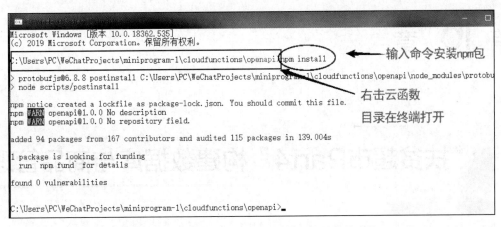

图 15-5　给名为 openapi 的云函数安装依赖的步骤

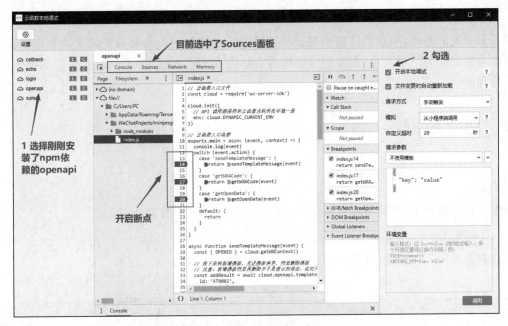

图 15-6　开启本地调试操作界面

15.5　本章小结

本章主要围绕云函数展开讲解,首先讲解了云函数的基础与函数新建,接着讲解了云函数中重要的初始化内容。云函数的常见操作有调用数据库、调用存储等,学完本章后要能基本熟悉云函数中 JS 语法书写。

最后一部分讲解了云函数的几种调试方式,最简单的是云端测试,但是由于 JS 语法受限,可能不能很清晰地返回错误信息,因此在大型项目中往往需要开启云函数本地调试,本地调试需要配置 Node 环境并安装 npm 依赖。

第 16 章

"扶贫超市Part4"构建数据库与商品管理

有了云开发的基础,本章将搭建扶贫超市项目的后台部分。后台最重要的是数据库的搭建,在小程序中一张表称为一个集合,需要结合项目的实际需求进行数据库的开发,并注意数据库表读写权限的管理等。

16.1 建立数据库

视频讲解

16.1.1 表结构设计

根据项目功能需求,扶贫超市数据库需要建立 12 张表,下面分别介绍。

1. 用户表 user

用户表主要用于存储用户信息,其字段类型与详细说明如表 16-1 所示。

表 16-1　user 表字段类型与详细说明

字　　段	类　　型	说　　明
_id	string	默认创建
openid	string	用户的 openid
lastLoginTime	string	上一次登录的时间
lastLoginIP	string	上一次登录的 IP
status	number	标明用户状态:1 启用;0 禁用
defaultAddress	string	默认收货地址(收货地址的 id)

2. 商品表 goods

商品表主要用于保存商品基本信息,其字段类型与详细说明如表 16-2 所示。

表 16-2 goods 表字段类型与详细说明

字 段	类 型	说 明
_id	string	商品 ID,默认创建
name	string	商品名称
price	number	商品价格
storage	number	商品现有库存
sales	number	销售量
classifyId	string	分类 ID
stars	number	收藏数
score	number	评分(0～10),默认为 0
addTime	string	上架时间
status	number	商品状态:1 在售;0 表示下架或已售完
specification	string	规格,如重量等
iconUrl	string	商品图标地址

3. 商品介绍表 goods_introduce

商品介绍表主要用于商品图片展示,其字段类型与详细说明如表 16-3 所示。

表 16-3 goods_introduce 表字段类型与详细说明

字 段	类 型	说 明
goodsId	string	商品 ID
imagesUrl	array(string)	商品介绍图片链接数组
text	string	商品介绍文本

4. 购物车表 cart

购物车表用于保存用户添加的购物车信息,其字段类型与详细说明如表 16-4 所示。

表 16-4 cart 表字段类型与详细说明

字 段	类 型	说 明
openId	string	用户的 openid
goodsId	string	商品 ID
amount	number	商品数量
addTime	string	加入购物车的时间
clearTime	string	删除或清空(结算)的时间
status	number	订单状态:0 已取消;1 已创建未支付;2 已支付待发货;3 已发货待收货;4 已完成

5. 订单表 order

订单表用于保存订单信息,其字段类型与详细说明如表 16-5 所示。

表 16-5　order 表字段类型与详细说明

字　　段	类　　型	说　　明
orderId	string	订单 ID(由时间戳、openid 等信息生成，唯一)
openId	string	订单所属用户的 openid
createTime	string	订单创建的时间
delivery	number	取货方式：0 表示送货；1 表示自提；2 表示邮寄
deliveryInfo	string	邮寄时填写快递单号，送货时填写送货员 id
deliveryPrice	number	派送费
payTime	string	订单支付的时间
finishTime	string	订单结束的时间
status	number	标明送货员状态：1 表示启用；0 表示禁用。默认为 1
salesId	string	送货员的 openid
orderPrice	number	订单总价(包括派送费)
addressid	string	地址 ID
wxPayId	string	微信支付订单号

6. 管理员表 admin

管理员表仅保存用户的 openId 字段，其字段类型与详细说明如表 16-6 所示。

表 16-6　admin 表字段类型与详细说明

字　　段	类　　型	说　　明
openId	string	管理员用户的 openid

7. 用户收货地址表 address

用户收货地址表用于保存用户的地址信息，其字段类型与详细说明如表 16-7 所示。

表 16-7　address 表字段类型与详细说明

字　　段	类　　型	说　　明
openId	string	用户 openid
name	string	收货人名字
phone	string	收货人手机号
postCode	string	邮政编码
province	string	省份
city	string	城市
detailInfo	string	详细地址
status	number	标明地址状态：1 启用；0 禁用。默认为 1

8. 订单-商品表 order_goods

订单-商品表主要管理订单明细，其字段类型与详细说明如表 16-8 所示。

表 16-8   order_goods 表字段类型与详细说明

字　　段	类　型	说　　明
orderId	string	订单 ID
goodsId	string	商品 ID
amount	number	商品数量
goodsPrice	number	商品总价(商品价格×数量)

9. 分类表 category

分类表用于保存商品分类与分类 ID 的对应情况,其字段类型与详细说明如表 16-9 所示。

表 16-9   category 表字段类型与详细说明

字　　段	类　型	说　　明
cateName	string	分类名
categoryId	number	分类的 ID

10. 收藏信息表 stars

收藏信息表用于保存用户收藏的信息,其字段类型与详细说明如表 16-10 所示。

表 16-10   stars 表字段类型与详细说明

字　　段	类　型	说　　明
openId	string	用户的 openid
goodsId	string	商品 ID
starTime	string	收藏时间
deleteTime	string	从收藏中删除的时间
status	number	消息状态:0 已删除;1 已读;2 未读(默认)
senderOpenId	string	发信用户的 openid

11. 配送员表 deliveryman

配送员表主要存储配送员的基本信息,其字段类型与详细说明如表 16-11 所示。

表 16-11   deliveryman 表字段类型与详细说明

字　　段	类　型	说　　明
_id	string	送货员 ID
name	string	送货员姓名
phone	string	送货员手机号
score	number	送货员评分
orderCount	number	送货员订单完成量
status	number	标明送货员状态:1 表示启用;0 表示禁用默认为 1
openId	string	送货员的 openid

12. 消息表 message

消息表用于存储用户端接收到的消息,其字段类型与详细说明如表 16-12 所示。

表 16-12　message 表字段类型与详细说明

字 段	类 型	说 明
receiverOpenId	string	收信用户的 openid
message	string	消息内容
receiveTime	string	收到的时间
readTime	string	阅读的时间
deleteTime	string	删除的时间
status	number	标明消息的状态:0 表示已删除;1 表示已读;2 表示未读。默认为 2
senderOpenId	string	发信用户的 openid

16.1.2　添加集合

根据 16.1.1 节设计的表结构,在云开发后台添加集合,如图 16-1 所示。

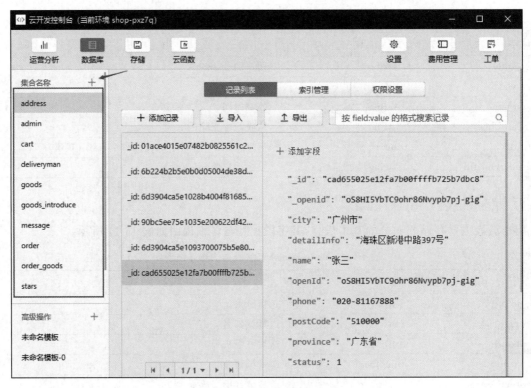

图 16-1　添加集合

16.2 用户与管理员身份的登录判断

云开发后台设置 user 表与 admin 表,可以通过用户的 openid 去查询两张表,以确定用户身份,在程序启动时进行判断,并跳转到不同的界面。上述逻辑函数都写在了 app.js 文件中进行调用。

16.2.1 获取 openid 的方法

可参考 13.5 节云开发之用户管理案例中获取 openid 的方法(调用自动创建的 login 云函数),其代码如下:

```
1.  //app.js 文件
2.  /* 获取 openid 的方法 */
3.   getOpenId: function () {
4.     cloud.init();                    //云函数初始化
5.     //获取 openid
6.     cloud.callFunction({
7.       name: "login",
8.       success: res => {
9.         this.globalData.userInfo.openId = res.result.openid; //设置全局 openid
10.        this.isAdmin();              //调用 isAdmin 函数判断是否为管理员
11.      },
12.      fail: err => {
13.        console.log(err);
14.        wx.showModal({ title: '提示', content: '获取用户信息失败,请重试', })
15.      },
16.      vcomplete: () => { }
17.    });
18.  },
```

16.2.2 判断是否为管理员

```
1.  isAdmin: function () {
2.     var that = this;
3.     //通过 openid 获取 admin 表中的数据
4.     this.getDBPromise({
5.       db_name: this.DB_NAME.db_admin,
6.       entity: {
7.         openId: this.globalData.userInfo.openId
8.       }
9.     }).then(res => {
10.      wx.hideLoading();
11.      if (res.data.length > 0) {
12.        this.globalData.isAdmin = true;
```

```
13.          //跳转到admin管理界面
14.          wx.showModal({ title: '提示', content: '检测到您是管理员,是否跳转到管理页面?',
15.            success: function (res) {
16.              if (res.confirm) {
17.                console.log("跳转到管理页面");
18.                wx.redirectTo({ url: '/pages/admin/index/index' })
19.              } else if (res.cancel) {
20.                    setTimeout(wx.switchTab, 500, ({ url: "/pages/index/index", }));
21.              }
22.            },
23.            fail: function (res) { console.error(res) },
24.          })
25.        } else {
26.          that.isNewUser();
27.        }
28.      })
29.    },
```

16.2.3 判断是否为新用户

```
1.   /* 判断是否为新用户 */
2.   isNewUser: function () {
3.     //通过 openid 获取 admin 表中的数据
4.     this.getDBPromise({                          //封装的数据库查询的方法
5.       db_name:'user',
6.       entity: {
7.         openId: this.globalData.userInfo.openId
8.       }
9.     }).then(res => {
10.      var userInfo = {
11.        openId: null,
12.        lastLoginTime: "" + new Date().getTime(),
13.        lastLoginIP: null,
14.        status: 1,
15.        defaultAddress: null,
16.      };
17.      if (res.data.length == 0) {                //是新用户,给新用户添加记录
18.        //获取用户信息
19.        userInfo.lastLoginTime = new Date().getTime() + "";
20.        userInfo.openId = this.globalData.userInfo.openId;
21.        userInfo.status = 1;
22.        userInfo.defaultAddress = this.globalData.userInfo.defaultAddress;
23.        userInfo.lastLoginIP = this.globalData.ip;
24.        //添加新用户信息
25.        wx.cloud.database().collection(this.DB_NAME.db_user).add({
26.          data: userInfo
```

```
27.    }).then(res => {                                  //隐藏登录提示框并跳转到主页面
28.      wx.hideLoading();
29.      wx.showToast({ title: '登录成功', icon: 'success', });
30.      setTimeout(wx.switchTab, 500, ({ url: "/pages/index/index", }));
31.    });
32.  } else {
33.    userInfo = this.globalData.userInfo = res.data[0];
34.    //更新用户信息
35.    userInfo.lastLoginTime = new Date().getTime() + "";
36.    wx.cloud.init();
37.    wx.cloud.database().collection(this.DB_NAME.db_user).doc(
38.      userInfo._id
39.    ).update({
40.      data: {
41.        lastLoginTime: userInfo.lastLoginTime,
42.        lastLoginIP: this.globalData.ip
43.      }
44.    }).then(res => {
45.    //用户信息更新成功
46.    }).catch(err => { console.log("update :" + err); });
47.    wx.hideLoading();                                  //隐藏登录提示框并跳转到主页面
48.    wx.showToast({ title: '登录成功', icon: 'success', });
49.    setTimeout(wx.switchTab, 500, ({
50.      url: "/pages/index/index",
51.    }));
52.    }
53.  }).catch(err => { console.log("getDBPromise: " + err); });
54. },
```

其中第 4 句代码的 getDBPromise 函数如下所示：

```
1.  /* 数据库查询操作 */
2.  getDBPromise(e) {
3.    var db_name = e.db_name;
4.    var entity = e.entity;
5.    const db = wx.cloud.database();
6.    return db.collection(db_name).where(entity).get();
7.  }
```

16.2.4 实现效果

首先在云开发后台的 admin 表中添加个人的 openid，如图 16-2 所示。
保存代码后重启模拟器，可以看到实现效果如图 16-3 所示。

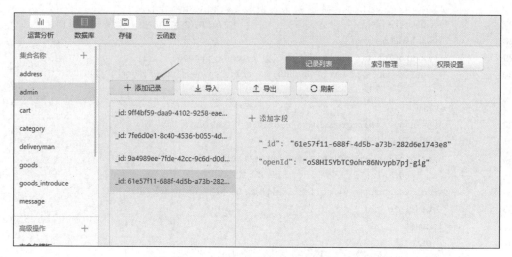

图 16-2　添加管理员 openid 记录

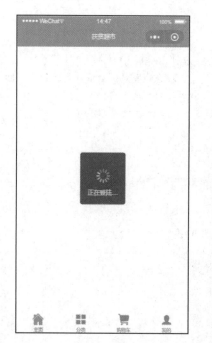

图 16-3　用户与管理员身份的登录判断实现效果

视频讲解

16.3　添加商品

16.3.1　添加商品效果展示

　　页面的 UI 与样式设计已在第 12 章完成。点击管理员首页底部的"添加商品"按钮,进入商品添加页面,添加商品的商品名、描述、规格、分类、状态、价格等,输入完成后点击"提交"按钮,最终实现效果如图 16-4 所示。

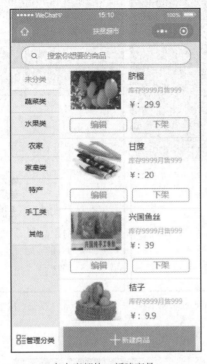

(a) 点击底部的 "新建商品"

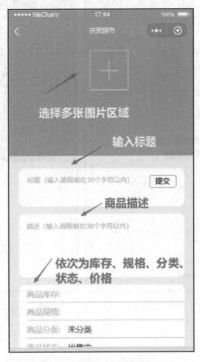

(b) 进入商品添加页面

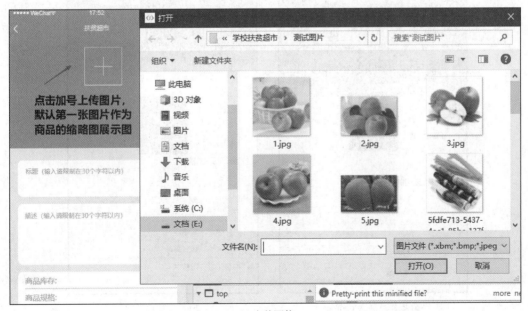

(c) 上传图片

图 16-4 添加商品运行效果

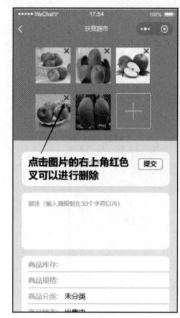

(d) 图片删除

(e) 分类等信息的pickerview组件

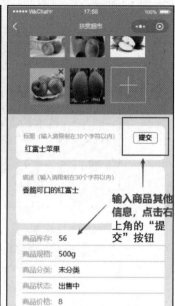

(f) 点击"提交"按钮

(g) 操作反馈之loading

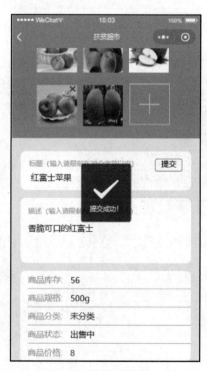

(h) 提交成功反馈

图 16-4 （续）

图 16-4 所示的添加商品页面中,重点是商品图像的批量上传与商品信息的提交,关于商品图片的上传可参见第 22 章,在学完小程序 API 的使用后,关于商品图片上传会进行详细讲解,本节重点是商品其他信息的提交以及如何向数据库插入记录的操作。

16.3.2 WXML 页面代码

1. 图片选择区域

首先是关于图片选择区域,代码如下:

```
1.  <!-- miniprogram/pages/admin/goodsAdd/index.wxml 图片区域 -->
2.  <view class = 'container'>
3.    <view class = 'page - body'>
4.      <view class = 'demo - box'>
5.        <view class = "images - box">
6.          <view class = "images - box - content">
7.            <block wx:for = "{{imageList}}" wx:for - item = "image">
8.              <view class = "image - item">
9.                <!-- 图片右上角的删除小红叉 -->
10.                 <image src = "../../../images/delete - img.png" id = "{{index}}"
    class = "delete - img" data - idx = "{{index}}" bindtap = "removeImage"></image>
11.                 <image class = "img" src = "{{image}}" data - src = "{{image}}"
    bindtap = "handleImagePreview"></image>
12.               </view>
13.             </block>
14.           </view>
15.           <!-- 图片的选择框 在图片张数大于 6 时不显示 -->
16.           <view class = "choose - box" wx:if = '{{listLength < 6}}'>
17.             <view class = "choose - box - item" bindtap = "chooseImage"></view>
18.           </view>
19.         </view>
20.       </view>
21.     </view>
22.  </view>
```

2. 表单区域

表单区域代码如下:

```
1.  <!-- miniprogram/pages/admin/goodsAdd/index.wxml 表单区域 -->
2.  <form bindsubmit = "addGoods">
3.    <view class = "goodInfo - view">
4.      <view class = "goodname">
5.        <view class = "goodname - item1">
6.          <view class = "hint">标题(输入请限制在 30 个字符以内)</view>
7.          <view class = "editbtn"> <button formType = "submit">提交</button> </view>
8.        </view>
```

```
 9.          < view class = "goodname − item2"> < input name = "name"></input > </view >
10.     </view >
11.     < view class = "otherInfo" style = "height:250rpx">
12.         < view class = "good − description">
13.             < view class = "hint">描述(输入请限制在 30 个字符以内)</view >
14.             < textarea name = "description" />
15.         </view >
16.     </view >
17.     < view class = "otherInfo">
18.         < view class = "otherInfo − item"> < text > 商品库存:</text >
19.             < input name = "storage"></input >
20.         </view >
21.         < view class = "otherInfo − item"> < text > 商品规格:</text >
22.             < input name = "specification"></input >
23.         </view >
24.         < view class = "otherInfo − item">
25.             < text > 商品分类:</text >
26.             < picker range = "{{categoriesArray}}" bindchange = "categoriesArrayChange"
        value = "{{categoriesArrayIndex}}" mode = "selector">
27.                 < view >{{categoriesArray[categoriesArrayIndex]}}</view >
28.             </picker >
29.         </view >
30.         < view class = "otherInfo − item"> < text > 商品状态:</text >
31.             < picker range = "{{goodStatus}}" bindchange = "goodStatusChange"
        value = "{{goodStatusIndex}}" mode = "selector">
32.                 < view >{{goodStatus[goodStatusIndex]}}</view >
33.             </picker >
34.         </view >
35.         < view class = "otherInfo − item"> < text > 商品价格:</text >
36.             < input style = "color:red" name = "price">￥</input >
37.         </view >
38.     </view >
39.   </view >
40. </form >
```

16.3.3　JS 逻辑代码

1. 小程序端 addGoods 函数

输入完成后,点击"提交"按钮,触发 addGoods 函数,该函数首先收集表单内的数据,检查表单数据的有效性,然后调用 addGoods 云函数向 goods 表中插入一条记录,而后在上传完一张作为商品缩略图的图片后,再调用 upDate 云函数进行更新操作,向刚才的记录中新建包括 iconUrl 在内的其他字段。

```
1.   /* 新增商品 */
2.   addGoods(e) {
3.     var that = this
4.     //获取表单中的数据
5.     var _description = e.detail.value.description
6.     var _name = e.detail.value.name
7.     var _price = e.detail.value.price
8.     var _specification = e.detail.value.specification
9.     var _storage = e.detail.value.storage
10.    var _category = that.data.categoriesArray[that.data.categoriesArrayIndex]
11.    var _goodStatus = that.data.goodStatusIndex  //商品状态,为1代表出售中
12.    if (this.checkValidate(_description, _name, _price, _specification, _storage, _category,
       _goodStatus)) { //调用自定义函数 checkValidate 检查表单数据的有效性
13.      const db = wx.cloud.database();
14.      let promise = new Promise(function (resolve, reject) {
15.        wx.cloud.callFunction({
16.          name: 'addGoods', //调用 addGoods 云函数往 goods 表新增一条记录
17.          data: {
18.            name: e.detail.value.name,
19.            price: parseFloat(e.detail.value.price),
20.          },
21.          success: function (res) {
22.            that.data.goodsId = res.result._id  //得到商品唯一 id
23.            //省略上传一张商品缩略图片的代码,详情请见本书第 22 章
24.          }
25.        })
26.      })
27.      promise.then(res => {
28.        let promise2 = new Promise(function (resolve, reject) {
29.          //省略上传其他商品展示图片的代码,详情请见本书第 22 章
30.        })
31.        promise2.then(res => {
32.          wx.cloud.callFunction({
33.            name: 'addGoodsIntro',          //调用 addGoodsIntro 更新 goods_introduce 表,
34.                                            //主要保存商品展示图片的 URL
35.            data: {
36.              _id: that.data.goodsId,
37.              text: e.detail.value.description,
38.              images: that.data.imageList
39.            },
40.            success: function (res) {
41.              wx.hideLoading()
42.              //上传图片成功
43.            }
44.          })
45.        })
46.      })
47.    } else {
48.      //提示用户检查表单输入
49.    },
```

2. addGoods 云函数

addGoods 云函数用于向 goods 表插入一条记录,添加的字段有商品的名称(name)与商品价格(price)。

```
1.   // addGoods 云函数入口文件
2.   const cloud = require('wx - server - sdk')
3.   cloud.init()
4.   const db = cloud.database()
5.   //云函数入口函数
6.   exports.main = async(event, context) => {
7.     var name = event.name
8.     var price = event.price
9.     return await db.collection('goods').add({
10.      data:{ name: event.name, price: event.price }
11.    })
12.
```

视频讲解

16.4　修改商品信息

16.4.1　修改商品信息效果展示

修改商品页面与添加商品页面的 UI 几乎一致,在管理员首页点击要修改商品的"编辑"按钮进入修改页面,刚进入该页面所有的编辑操作都禁用了,需要点击"编辑"按钮才解除。这时可以进行图片的添加与删除,以及其他文字的编辑、分类的修改等。完整的操作过程如图 16-5 所示。

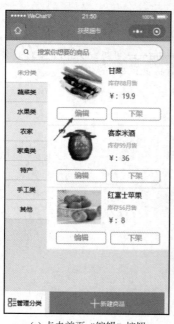

(a) 点击首页 "编辑" 按钮

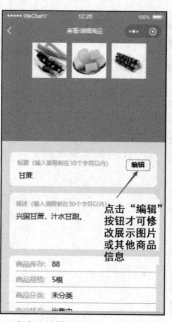

(b) 点击 "编辑" 按钮方可修改信息

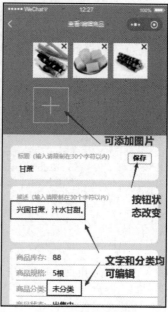

(c) 修改说明

图 16-5　修改商品信息操作过程

 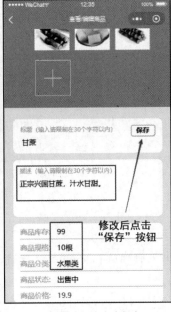 

(d) 图片上传张数限制 　　　(e) 修改完成点击保存 　　　(f) 更新数据库后给出提示信息

图16-5　修改商品信息操作过程

16.4.2　WXML页面说明

修改商品信息的页面和添加商品完全一致,不同点是首先通过商品 ID 获得了该商品的详细信息,并对图片选择以及输入框的可编辑属性 disable 进行了控制,部分代码如下所示:

```
1.  <!-- miniprogram/pages/admin/goodsEdit/index.wxml 图片选择部分 -->
2.  <view class = "backgroundBar"></view>
3.  <view class = 'container'>
4.    <include src = '../../commons/header.wxml' />
5.    <view class = 'page - body'>
6.     <view class = 'demo - box'>
7.      <view class = "images - box">
8.       <view class = "images - box - content">
9.        <block wx:for = "{{imageList}}" wx:for - item = "image">
10.        <view class = "image - item">
11.        <!-- 当 isDisabled 为 false 时代表可编辑 wx:if 控制图片右上角的删除叉 -->
12.        <image src = "../../../images/delete - img.png" wx:if = "{{!isDisabled}}"
    id = "{{index}}" class = "delete - img" data - idx = "{{index}}" bindtap = "removeImage"></image>
13.          <image class = "img" src = "{{image}}" data - src = "{{image}}"
    bindtap = "handleImagePreview"></image></view>
```

```
14.              </block>
15.            </view>
16.          < view class = "choose - box" wx:if = '{{listLength < 6&&! isDisabled}}'>
17.            < view class = "choose - box - item" bindtap = "chooseImage"></view>
18.          </view>
19.        </view>
20.      </view>
21.    </view>
22. </view>
```

16.4.3　JS 逻辑代码

1. onLoad 函数

商品编辑页在 onLoad 函数中接收从管理员 index 页传入的商品 ID,并利用 id 在 getGoodInfoById 函数中查询商品的信息,其代码如下:

```
1.  onLoad(options) {
2.      var goodId = options.id              //接收从商品管理页面传入的商品 ID
3.      this.setData({ goodsId: goodId })
4.      this.getAllCategories()
5.      this.getGoodInfoById(goodId)
6.    },
```

2. getGoodInfoById 函数

在页面加载时调用了 getGoodInfoById 函数,函数分别用 where 关键字查询了 goods 与 goods_introduce 两张表,并获得了商品基本信息与详细信息,其代码如下:

```
1.  /* 通过商品名获取商品信息 */
2.   getGoodInfoById(goodId) {
3.    var that = this
4.    const db = wx.cloud.database();              //初始化数据库
5.    db.collection("goods").where({ _id: goodId }).get().then(res => {
6.      that.setData({
7.        "name": res.data[0].name,
8.        "price": res.data[0].price,
9.        "storage": res.data[0].storage,
10.       "status": res.data[0].status,
11.       'goodStatusIndex': res.data[0].status,
12.       "specification": res.data[0].specification,
13.       "goodsClassify": res.data[0].classify,
14.       "description": res.data[0].description
```

```
15.        })
16.        db.collection("goods_introduce").where({ goodsId: goodId }).get().then(res => {
17.          that.data.imagesOldLen = res.data[0].imagesUrl.length
18.          that.setData({
19.            "text": res.data[0].text,
20.            "imageList": res.data[0].imagesUrl,
21.            "listLength": res.data[0].imagesUrl.length
22.          })
23.        })
24.      })
25.    },
```

3. getInfo 函数

管理员修改完商品信息后,点击修改页的"保存"按钮将触发 getInfo 函数。首先弹出 Modal 弹窗提示管理员是否确认修改,确认后将收集 WXML 代码中 form 表单的数据,在检验完表单数据的有效性后开始调用云函数进行数据库的更新操作,需要更新 goods 与 goods_introduce 两张表。getInfo 函数代码如下:

```
1.   /* 表单收集信息 上传数据 */
2.   getInfo(e) {
3.     var that = this
4.     //获取表单中的数据
5.     wx.showModal({ title: '提示', content: '确认修改?',
6.       success: function (res) {
7.         if (res.confirm) {
8.           wx.showLoading({ title: '请稍后....', mask: true, duration:3000 })
9.           var _description = e.detail.value.description
10.          var _name = e.detail.value.name
11.          var _price = e.detail.value.price
12.          //省略表单中其他数据的获取,如_specification,_storage 等
13.          if (that.checkValidate(_description, _name, _price, _specification, _storage,
     _category, _goodStatus)) {                    //检查数据有效性
14.            const db = wx.cloud.database()
15.            wx.showLoading({ title: '正在上传...', duration: 3000 })
16.            let promise = new Promise(function (resolve, reject) {
17.              //图片上传操作,省略,详情请见本书第 22 章
18.              promise.then(res => {
19.                wx.hideLoading()
20.                wx.cloud.callFunction({          //调用 upDate 云函数
21.                  name: 'upDate',
22.                  data: {
23.                    name: _name,
```

```
24.              price: parseFloat(_price),
25.              description: _description,
26.              storage: parseFloat(_storage),
27.              specification: _specification,
28.              _id: that.data.goodsId,
29.              status: _goodStatus,
30.              iconUrl: that.data.imageList[0],
31.              goodsClassify: _category,
32.            },
33.          })
34.          wx.cloud.callFunction({
35.            name: 'updateGoodsIntro',
36.            data: {
37.              _id: that.data.goodsId,
38.              text: e.detail.value.text,
39.              images: that.data.imageList
40.            },
41.            success: function (res) {
42.              wx.hideLoading();
43.              wx.showToast({ title: '修改成功!', icon: 'success', duration: 2000, })
44.            },
45.          })
46.        })
47.      } else {
48.        wx.hideLoading();
49.        wx.showToast({ title: '请检查表单!', icon: 'none', duration: 2000, })
50.      }
51.    }
52.  }
53.  })
54.  },
```

4. upDate 云函数

upDate 云函数主要进行 goods 表的更新,利用传入的商品 id 定位数据库中的商品记录,用传入的其他值对该记录进行更新。另外 updateGoodsIntr 云函数与这里的 upDate 逻辑基本一致,不再单独讲解。upDate 云函数具体代码如下:

```
1.  const cloud = require('wx-server-sdk')
2.  cloud.init()
3.  const db = cloud.database()
4.  exports.main = async(event, context) => {
```

```
5.     try {
6.       return await db.collection('goods').doc(event._id).update({
7.         data: { name: event.name, price: event.price,
8.           storage: event.storage, status: event.status,
9.           specification: event.specification,
10.          iconUrl: event.iconUrl, classify: event.goodsClassify,
11.          description: event.description, classifyId: parseInt(event.classifyId)
12.        }
13.      })
14.    } catch (e) {}
15.  }
```

16.5 删除商品

视频讲解

16.5.1 删除商品效果展示

在管理员点击"下架"按钮后会跳出弹窗提示是否确认删除,删除成功后跳出 Toast 提示,如图 16-6 所示。

(a) 点击"下架"按钮

(b) 确认删除

(c) 删除成功

图 16-6 删除商品效果展示

16.5.2　JS 逻辑函数

1. 小程序端

点击"下架"按钮后触发 deleteGoods 函数，首先使用 API 函数 wx.showModal 跳出弹窗提示管理员是否确认删除，在确认后调用 delGoods 云函数。小程序端 deleteGoods 函数代码如下所示：

```
1.   /* 删除(下架商品) */
2.   deleteGoods(e) {
3.     var that = this
4.     wx.showModal({ title: '提示', content: '您确定要删除该商品吗?删除后不可恢复',
5.       success: res => {
6.         if (res.confirm) {
7.           wx.showLoading({ title: '删除 ing', })
8.           wx.cloud.callFunction({
9.             name: "delGoods",
10.            data: { id: e.target.dataset.id, },
11.            success: res => { wx.hideLoading() wx.showToast({ title: '删除成功', })
12.              that.onShow()
13.            }
14.          })
15.        }
16.      }
17.    })
18.  }
```

2. 云函数 delGoods

云函数 delGoods 使用 remove 函数将 goods 表中的一条记录进行删除，值得一提的是，此处是为了教学效果才将记录真的删除，在后续项目实战中可看到多数地方的删除实际上是进行记录状态的更新，即使用 update 关键字。具体代码如下所示：

```
1.   const cloud = require('wx-server-sdk')
2.   cloud.init()
3.   const db = cloud.database()
4.   exports.main = async (event, context) => {
5.     try { return await db.collection('goods').doc(event.id).remove() } catch (e) { }
6.   }
```

16.6 本章小结

本章搭建扶贫超市项目的后台数据库部分,根据前期实际需求与功能设计在小程序云开发后台窗口添加了多个集合,并设计了数据库表读写权限。本章主要是针对管理员端对商品信息的增、删、改、查功能进行设计,要求熟练使用云开发中操作数据库的基本语句,在实际开发过程中还要注意表单验证,以及网络延迟时给用户友好的提示等细节。

第 **5** 篇

小程序的API

API 函数在第 10 章的组件学习中已经使用了很多，API 全称是 Application Programming Interface，即应用程序接口。API 函数是一些预先定义的函数，小程序底层架构中封装了一系列可直接调用系统服务执行某些功能的函数，使得开发者在开发某项功能时不需要自己编写底层实现代码，直接使用函数名传入参数调用即可。本篇在第 10 章的基础上，继续讲解开发小程序过程中会经常用到的一些 API 函数，包括网络请求、文件上传与下载中涉及的网络 API 等。

第17章

系统底层的基础API

本章学习目标

- 了解获取系统信息的 API 函数的使用。
- 学会两个定时器 API 的使用。
- 学会调试 API 函数的使用。

17.1 获取系统信息的 API

17.1.1 wx.getSystemInfo 与 wx.getSystemInfoSync

wx.getSystemInfo 与 wx.getSystemInfoSync 用于获取当前设备信息,后者是前者的同步版本,且两个 API 中 success 回调函数返回的系统信息一致。下面以 wx.getSystemInfo 为例介绍。

17.1.2 参数说明

wx.getSystemInfo 与 wx.getSystemInfoSync 函数的属性中主要是三个回调函数,如表 17-1 所示。

表 17-1 wx.getSystemInfo 的回调函数

属 性	类 型	是否必填	说 明
success	function	否	接口调用成功的回调函数
fail	function	否	接口调用失败的回调函数
complete	function	否	接口调用结束的回调函数

其中,success 函数返回的参数就是当前设备的具体信息,如表 17-2 所示。

表 17-2　wx. getSystemInfo 的回调函数 success 返回的系统信息

属　　性	类　　型	说　　明
brand	string	设备品牌
model	string	设备型号
pixelRatio	number	设备像素比
screenWidth	number	屏幕宽度，单位为 px
screenHeight	number	屏幕高度，单位为 px
windowWidth	number	可使用窗口宽度，单位为 px
windowHeight	number	可使用窗口高度，单位为 px
statusBarHeight	number	状态栏的高度，单位为 px
language	string	微信设置的语言
wifiEnabled	boolean	Wi-Fi 的系统开关
safeArea	object	在竖屏正方向下的安全区域
version	string	微信版本号
system	string	操作系统及版本
platform	string	客户端平台
fontSizeSetting	number	用户字体大小（单位为 px）。以微信客户端"我"→"设置"→"通用"→"字体大小"中的设置为准
SDKVersion	string	客户端基础库版本
benchmarkLevel	number	设备性能等级（仅 Android 小游戏）。取值为 −2 或 0（该设备无法运行小游戏）；−1（性能未知）；大于或等于 1（设备性能值。该值越高，设备性能越好，目前最高不到 50）
notificationSoundAuthorized	boolean	允许微信通知带声音的开关（仅 iOS）
bluetoothEnabled	boolean	蓝牙的系统开关
locationEnabled	boolean	地理位置的系统开关

17.2　定时器

　　JavaScript 是单线程语言，但是它可以通过设置超时值（timeout）和间歇时间值（interval）来指定代码在特定的时刻执行。超时值是指在指定时间之后执行代码，间歇时间值是指每隔指定的时间就执行一次代码。

17.2.1　属性说明

　　定时器的相关函数有 4 个，分别是 setInterval、setTimeout、clearInterval、clearTimeout。
　　（1）setInterval：设定定时器按指定周期执行的函数。其参数说明如表 17-3 所示。

表 17-3　setInterval 函数参数说明

参　　数	说　　明
function callback	要执行的回调函数
number delay	执行回调函数之间的时间间隔,单位为 ms
anyparams	还可以加上 N 个附加参数传递给回调函数

setInterval 函数返回值为定时器编号,这个值可以传递给 clearInterval 用于取消该定时。

（2）setTimeout：设定定时器延迟指定时间后执行的函数。其参数说明如表 17-4 所示。

表 17-4　setTimeout 函数参数说明

参　　数	说　　明
function callback	回调函数
number delay	延迟的时间,函数的调用会在该延迟之后发生,单位为 ms
anyparams	还可以加上 N 个附加参数传递给回调函数

setTimeout 函数返回值为定时器的编号,这个值可以传递给 clearTimeout 来取消该定时。

（3）clearInterval(number intervalID)：取消由 setInterval 设置的定时器,其参数 intervalID 即为要取消的定时器 ID,无返回值。

（4）clearTimeout（number timeoutID)：取消由 setTimeout 设置的定时器,其参数 timeoutID 即要取消的定时器 ID,无返回值。

17.2.2　定时器测试案例

1. 运行效果

本节实现定时器的测试案例,运行效果如图 17-1 所示。

(a) 点击第1个按钮　　　　(b) 计数开始　　　　(c) 5s时输出内容

图 17-1　定时器测试案例运行效果

2. setTimeout

setTimeout 方法接收两个参数：要执行的代码和以毫秒表示的时间（代码执行前的等待时间）。其中，第一个参数是一个回调函数，第二个参数是一个表示等待时长的毫秒数，但是在该时间过去后代码并不一定执行，因为 JavaScript 是单线程解释器。为了控制要执行的代码，就有一个 JavaScript 任务队列。这些任务会按照加入任务队列的顺序执行。setTimeout 的第 2 个参数告诉 JavaScript 再过多长时间把当前任务添加到队列中。如果队列是空的，那么添加的代码则会立即执行；如果队列不是空的，那么添加的代码会在前面的代码执行完毕后再执行。

新建 Chapter17 项目，新建 setTimeout & setInterval 页面，在 JS 中添加如下测试代码：

```
1.    setTimeout(function() {
2.        var str = "5秒后才输出该内容"
3.        console.log(str)
4.    },
5.    5000);
```

调用 setTimeout 之后，该方法会返回一个数值 id 用于唯一标识该定时器，可以通过它来取消定时任务。取消使用的方法为 clearTimeout。

测试代码如下：

```
1.    var timeoutID = setTimeout(function() {
2.        var str = "5秒后才输出该内容"
3.        console.log(str)
4.    },
5.    5000);
6.    console.log(timeoutID)
7.    //在业务逻辑完成或页面销毁时取消该定时器
8.    clearTimeout(timeoutID)
```

3. setInterval

setInterval 也称为间歇调用，按照指定的时间间隔重复执行代码，直至间歇调用被取消或页面被卸载。设置间歇调用的方法是 setInterval，它接收的参数与 setTimeout 相同。

测试代码如下：

```
1.      var num = 0
2.      var max = 10
3.      var intervalID = null
4.      function increNumber(){
5.        num++;
6.        console.log("当前计数为",num)
7.        if (num == max){
8.          clearInterval(intervalID)
9.          console.log("已结束")
10.       }
11.     }
12.     intervalID = setInterval(increNumber,500)
13.   },
```

但通常较少使用间歇调用，原因是后一个间歇调用可能在前一个间歇调用结束之前调用，因此通常会使用超时调用来模拟间歇调用。测试代码如下：

```
1.   var num = 0
2.       var max = 10
3.       function increNumber() {
4.         num++;
5.         if (num <= max) {
6.           setTimeout(increNumber, 500)
7.           console.log("当前计数为", num)
8.         } else {
9.           console.log("已结束")
10.        }
11.      }
12.      setTimeout(increNumber, 500)
```

4. 案例完整JS代码

```
1.   // pages/demo17-1/setTimeout&setInterval.js
2.   var intervalID = null
3.   Page({
4.     /* 第一个按钮的点击事件 5s 输出内容 */
5.     setTimeoutStart() {
6.       var that = this
7.       setTimeout(function() {
8.           var str = "5 秒后才输出该内容"
9.         that.setData({ content: str })
10.        },
11.        5000);
12.      this.setIntervalStart();
13.    },
14.    setIntervalStart() {          /** 第二个按钮点击事件开始计数 */
15.      var num = 0
16.      var max = 20
17.      var that = this
18.      function increNumber() {
19.        num++;
20.        console.log("当前计数为", num)
21.        that.setData({ countNum: num })
22.        if (num == max) {
23.          clearInterval(intervalID)
24.          console.log("已达到最大值,自动结束")
25.        }
26.      }
27.      intervalID = setInterval(increNumber, 1000)
28.    },
29.    setIntervalEnd(){               /** 结束计数 */
30.      clearInterval(intervalID)
31.    }
32.  })
```

17.3 调试 API

17.3.1 开启调试模式与设置断点

视频讲解

1. wx. setEnableDebug 属性说明

开启调试模式共有两种方式：第一种是在 app. json 中配置 debug 属性为 true，见 5.1 节表 5-1；第二种就是利用 wx. setEnableDebug API 函数，调用该函数所需的参数是一个对象，该对象所需的属性值说明如表 17-5 所示。

表 17-5 wx. setEnableDebug 所需的属性值说明

属　　性	类　　型	是否必填	说　　　　明
enableDebug	boolean	是	是否打开调试
success	function	否	接口调用成功的回调函数
fail	function	否	接口调用失败的回调函数
complete	function	否	接口调用结束的回调函数

2. 微信小程序断点调试

通常在编写 Java 或 C 语言的代码时可以很方便地在编辑器左边直接双击添加断点，但是小程序不同，它加断点的方式稍微复杂些。首先需要打开调试器的 Sources 面板，在该面板的左侧可以看到项目的目录结构，如图 17-2 所示。

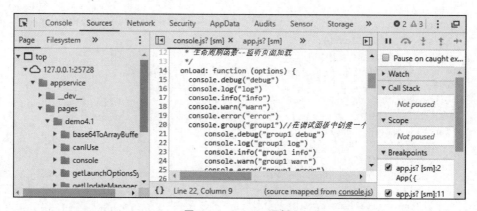

图 17-2 Sources 面板

在左侧选中需要加断点的文件，在中间区域即可看到源代码，这时直接点击某一行代码行号即可，如图 17-3 所示。

重启小程序可在模拟器及 Sources 面板中看到单步运行的效果，如图 17-4 所示。

单击图 17-4(a) 中的"运行"按钮，表示以断点为单位继续执行脚本，而旁边的半圆弧按钮则表示单步骤语句运行代码。

```
12      * 生命周期函数--监听页面加载
13      */
14   onLoad: function (options) {
15     console.debug("debug")
16     console.log("log")
17     console.info("info")
18     console.warn("warn")
19     console.error("error")
20     console.group("group1")//在调试面板中创建
21       console.debug("group1 debug")
22       console.log("group1 log")
23       console.info("group1 info")
24       console.warn("group1 warn")
```

图 17-3   添加断点

(a) 模拟器效果

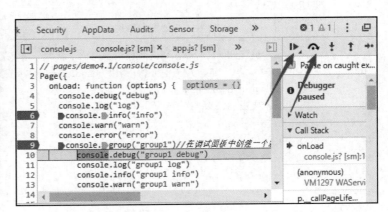

(b) Sources面板

图 17-4   微信小程序断点调试测试

17.3.2   console 全局对象

在程序调试过程中,经常用到的语句是 console.log,它向控制台输出信息。实际上 console 作为一个全局对象可以直接访问,并且提供不同类型的日志信息,如表 17-6 所示。

表 17-6   console 类方法说明

类 方 法	说 明
console.debug	向调试面板中打印 debug 日志
console.log	向调试面板中打印 log 日志
console.info	向调试面板中打印 info 日志
console.warn	向调试面板中打印 warn 日志
console.error	向调试面板中打印 error 日志
console.group(string label)	在调试面板中创建一个新的分组。随后输出的内容都会被添加一个缩进,表示该内容属于当前分组。调用 console.groupEnd 之后分组结束
console.groupEnd	结束由 console.group 创建的分组

17.3.3 console 测试案例

1. JS 测试代码

新建 console 页面,在 console.js 中添加如下代码:

```
1.   // pages/demo17 - 2/console.js
2.   Page({
3.     onLoad: function (options) {
4.       console.debug("debug")
5.       console.log("log")
6.       console.info("info")
7.       console.warn("warn")
8.       console.error("error")
9.       console.group("group1") //在调试面板中创建一个新的分组.随后输出的内容属于
10.                              //当前分组.调用 console.groupEnd 之后分组结束
11.      console.debug("group1 debug")
12.      console.log("group1 log")
13.      console.info("group1 info")
14.      console.warn("group1 warn")
15.      console.error("group1 error")
16.      console.groupEnd()
17.    }
18.  })
```

2. 实现效果

在调试器查看输出时需要设置过滤器,如图 17-5(a)所示,最终输出如图 17-5(b)所示。

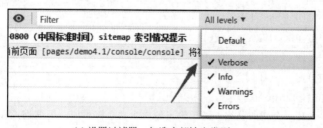

(a) 设置过滤器，勾选全部输出类别

(b) 最终输出

图 17-5　console 输出日志调试

从图 17-5 可以看到,不同类别的输出信息会以不同的背景颜色、图标等以表示其重要性,为了避免输出过多信息还可以用 console. group("group1")将多个输出信息进行归类分组,不过在实际开发中往往不用记住全部方法,开发者只需根据习惯记住几种即可。

17.4　扫码

17.4.1　wx. scanCode 参数说明

小程序使用 wx. scanCode(object)函数调出客户端扫码界面,扫码成功后返回对应的结果。其 object 参数如表 17-7 所示。

表 17-7　wx. scanCode 的 object 参数

属　　性	类　　型	是否必填	说　　明
onlyFromCamera	boolean	否	是否只能从相机扫码,不允许从相册选择图片
scanType	array.＜string＞	否	扫码类型
success	function	否	接口调用成功的回调函数
fail	function	否	接口调用失败的回调函数
complete	function	否	接口调用结束的回调函数

表中 scanType 的合法值包括 barCode(一维码)、qrCode(二维码)、datamatrix(Data Matrix 码)和 pdf417(PDF417 条码)。

success 参数取值如表 17-8 所示。

表 17-8　success 参数取值

属　　性	类　　型	说　　明
result	string	所扫码的内容
scanType	string	所扫码的类型
charSet	string	所扫码的字符集
path	string	当所扫的码为当前小程序二维码时,会返回此字段,内容为二维码携带的 path
rawData	string	原始数据,Base64 编码

17.4.2　wx. scanCode 示例

1. 运行效果

本节编写一个简单的 wx. scanCode 函数测试案例,该 API 函数可打开微信扫一扫页面,实时调用相机进行二维码扫描,扫描成功后将二维码信息显示在案例主页面,并可点击相应按钮跳转至二维码对应的网页链接,如图 17-6 所示。

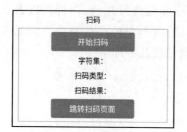

(a) 点击"开始扫码"按钮进入扫一扫

(b) 扫描二维码

(c) 显示扫描结果,点击"跳转扫码页面"按钮

(d) 打开网页链接

图 17-6　扫码示例效果图

2. 代码说明

WXML 代码片段如下:

```
1.    < view class = 'container'>
2.       < view>扫码</view>
3.       < view class = 'demo－box'>
4.          < button type = "primary" bindtap = "scanCode">开始扫码</button>
5.          < view class = 'status'>字符集: {{res.charSet}}</view>
6.          < view class = 'status'>扫码类型: {{res.scanType}}</view>
7.          < view class = 'status'>扫码结果: {{res.result}}</view>
8.          < button type = "primary" bindtap = "redirect">跳转扫码页面</button>
9.          < block wx:if = "{{isRedirect}}">
10.             < web－view src = "{{res.result}}"></web－view>
11.          </block>
12.       </view>
13.    </view>
```

WXSS 代码片段如下:

```
1.    .container{
2.       display: flex;
3.       flex－direction: column;
4.       text－align: center;
5.       justify－content: space－between;
```

```
6.      font – size: 34rpx;
7.      padding: 15rpx;
8.    }
9.    .status{
10.      margin: 15rpx;
11.    }
12.   .demo – box{
13.      margin: 15rpx;
14.      padding: 15rpx;
15.      border: 1rpx solid silver;
16.    }
```

JS 代码片段如下：

```
1.    Page({
2.      data: {
3.        isRedirect: false
4.      },
5.      redirect() {
6.        this.setData({
7.          isRedirect: true
8.        })
9.      },
10.   scanCode: function () {
11.      var that = this
12.      wx.scanCode({
13.      success: function (res) {
14.          that.setData({ res: res })
15.        }
16.      })
17.    },
18.   }
```

17.5 本章小结

本章主要讲解了一些重要的系统底层 API 的用法，包括获取手机设备基本信息的 getSystemInfo、定时器和调试 API。调试 API 中还介绍了如何开启调试模式与设置断点等内容。

第章

网络与文件上传API

本章学习目标

- 复习网络请求等基础知识。
- 学会使用 wx.request 发起网络请求。
- 学会图片相关的 API 函数。
- 结合案例学习文件上传与下载所使用的 API 函数。

18.1 网络基础

在典型的 C/S 架构中,客户端(client)向服务器(server)发起请求之前需要如下步骤：首先是域名解析,在浏览器地址栏中输入域名如 www.baidu.com 解析成对应主机(即服务器)的 IP 地址；再经过 TCP 的三次握手后建立 TCP 连接；然后客户端向服务器发送请求,服务器收到请求后进行响应,进行查询数据库或其他逻辑操作；最后再返回数据。这一系列操作都遵循 HTTP,协议可以理解为双方都需要遵守的规则,如一个请求包括请求头(header)和请求体等。请求头中有一系列属性,如当前客户端(即浏览器)的一些基本信息、保存在浏览器用于记录当前用户输入的数据文件 Cookie 等。

打开谷歌浏览器,在百度页面按下 F12 键进入 NetWork 控制面板可看到浏览器访问当前页面所发起的全部请求,点击第一个名为 www.baidu.com 的请求可看到请求的详细信息,如图 18-1 所示。

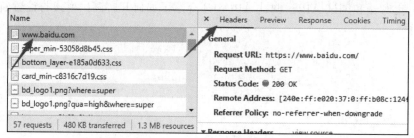

图 18-1 www.baidu.com 的 Headers

18.2 wx.request

18.2.1 wx.request 参数

1. wx.request 参数说明

wx.request 用于发起 HTTPS 网络请求,返回一个 RequestTask 类的实例。wx.request 的参数是一个 object 类型的对象,对象的属性说明如表 18-1 所示(表中属性除 url 外均非必填)。

表 18-1　wx.request 参数对象的属性说明

属　　性	类　　型	默认	说　　明
url	string		开发者服务器接口地址
data	string/object/arraybuffer		请求的参数
header	object		设置请求的 header,header 中不能设置 Referer。content-type 默认为 application/json
method	string	GET	HTTP 请求方法,其他取值为 POST、HEAD、PUT、DELETE、TRACE、CONNECT、OPTIONS
dataType	string	json	返回的数据格式
responseType	string	text	响应的数据类型。text 或 arraybuffer
success	function		接口调用成功的回调函数
fail	function		接口调用失败的回调函数
complete	function		接口调用结束的回调函数

2. wx.request 成功回调返回参数说明

表 18-1 中 success 回调函数的参数 res 包含 3 个属性,如表 18-2 所示。

表 18-2　success 回调函数的参数 res

属　　性	类　　型	说　　明
data	string/object/arraybuffer	开发者服务器返回的数据
statusCode	number	开发者服务器返回的 HTTP 状态码
header	object	开发者服务器返回的 HTTP Response Header

18.2.2 RequestTask

RequestTask 叫作网络请求任务对象,其类方法如表 18-3 所示。

表 18-3　RequestTask 类方法

类　方　法	说　　明
RequestTask.abort	中断请求任务
RequestTask.onHeadersReceived(function callback)	监听 HTTP Response Header 事件。会比请求完成事件早
RequestTask.offHeadersReceived(function callback)	取消监听 HTTP Response Header 事件

视频讲解

18.2.3 请求网络数据案例

1. 实现效果

本节实现一个请求网络数据的案例,实现效果如图 18-2 所示。

(a) 输入URL发起请求

(b) 请求返回数据

图 18-2　request 编码测试

2. 代码说明

新建 request 页面,在 WXML 文件中分别添加一个 input 组件和一个 button 按钮用于输入和处理网络请求。页面布局较为简单不再展示,JS 文件代码如下:

```
1.  // pages/demo18 - 1/request.js
2.  Page({
3.    data: { requestUrl: '' },
4.    setURLValue: function (e) {
5.      console.log(e)
6.      this.setData({ requestUrl: e.detail.value })
7.    },
8.    /* 按钮的事件处理函数 */
9.    request: function (options) {
10.     var that = this
11.     wx.request({
12.       url: that.data.requestUrl,                    //接口地址
13.       // data: {x: '',y: ''},
14.       header: { 'content - type': 'application/json' }, //默认值
15.       success(res) {
16.         if (res.statusCode == 200) {                //返回的 HTTP 状态码为200,代表请求成功
```

```
17.           wx.showToast({ title: '请求成功!', })
18.         }
19.       console.log(res)
20.     }
21.   })
22.   }
23. })
```

在 Console 面板可以看到第 19 句代码打印的由接口返回的数据对象,展开该对象可观察到 res.data 是百度返回的 HTML 文件代码。由于是测试项目并无正式 AppID,需要在开发工具中勾选"不检查合法域名"复选框。

18.3　图片选择、预览与保存

图片选择或是直接调用相机拍照,在很多软件中都很常见,比如在微信客户端要发送一条朋友圈时。在 10.7 节的多媒体组件中介绍了 image 组件与 camera 组件,以及与 camera 组件相关的三个 API 函数。这一节将讲解与 image 相关的图片选择与保存 API 函数,为学习网络 API 的文件上传与下载做好准备。image 相关 API 如下。

（1）wx.chooseImage：从本地选择图片或拍照。

（2）wx.compressImage：压缩图片。

（3）wx.getImageInfo：获取图片信息。

（4）wx.previewImage：在新页面中预览图片,预览时可以保存图片、发送图片给朋友。

（5）wx.saveImageToPhotosAlbum：保存图片到系统相册。

（6）wx.chooseMessageFile：从客户端会话选择文件。

18.3.1　wx.chooseImage：属性说明

wx.chooseImage 用于从本地选择图片或拍照,参数是 object 类型的对象,参数对象的属性说明如表 18-4 所示。

表 18-4　wx.chooseImage 参数对象的属性

属　　性	类　　型	默　认　值	说　　　明
count	number	9	最多可以选择的图片张数
sizeType	Array.<string>	['original', 'compressed']	所选的图片的尺寸
sourceType	Array.<string>	['album', 'camera']	选择图片的来源
success	function		接口调用成功回调函数
fail	function		接口调用失败回调函数
complete	function		接口调用结束回调函数

18.3.2 选择图片测试案例

1. 运行效果

本节选择图片测试案例的最后实现效果如图 18-3 所示。

(a) 页面初始

(b) 选择图片来源

(c) 设定属性后点击加号选择图片

(d) 开发工具中会打开本地资源管理器

(e) 选好后缩略图展示

图 18-3　wx. chooseImage 编码测试

2. WXML 代码

新建 chooseImage 页面,在 WXML 文件中首先添加两个选择器,一个用于选择是相册还是直接拍照,另外一个用于选择需要上传的照片的张数。然后放置图片的 view 绑定事件选择图片。WXML 的完整代码如下:

```
1.   <!-- pages/demo18-2/chooseImage.wxml -->
2.   <view class = 'container'>
3.    <view class = 'page-body'>
4.      <text class = 'h1'>图片选择 chooseImage </text>
5.      <view class = 'demo-box'>
6.       <view class = "title">1.请选择图片来源:</view>
7.       <picker range = "{{sourceType}}" bindchange = "sourceTypeChange"
     value = "{{sourceTypeIndex}}" mode = "selector">
8.         <view>{{sourceType[sourceTypeIndex]}}</view>
9.       </picker>
10.      <view class = "title">2.请选择图片张数:</view>
11.      <picker range = "{{count}}" bindchange = "countChange" value = "{{countIndex}}"
     mode = "selector">
12.        <view>{{count[countIndex]}}</view>
13.      </picker>
14.      <view class = "title">3.请选择图片质量:</view>
15.      <picker range = "{{sizeType}}" bindchange = "sizeTypeChange"
     value = "{{sizeTypeIndex}}" mode = "selector">
16.        <view>{{sizeType[sizeTypeIndex]}}</view>
17.      </picker>
18.      <view class = "title">4.请点击加号选择图片:</view>
19.      <view class = "images-box">
20.        <view>
21.          <block wx:for = "{{imageList}}" wx:for-item = "image">
22.            <view class = "image-item">
23.              <image class = "img" src = "{{image}}" data-src = "{{image}}"
     bindtap = "previewImage"></image>
24.            </view>
25.          </block>
26.        </view>
27.        <view class = "choose-box">
28.          <view class = "choose-box-item" bindtap = "chooseImage"></view>
29.        </view>
30.      </view>
31.     </view>
32.    </view>
33.  </view>
```

3. JS 代码

页面的逻辑处理文件 JS 代码如下:

```
1.   // pages/demo18-2/chooseImage.js
2.   const sourceType = [['camera'], ['album'], ['camera', 'album']]
3.   const sizeType = [['compressed'], ['original'], ['compressed', 'original']]
4.   Page({
5.     data: {
6.       imageList: [],
7.       sourceTypeIndex: 2,
8.       sourceType: ['拍照', '相册', '拍照或相册'],
9.       sizeTypeIndex: 2,
10.      sizeType: ['压缩', '原图', '压缩或原图'],
11.      countIndex: 8,
12.      count: [1, 2, 3, 4, 5, 6, 7, 8, 9]
13.    },
14.    sourceTypeChange(e) {            /* 选择图片的来源 */
15.      this.setData({ sourceTypeIndex: e.detail.value })
16.    },
17.    sizeTypeChange(e) {              /* 选择图片的质量 */
18.      this.setData({ sizeTypeIndex: e.detail.value })
19.    },
20.    countChange(e) {                 /* 选择图片的张数 */
21.      this.setData({ countIndex: e.detail.value })
22.    },
23.    chooseImage() {                  /* 选择图片 */
24.      const that = this
25.      wx.chooseImage({
26.        sourceType: sourceType[this.data.sourceTypeIndex],
27.        sizeType: sizeType[this.data.sizeTypeIndex],
28.        count: this.data.count[this.data.countIndex],
29.        success(res) { that.setData({ imageList: res.tempFilePaths }) }
30.      })
31.    }
32.  })
```

18.3.3　wx.previewImage 属性说明

wx.previewImage 用于在新页面中全屏预览图片。预览过程中用户可以进行保存图片、发送给朋友等操作。其参数是 object 类型的对象,其属性说明如表 18-5 所示。

表 18-5　wx.previewImage 参数对象的属性说明

属　　性	类　　型	默　　认	是否必填	说　　明
urls	Array.<string>		是	需要预览的图片链接列表。自 2.2.3 起支持云文件 ID
current	string	urls 的第一张	否	当前显示图片的链接
success	function		否	接口调用成功的回调函数
fail	function		否	接口调用失败的回调函数
complete	function		否	接口调用结束的回调函数

18.3.4 预览图片测试案例

1. 运行效果

本节实现的预览图片测试案例建立在18.3.2节基础上,在选中照片后点击页面的缩略图即可全屏预览,实现效果如图18-4所示。

图 18-4 wx.previewImage 编码测试

本节关于 wx.previewImage 的编码测试可直接在 18.3.2 节 chooseImage 的基础上给选中的图片添加点击事件,即将 chooseImage.wxml 文件的第 23 句代码改为:

```
< image class = "img" src = "{{image}}" data - src = "{{image}}" bindtap = "previewImage"/>
```

2. previewImage 函数的 JS 代码

代码如下所示:

```
1.  // pages/demo18 - 2/chooseImage.js
2.  previewImage(e) {                           //预览照片
3.      const current = e.target.dataset.src
4.      wx.previewImage({ current, urls: this.data.imageList })
5.  }
```

18.3.5 wx.getImageInfo

wx.getImageInfo 用于获取图片信息,若图片的路径是网络路径,则需先配置 download 域名才能生效。wx.getImageInfo 的参数同样是 object 类型的对象,其属性说明如表18-6所示。

表 18-6　wx. getImageInfo 参数对象的属性说明

属　　性	类　　型	是 否 必 填	说　　明
src	string	是	图片的路径,支持网络路径、本地路径、代码包路径
success	function	否	接口调用成功的回调函数
fail	function	否	接口调用失败的回调函数
complete	function	否	接口调用结束的回调函数

在 success 回调接口能够成功拿到的图片信息如下。

(1) width:图片原始宽度,单位为 px。

(2) height:图片原始高度,单位为 px。

(3) path:图片的本地路径。

(4) orientation:拍照时设备方向。

(5) type:图片格式。

18.3.6　wx. saveImageToPhotosAlbum

wx. saveImageToPhotosAlbum 用于将图片保存到系统相册,其参数是一个 object 类型的对象,其属性说明如表 18-7 所示。

表 18-7　wx. saveImageToPhotosAlbum 参数对象的属性说明

属　　性	类　　型	是 否 必 填	说　　明
filePath	string	是	图片文件路径,可以是临时文件路径或永久文件路径(本地路径),不支持网络路径
success	function	否	接口调用成功的回调函数
fail	function	否	接口调用失败的回调函数
complete	function	否	接口调用结束的回调函数

18.3.7　wx. compressImage 属性说明

wx. compressImage 用于压缩图片接口,可选压缩质量(quantity)范围为 0~100。其参数是一个 object 类型的对象,其属性说明如表 18-8 所示(表中属性除 src 外均非必填)。

表 18-8　wx. compressImage 参数对象的属性说明

属　　性	类　　型	说　　明
src	string	图片的路径,支持本地路径、代码包路径
quality	number	压缩质量,范围为 0~100,默认值为 80。数值越小,质量越低,压缩率越高(仅对 jpg 有效)
success	function	接口调用成功的回调函数
fail	function	接口调用失败的回调函数
complete	function	接口调用结束的回调函数

18.3.8 压缩图片测试案例

1. 运行效果

本节实现压缩图片的测试案例,运行效果如图 18-5 所示。

(a) 选择图片后显示图片信息

(b) 点击"压缩图片"按钮

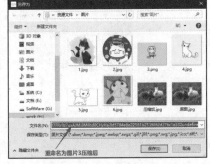

(c) 保存到本地输入文件名

(d) 原图格式与大小

(f) 压缩后图片格式与大小

图 18-5 图片压缩、获取信息、保存等 API 函数编码测试

2. WXML 代码

新建 compressImage 页面,在页面中添加一个 slider 组件用于调节压缩质量,再添加一个 button 组件触发 compress 事件执行。详细的 WXML 代码如下:

```
1.   <!-- pages/demo18-3/compressImage.wxml -->
2.   <view class='container'>
3.     <view class='page-body'>
4.       <text class='h1'>图片压缩 compressImage</text>
5.       <view class='demo-box'>
6.         <view class="title">请选择压缩质量,范围为0~100,数值越小,质量越低,压缩率越高</view>
7.         <slider show-value min='0' max='100' value='10' bindchange='sliderChange' />
8.         <view class="title">请点击加号选择图片:</view>
9.         <view class="images-box">
10.          <view>
11.            <view class="image-item">
12.              <image class="img" src="{{imageList[0]}}" data-src="{{image}}"></image>
13.            </view>
14.          </view>
15.          <view class="choose-box">
16.            <view class="choose-box-item" bindtap="chooseImage"></view>
17.          </view>
18.        </view>
19.        <button type="primary" bindtap="compress">压缩图片</button>
20.      </view>
21.      <view class="demo-box">
22.        <view class="title">getImageInfo 得到部分的图片信息:</view>
23.        <text>高度:{{getImageInfoRes.height}} 宽度:{{getImageInfoRes.width}}
24.        类型:{{getImageInfoRes.type}} </text>
25.      </view>
26.    </view>
27.  </view>
```

3. JS 代码

页面的 JS 代码如下:

```
1.   // pages/demo18-3/compressImage.js
2.   Page({
3.     data: { compressQuantity: 10 },
4.     chooseImage() {              /* 选择图片 */
5.       const that = this
6.       wx.chooseImage({
7.         sourceType: "相册",
8.         sizeType: "压缩",
9.         count: 1,
10.        success(res) {
11.          that.setData({ imageList: res.tempFilePaths })
```

```
12.        wx.getImageInfo({                    //获取图片的信息
13.            src: res.tempFilePaths[0],
14.            complete(res) {
15.                that.setData({ getImageInfoRes: res })
16.            }
17.        })
18.    }
19.    })
20.    },
21.    sliderChange: function (e) {              //监听滑动条最后一次拖动事件
22.        this.setData({ compressQuantity: e.detail.value })
23.    },
24.    compress: function () {
25.        var that = this
26.        wx.compressImage({
27.            src: that.data.imageList[0],        //图片路径
28.            quality: that.data.compressQuantity, //压缩质量
29.            complete(res) {
30.                that.setData({ compressImgPath: res.tempFilePath })
31.                wx.saveImageToPhotosAlbum({      //将压缩后的图片保存到本地相册
32.                    filePath: that.data.compressImgPath
33.                })
34.            }
35.        })
36.    }
37. })
```

18.4 文件的上传与下载

18.4.1 从客户端会话选择文件

文件上传的第一步是选择文件,如果是图片文件,可以直接使用18.3节的wx.chooseImage,如果是文档等其他类型的文件却没有相关API函数进行选择。目前,微信暂时没有提供接口可以打开手机的资源管理器选择任意类型的文件。事实上,目前大多数用户想要上传的文件多数是临时编辑的文档,因此可以利用这一节即将要讲到的wx.chooseMessageFile函数,它可以打开微信会话页面,再打开文件传输助手上传文档,该函数的参数是一个object类型的对象,其属性说明如表18-9所示(表中属性除count外均非必填)。

表18-9 wx.chooseMessageFile参数对象的属性说明

属　　性	类　　型	说　　明
count	number	最多可以选择的文件个数,可以为0~100
type	string	所选的文件的类型取值如下:all、video、image、file(可以选择除了图片和视频之外的其他的文件),默认值为all

续表

属　　性	类　　型	说　　明
extension	array＜string＞	根据文件拓展名过滤,仅 type＝＝file 时有效。每一项都不能是空字符串。默认不过滤
success	function	接口调用成功的回调函数,返回 tempFiles
fail	function	接口调用失败的回调函数
complete	function	接口调用结束的回调函数

18.4.2　上传文件

1. wx. uploadFile

wx. uploadFile 用于客户端将本地资源上传到服务器,调用该函数会发起一个 POST 类型的请求,其中 content-type 为 multipart/form-data,最终会返回一个 UploadTask 类的实例,用于监听上传的进度变化以及取消上传等事件。wx. uploadFile 的参数也是一个 object 类型的对象,其属性说明如表 18-10 所示。

表 18-10　wx. uploadFile 参数对象的属性说明

属　　性	类　　型	是否必填	说　　明
url	string	是	开发者服务器地址
filePath	string	是	要上传文件资源的路径(网络路径)
name	string	是	文件对应的 key,开发者在服务端可以通过这个 key 获取文件的二进制内容
header	object	否	HTTP 请求 Header,Header 中不能设置 Referer
formData	object	否	HTTP 请求中随文件一起上传的额外表单数据
success	function	否	接口调用成功的回调函数
fail	function	否	接口调用失败的回调函数
complete	function	否	接口调用结束的回调函数

2. UploadTask

UploadTask 对象可以监听在上传过程中进度的变化,以及取消上传任务等,其包含的类方法说明如表 18-11 所示。

表 18-11　UploadTask 包含的方法说明

类　方　法	说　　明
abort()	中断上传任务
onProgressUpdate(function callback)	监听上传进度变化事件
offProgressUpdate(function callback)	取消监听上传进度变化事件
onHeadersReceived(function callback)	监听 HTTP Response Header 事件。会比请求完成事件更早
offHeadersReceived(function callback)	取消监听 HTTP Response Header 事件

本节讲到的 wx.uploadFile 属于小程序前端的 API 函数,若没有后台相应的接口做图片的其他处理,还不能将文件存到服务器的本地目录。建议可采用小程序自带的云开发模块的云存储功能完成文件的上传、管理、下载等功能,具体可参见 13.6 节内容。

18.4.3 下载文件

1. wx. downloadFile

wx.downloadFile 用于从服务器下载文件,其参数是一个 object 类型的对象,对象的属性说明如表 18-12 所示。

表 18-12 wx. downloadFile 参数对象的属性说明

属 性	类 型	是否必填	说 明
url	string	是	下载资源的 URL
header	object	否	HTTP 请求的 Header,Header 中不能设置 Referer
filePath	string	否	指定文件下载后存储的路径(本地路径)
success	function	否	接口调用成功的回调函数
fail	function	否	接口调用失败的回调函数
complete	function	否	接口调用结束的回调函数

2. DownloadTask

DownloadTask 对象可以监听下载进度变化和取消下载事件。其包含的类方法说明如表 18-13 所示。

表 18-13 DownloadTask 对象包含的类方法说明

类 方 法	说 明
abort	中断下载任务
onProgressUpdate(function callback)	监听下载进度变化事件
offProgressUpdate(function callback)	取消监听下载进度变化事件
onHeadersReceived(function callback)	监听 HTTP Response Header 事件。会比请求完成事件更早
offHeadersReceived(function callback)	取消监听 HTTP Response Header 事件

3. 示例代码

wx.downloadFile 与 downloadTask 对象结合使用下载文件的示例代码如下:

```
1.  const downloadTask = wx.downloadFile({
2.    url: 'http://example.com/audio/123',        //仅为示例,并非真实的资源
3.    success (res) {
4.      wx.playVoice({                            //其他操作
5.        filePath: res.tempFilePath
6.      })
7.    }
8.  })
```

```
9.   downloadTask.onProgressUpdate((res) => {
10.    console.log('下载进度', res.progress)
11.    console.log('已经下载的数据长度', res.totalBytesWritten)
12.    console.log('预期需要下载的数据总长度', res.totalBytesExpectedToWrite)
13.  })
14.  downloadTask.abort()                        //取消下载任务
```

18.4.4　文件保存到本地或直接打开

1. 保存文件 wx. saveFile

wx. saveFile 可将文件保存到本地或直接打开,本地文件存储的大小限制为 10MB。wx. saveFile 的参数是一个 object 类型的对象,对象内部属性包含 3 个回调函数,如表 18-14 所示。

表 18-14　wx. saveFile 参数对象的属性说明

属　　性	类　　型	是否必填	说　　　　明
tempFilePath	string	是	需要保存的文件的临时路径(本地路径)
success	function	否	接口调用成功的回调函数,参数中带有 savedFilePath,为存储后的文件路径
fail	function	否	接口调用失败的回调函数
complete	function	否	接口调用结束的回调函数

2. 打开文件 wx. openDocument

wx. openDocument 用于在小程序中直接打开文档,支持的文件类型包括文档型(doc、docx)、表格型(xls、xlsx)、幻灯片(ppt、pptx)、pdf 文档。wx. openDocument 的属性说明如表 18-15 所示。

表 18-15　wx. openDocument 的属性说明

属　　性	类　　型	是否必填	说　　　　明
filePath	string	是	文件路径,可通过 downloadFile 获得
fileType	string	否	文件类型,指定文件类型打开文件
success	function	否	接口调用成功的回调函数
fail	function	否	接口调用失败的回调函数
complete	function	否	接口调用结束的回调函数(无论调用成功还是失败都会执行)

18.4.5　下载文件并保存测试案例

视频讲解

1. 运行效果

本节实现打开文件操作的测试案例,运行效果如图 18-6 所示。

代码在移动端打开文件的效果如图 18-7 所示。

(a) 开始下载

(b) 保存文件到本地

(c) 直接打开文件

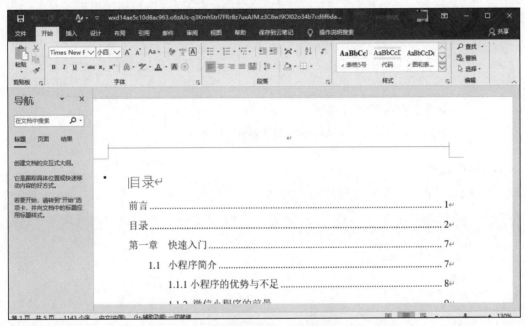
(d) 直接打开的文件

(e) 开发工具日志输出

图 18-6 开发工具调试情况

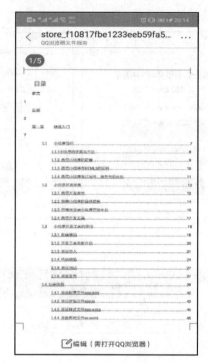

(a) 点击"直接打开文件"按钮　　　　　　(b) 在小程序中打开文档

图 18-7　移动端运行情况

2. WXML 代码

新建 downloadFile 页面，在 WXML 文件中添加如下代码：

```
1.  <!-- pages/demo18 - 4/downloadFile.wxml -->
2.  < view class = 'container'>
3.    < view class = 'page - body'>
4.      < text class = 'h1'>文件的上传与下载</text>
5.      < view class = 'demo - box'>
6.        < view class = "title">下载文件 wx. downloadFile </view>
7.        < button type = "primary" bindtap = "startDownloadFile">开始下载</button>
8.        < button type = "primary" bindtap = "saveToLacal">保存文件到本地</button>
9.        < button type = "mini" bindtap = "openFile">直接打开文件</button>
10.   </view>
11.  </view>
12. </view>
```

3. JS 代码

页面的逻辑文件 JS 代码如下：

```
1.  // pages/demo18 - 4/downloadFile.js
2.  Page({
```

```
 3.    startDownloadFile: function () {
 4.    var that = this
 5.    wx.downloadFile({
 6.    url:
       'https://746f - toky - mn7on - 1300946738.tcb.qcloud.la/my - doc.docx?sign = 5bd156d3eab480fb0a93
       4a7ca1bcad86&t = 1577015134',          //云开发存储空间的
 7.                                            //文件链接
 8.    success: function (res) {
 9.    that.setData({ tempfilePath: res.tempFilePath })
10.    wx.showToast({ title: '下载成功!', icon: 'none', })
11.    }
12.    })
13.    },
14.    saveToLacal: function () {
15.    var that = this
16.    wx.saveFile({
17.    tempFilePath: that.data.tempfilePath,
18.    complete(res) {
19.    console.log('文件被保存到', res.savedFilePath)
20.    that.setData({ filePath: res.savedFilePath })
21.    wx.showToast({ title: '保存成功,路径请看日志', icon: 'none', })
22.    }
23.    })
24.    },
25.    openFile: function () {
26.    var that = this
27.    wx.openDocument({
28.    filePath: that.data.filePath,          //打开的是文件的本地路径 savedFilePath
29.    })
30.    }
31.    })
```

18.5   号码归属地查询小程序案例讲解

18.5.1   实现效果

本节将整合本章相关内容,完成一个综合的查询号码归属地的小应用。涉及的知识点包括:①页面中简单组件的使用;②按钮事件的绑定;③利用网络请求 request 访问第三方 API 接口获取数据;④成功请求到数据后渲染到页面。

号码归属地查询小程序只有一个页面,页面中放置一个输入框用于输入想要查询的电话号码,放置一个按钮用于查询。下面可用文本组件显示查询到的号码归属地。号码归属地查询小程序最终实现效果如图 18-8 所示。

视频讲解

图 18-8   号码归属地查询小程序
最终实现效果

18.5.2 前期准备

1. 第三方 API 准备

第三方 API 是指现有的一些大平台,提供免费或收费服务,开发者首先需要在平台上进行注册成为其开发者,再申请项目得到唯一的一个项目字段,类似于 1.2 节中注册成为小程序开发者的步骤,进而就可以在自己的项目中直接发起 POST 或者 GET 等网络请求,当参数以及一些身份认证正确后,平台的服务器即可响应请求,返回数据。一些常用的 API 请求包括快递查询、天气查询、地理位置查询等,甚至像百度还提供一些开放的 API 接口免费进行调用,开发者可以不知道该功能内部的算法原理,即可方便地实现该功能。

为方便起见,本节中要实现的号码归属地查询案例不采用上述步骤去注册开发者账号,而是利用百度开放的号码归属地免费查询 API 接口,URL 链接为 https://mobsec-dianhua.baidu.com/dianhua_api/open/location? tel=,其中,参数 tel 为字符串,支持多个号码,中间用半角逗号隔开。支持的号码参数类型有:①手机号,如 13212345678;②区号+固话,如 01022334455。

2. 小程序发起网络请求所需准备

在小程序中,若想发起网络请求必须进行域名的相关配置,如果是在后台申请了正式 AppID 的小程序,可以在小程序管理平台(https://mp.weixin.qq.com/)的"开发"→"开发设置"页面中将要请求的第三方服务器域名添加进来。操作界面如图 18-9 所示。

图 18-9 添加 request 合法域名

当然如果只是选择测试号在本地开发中用开发工具进行调试的项目,可以直接在开发工具的右侧点击"详细"按钮,选择"本地设置",勾选"不检验合法域名"复选框。

18.5.3 编码实战

新建一个名为 LookUpTel 的项目，并删掉 index 页面中开发工具自动添加的多余代码段。

1. WXML 代码

页面的 WXML 代码如下所示：

```
1.  <!-- index.wxml 页面文件 -->
2.  <view class = 'container'>
3.    <view class = 'title'>网络请求 request </view>
4.    <view class = 'demo - box'>
5.      <view class = 'title'>号码归属地查询</view>
6.      <input placeholder = '请输入您需要查询的号码' bindblur = 'telBlur'></input>
7.      <button type = "primary" bindtap = "query">查询</button>
8.      <view class = 'status'>归属地：{{result}}</view>
9.    </view>
10. </view>
```

2. 样式文件代码

为各个组件编写相应的样式文件，代码如下所示：

```
1.  /* index.wxss 样式文件 */
2.  .container{
3.    display: flex;
4.    flex - direction: column;
5.    min - height: 100%;
6.    text - align: center;
7.    justify - content: space - between;
8.    font - size: 34rpx;
9.    padding: 15rpx;
10. }
11. .demo - box{
12.   margin: 15rpx;
13.   padding: 15rpx;
14.   border: 1rpx solid silver;
15. }
16. input{
17.   border: 1rpx solid gray;
18.   margin: 15rpx;
19.   height: 80rpx;
20. }
21. button{
22.   margin: 15rpx;
23. }
```

```
24.  .status{
25.    margin: 15rpx;
26.    text - align: left;
27.  }
```

3. JS 代码

```
1.  //index.js 逻辑文件
2.  Page({
3.    data: {
4.      tel: ''
5.    },
6.    //更新号码
7.    telBlur: function(e) {
8.      this.data.tel = e.detail.value
9.    },
10.   //查询号码归属地
11.   query: function() {
12.     let tel = this.data.tel              //获得号码
13.     var that = this
14.     //未输入内容
15.     if (tel == '') {
16.       wx.showToast({
17.         title: '号码不能为空!',
18.         icon: 'none'
19.       })
20.     }
21.     //发起网络请求
22.     else {
23.       // url: 'http://tcc.taobao.com/cc/json/mobile_tel_segment.htm?tel = ', //淘宝接口
24.       url: 'https://cx.shouji.360.cn/phonearea.php?number = ', //360 接口
25.       data: {
26.         number: tel
27.       },
28.       success: function (res) {
29.         var zs = res.data.data
30.         that.setData({
31.           result: zs.province + zs.city + zs.sp
32.         })
33.       }
34.     })
35.     }
36.   },
37. })
```

18.6 本章小结

　　本章主要讲解了网络相关的 API 函数,首先介绍了网络基础知识,接着讲解了用于发起网络请求的 API 函数 wx.request,并通过实例讲解其具体使用。在与后台交互过程中常见的还有图片和其他文件的上传与下载,在这之前需要进行图片的本地选择,因此在 18.3 节讲解了图片相关的 API 函数,完整的图片上传案例需涉及服务端处理的代码,可以考虑使用云开发进行图片的存储,可参见 13.6 节。紧接着在 18.4 节讲解了除图片之外其他文档的上传与下载。本章还通过号码归属地查询小程序案例综合讲解了 wx.request 的应用。学完本章后,应当熟练掌握 wx.request、图片相关 API 以及文件上传下载 API 的使用。

第19章

数据缓存API

本章学习目标

- 了解数据缓存 API 在软件开发中的重要作用。
- 学会利用几个 API 函数进行缓存的写入、读取、移除等。
- 简单了解 JavaScript 同步与异步的特点。
- 结合案例深刻体会数据缓存 API 的具体特点。

除了将数据发送给后台存入数据库以外,应用中另外一种常见的数据存储就是本地缓存。本地缓存将在二次加载时以更快的时间从本地读取数据,而无须再次请求服务器数据。涉及缓存的 API 函数如下。

- wx. setStorage 与其同步版本 wx. setStorageSync。
- wx. getStorage 与其同步版本 wx. getStorageInfo。
- wx. removeStorage 与其同步版本 wx. removeStorageSync。
- wx. getStorageSync 与其同步版本 wx. getStorageInfoSync。
- wx. clearStorage 与其同步版本 wx. clearStorageSync。

19.1 wx. setStorage

wx. setStorage 可以将数据存储在本地缓存中指定的 key 中,会覆盖掉原来该 key 对应的内容。除非用户主动删除或因存储空间原因被系统清理,否则数据都一直可用。单个 key 允许存储的最大数据长度为 1MB,所有数据存储上限为 10MB。其 object 参数的属性说明如表 19-1 所示,分别是需要指定存储的 key 与 data,以及 3 个用于反馈是否成功的回调函数。

表 19-1 wx.setStorage 的 Object 参数的属性说明

属 性	类 型	是否必填	说 明
key	string	是	本地缓存中指定的 key
data	any	是	需要存储的内容。只支持原生类型、Date、及能够通过 JSON.stringify 序列化的对象
success	function	否	接口调用成功的回调函数
fail	function	否	接口调用失败的回调函数
complete	function	否	接口调用结束的回调函数（无论调用成功还是失败都会执行）

19.2 wx.getStorage

wx.getStorage 用于从本地缓存中异步获取指定 key 的内容，其 object 参数的属性说明如表 19-2 所示。

表 19-2 wx.getStorage 的 Object 参数的属性说明

属 性	类 型	是否必填	说 明
key	string	是	本地缓存中指定的 key
success	function	否	接口调用成功的回调函数，返回 res 参数中带有 key 对应的缓存数据 data 内容
fail	function	否	接口调用失败的回调函数
complete	function	否	接口调用结束的回调函数

19.3 wx.removeStorage

wx.removeStorage 可以从本地缓存中移除指定 key 对应的数据，其 object 参数的属性说明如表 19-3 所示。

表 19-3 wx.removeStorage 的 Object 参数的属性说明

属 性	类 型	是否必填	说 明
key	string	是	本地缓存中指定的 key
success	function	否	接口调用成功的回调函数
fail	function	否	接口调用失败的回调函数
complete	function	否	接口调用结束的回调函数

19.4 wx.getStorageInfo

wx.getStorageInfo 用于异步获取当前所有 storage 缓存的相关信息，其 object 参数的属性是常见的 success、fail、complete 回调函数，均非必填。success 回调函数的 res 中可以获取如下信息。

- keys：当前 storage 中所有的 key。
- currentSize：当前占用的空间大小,单位为 KB。
- limitSize：限制的空间大小,单位为 KB。

19.5 wx. clearStorage

wx. clearStorage 可以清理本地数据缓存,其 object 参数的属性是用于反馈是否调用成功的 success、fail、complete 3 个回调函数,均非必填。

19.6 数据缓存 API 函数同步版本

19.6.1 JavaScript 的同步与异步

同步,通俗点说就是单线程的,即是一次只能完成一个任务,其他任务排队等候执行。只有当前一个任务完成时,才能开始进行下一个任务。这种模式的执行环境简单,若是遇到一个耗时较长的任务,将会拖延整个程序的执行。典型的语言像 Python、Java 中的函数都是同步执行,若想异步只能通过多线程实现。

为了提高效率,JavaScript 多数函数都采用异步模式,表现为每个任务都有回调函数(callback),当前一个任务结束后,不是执行后一个任务,而是执行回调函数,这导致后一个任务则是不等前一个任务结束就执行,所以程序的执行顺序与任务的排列顺序是不一致的、异步的。如果排在后面的语句想要前面的语句的返回值,还没等到前面语句执行完就先执行后面语句了,最后直接把这个值当空处理。解决办法就是将后面的语句无限嵌套在回调函数中,有一个有趣的名词叫作“回调地狱”,就是描述这种现象。

当然,后续的 JavaScript 标准 ES 6 又增加了 promise 等特性,是异步编程的一种解决方案,比传统的解决方案 callback 更加的优雅。但是由于 promise 的调试很难,因为调试器不会调试异步代码,而 ES 7 中新增的 async/await 使得调试异步代码与调试同步代码一样。如果想深入学习前端的知识,读者可以多了解 JavaScript 的这些特性,使得在编写小程序时更加得心应手。

19.6.2 数据缓存 API 的同步版本语法

前几节讲到的 5 个数据缓存 API 函数都有其对应的同步版本,只需在函数名后加上 Sync (synchronize 的缩写),如 wx. setStorage 对应的同步版本是 wx. setStorageSync,其他的几个 API 函数也类似。其语法对比如下:

普通的异步版本 wx. setStorage:

```
1.  wx.setStorage({
2.    key:"key",
3.    data:"value"
4.  })
```

同步版本 wx.setStorageSync：

```
1.  try {
2.    wx.setStorageSync('key', 'value')
3.  } catch (e) { }
```

视频讲解

19.7 数据缓存 API 测试案例讲解

19.7.1 运行效果

本节实现与缓存相关的 API 函数测试案例，运行效果如图 19-1 所示。

(a) 页面初始状态

(b) 依次添加3个缓存数据

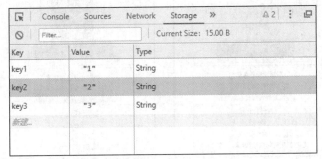
(c) Storage 面板情况

图 19-1 数据缓存综合编码测试效果

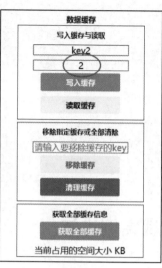
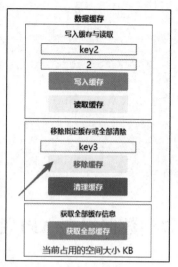

(d) 根据key读取缓存   (e) 读取成功   (f) 移除指定缓存

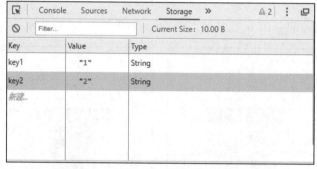

(g) Storage 面板情况

(h) 获取全部缓存信息   (i) 全部清除

图 19-1　(续)

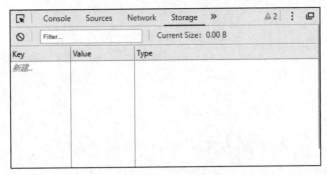

(j) 清除成功后Storage 面板情况

图 19-1 （续）

19.7.2 代码说明

1. WXML 代码

新建 demo19-1 目录，添加 storage 页面，在 WXML 中添加如下代码：

```
1.  <!-- pages/demo19 - 1/storage.wxml -->
2.  < view class = 'container'>
3.    < view class = 'page - body'>
4.      < text class = 'h1'>数据缓存</text >
5.      < view class = 'demo - box'>
6.        < view class = "title">写入缓存与读取</view >
7.        < input placeholder = "请输入 key" bindblur = "bindKeyBlur"></input >
8.        < input placeholder = "请输入 data" bindblur = "bindValueBlur"
    value = "{{value}}"></input >
9.        < button type = "primary" bindtap = "setStorage">写入缓存</button >
10.       < button type = "mini" bindtap = "getStorage">读取缓存</button >
11.     </view >
12.     < view class = 'demo - box'>
13.       < view class = "title">移除指定缓存或全部清除</view >
14.       < input placeholder = "请输入要移除缓存的 key" bindblur = "bindKeyBlur2"></input >
15.       < button type = "mini" style = "color:red;" bindtap = "removeStorage">移除缓存</button >
16.        < button type = "mini" class = "warning" bindtap = "clearStorage">清理缓存</button >
17.     </view >
18.     < view class = 'demo - box'>
19.       < view class = "title">获取全部缓存信息</view >
20.       < button type = "primary" bindtap = "getStorageInfo">获取全部缓存</button >
21.       所有 keys:
22.       < block wx:for = '{{storageInfo.keys}}'>< text >{{item}} </text></block >
23.       < text > 当前占用的空间大小 {{storageInfo.currentSize}} KB </text >
24.     </view >
25.   </view >
26. </view >
```

2. JS 代码

```
1.  // pages/demo19 - 1/storage.js
2.  Page({
3.    bindKeyBlur: function (e) {
4.      this.setData({ key1: e.detail.value })
5.    },
6.    bindKeyBlur2: function (e) {
7.      this.setData({ key2: e.detail.value })
8.    },
9.    bindValueBlur: function (e) {
10.     this.setData({ value: e.detail.value })
11.   },
12.   setStorage: function () {                          //写入
13.     var that = this
14.     wx.setStorage({
15.       key: that.data.key1,
16.       data: that.data.value,
17.       success(res) { wx.showToast({ title: '写入成功!', icon: '', }) }
18.     })
19.   },
20.   getStorage: function (e) {                         //获取
21.     var tempKey = this.data.key1
22.     var that = this
23.     wx.getStorage({
24.       key: tempKey,
25.       success(res) { that.setData({ value: res.data }) },
26.       fail(res) { wx.showToast({ title: '没有该缓存!', icon: 'none', }) }
27.     })
28.   },
29.   removeStorage: function (e) {                      //移除
30.     var tempKey = this.data.key2
31.     var that = this
32.     wx.removeStorage({
33.       key: tempKey,
34.       complete(res) { console.log(res) }
35.     })
36.   },
37.   getStorageInfo: function (e) {                     //获取全部 keys 以及占用空间信息
38.     var that = this
39.     wx.getStorageInfo({
40.       success(res) { that.setData({ storageInfo: res }) }   //总共空间大小为 10MB
41.       }
42.     })
43.   },
44.   clearStorage: function (e) {                       //全部清除
45.     wx.clearStorage({ success() { wx.showToast({ title: '已清除!', icon: '', }) } })
46.   },
47. })
```

19.8 本章小结

本章主要讲解了数据缓存 API 的使用。除了将数据发送给后台存入数据库以外,应用中另外一种常见的数据存储就是本地缓存。本地缓存将在二次加载时以更快的时间从本地读取数据,而无须再次请求服务器。涉及的缓存有 wx. setStorage、wx. getStorage、wx. removeStorage、wx. getStorageSync、wx. clearStorage 等。

第20章

位置API

本章学习目标

- 认识位置 API 函数。
- 学会使用 wx. getLocation 获取当前位置。
- 学会使用 wx. chooseLocation 用地图选择位置。
- 结合案例学会使用 wx. openLocation 和 wx. onLocationChange 等。

20.1　wx. getLocation

在 10.8.4 节地图 API 测试案例中曾使用到 wx. getLocation 函数获取当前的地理位置，再调用地图对象的移动标记方法，其代码如下：

```
1.   wx.getLocation({
2.       type: 'gcj02',
3.       success(res) {
4.         const latitude = res.latitude
5.         const longitude = res.longitude
6.         that.mapCtx.translateMarker({
7.           markerId: '1',              //对应要移动的 marker 的 id. 必填
8.           autoRotate: true,           //移动过程中是否自动旋转 marker. 必填
9.           duration: 2000,             //动画持续时长,平移与旋转分别计算. 必填
10.          rotate: 0,                  // marker 的旋转角度. 必填
11.          destination: {latitude: latitude, longitude: longitude, },//marker 移动的目的地
12.        })
13.      }
14.    })
```

20.1.1 属性说明

wx.getLocation 函数的 object 参数的属性说明如表 20-1 所示,均非必填。

表 20-1 wx.getLocation 函数的 object 参数的属性说明

属　　性	类　　型	默 认 值	说　　明
type	string	wgs84	wgs84 返回 gps 坐标,gcj02 返回可用于 wx.openLocation 的坐标
altitude	string	false	传入 true 会返回高度信息,由于获取高度需要较高精确度,会减慢接口返回速度
isHighAccuracy	boolean	false	开启高精度定位,最低版本 2.9.0
highAccuracy ExpireTime	number		高精度定位超时时间(ms),指定时间内返回最高精度,该值 3000ms 以上高精度定位才有效果,最低版本 2.9.0
success	function		接口调用成功的回调函数
fail	function		接口调用失败的回调函数
complete	function		接口调用结束的回调函数

wx.getLocation 接口不具备进入后台继续执行的功能,即当用户离开小程序后,此接口无法调用。若开启高精度定位,接口耗时会增加,可指定 highAccuracyExpireTime 作为超时时间。开发工具中定位模拟使用 IP 定位,可能会有一定误差,且工具目前仅支持 gcj02 坐标系。

20.1.2 成功回调返回数据

在 success 回调函数中返回的信息如下。
- latitude:纬度,范围为 −90°~90°,负数表示南纬。
- longitude:经度,范围为 −180°~180°,负数表示西经。
- speed:速度,单位为 m/s。
- accuracy:位置的精确度。
- altitude:高度,单位为 m。
- verticalAccuracy:垂直精度,单位为 m(Android 无法获取,返回 0)。
- horizontalAccuracy:水平精度,单位为 m。

20.2 wx.chooseLocation

20.2.1 参数说明

wx.chooseLocation 用于打开地图选择位置,调用前需要用户授权 scope.userLocation,其参数说明如表 20-2 所示。

表 20-2　wx.chooseLocation 参数说明

属　　性	类　　型	是否必填	说　　明
latitude	number	否	目标地纬度
longitude	number	否	目标地经度
success	function	否	接口调用成功的回调函数
fail	function	否	接口调用失败的回调函数
complete	function	否	接口调用结束的回调函数

20.2.2　成功回调返回数据

在 success 回调函数中返回的信息如下。

- name：位置名称。
- address：详细地址。
- latitude：纬度,浮点数,范围为 $-90°\sim90°$,负数表示南纬。使用 gcj02 坐标系。
- longitude：经度,浮点数,范围为 $-180°\sim180°$,负数表示西经。使用 gcj02 坐标系。

20.3　wx.openLocation

　　与 wx.chooseLocation 打开地图组件不同,wx.openLocation 是使用微信内置地图查看位置。其 object 参数的属性说明如表 20-3 所示。

表 20-3　wx.chooseLocation 的 object 参数的属性说明

属性	类型	默认	是否必填	说　　明
latitude	number		是	纬度,范围为 $-90°\sim90°$,负数表示南纬。使用 gcj02 坐标系
longitude	number		是	经度,范围为 $-180°\sim180°$,负数表示西经。使用 gcj02 坐标系
scale	number	18	否	缩放比例,范围为 $5\sim18$
name	string		否	位置名
address	string		否	地址的详细说明
success	function		否	接口调用成功的回调函数
fail	function		否	接口调用失败的回调函数
complete	function		否	接口调用结束的回调函数

20.4　wx.onLocationChange

　　wx.onLocationChange 用于监听实时地理位置变化事件,此函数需要结合 wx.startLocation-UpdateBackground(开启小程序进入前后台时均接收位置消息)、wx.startLocationUpdate 两个函数使用。wx.onLocationChange 调用前需要用户授权 scope.userLocationBackground,授权以后,小程序在运行中或进入后台均可接收位置变化消息。

　　值得注意的是,该函数的参数并非是 object 类型,而是一个匿名回调函数 function callback,在回调函数的 res 参数中可以获得如表 20-4 所示的信息。

表 20-4 wx.onLocationChange 回调函数的 res 参数属性说明

属 性	类 型	说 明
latitude	number	纬度,范围为 −90°～90°,负数表示南纬
longitude	number	经度,范围为 −180°～180°,负数表示西经
speed	number	速度,单位为 m/s
accuracy	number	位置的精确度
altitude	number	高度,单位为 m
verticalAccuracy	number	垂直精度,单位为 m(Android 无法获取,返回 0)
horizontalAccuracy	number	水平精度,单位为 m

20.5 wx.offLocationChange

与 wx.onLocationChange 函数相对立的是 wx.offLocationChange,该函数可以取消监听实时地理位置变化事件,其参数与 wx.onLocationChange 相同,同样是一个匿名回调函数。

20.6 位置 API 测试案例讲解

视频讲解

20.6.1 运行效果

本节利用位置 API 函数实现获取指定位置的案例,包括获取当前位置、查看位置、选择位置等。案例运行效果如图 20-1 所示。

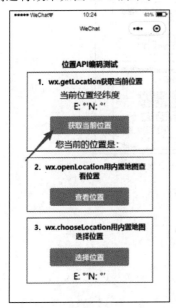
(a) 点击"获取当前位置"按钮

(b) 获取当前位置

(c) 点击"查看位置"按钮

图 20-1 位置 API 编码测试

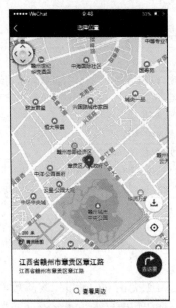
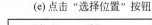

(d) 查看当前位置   (e) 点击"选择位置"按钮

(f) 在内置地图中选择   (g) 选择后返回主页显示地址

图 20-1 （续）

20.6.2 代码说明

1. WXML 代码

新建 location 页面，在 WXML 页面中添加如下代码：

```
1.   <!-- pages/demo20 - 1/location.wxml -->
2.   < view class = 'container'>
3.     < view class = 'page - body'>
4.       < text class = 'h1'>位置 API 编码测试</text>
5.       < view class = 'demo - box'>
6.         < view class = "title"> 1、wx.getLocation 获取当前位置</view>
7.         < view> 当前位置经纬度</view>
8.         < view>
9.           < text> E: {{location.longitude[0]}}°{{location.longitude[1]}}´</text>
10.          < text> N: {{location.latitude[0]}}°{{location.latitude[1]}}´</text>
11.        </view>
12.        < button type = "primary" bindtap = "getLocation">获取当前位置</button>
13.        < view> 您当前的位置是: {{currentAdress}} </view>
14.      </view>
15.      < view class = 'demo - box'>
16.        < view class = "title"> 2、wx.openLocation 用内置地图查看位置</view>
17.        < button type = "primary" bindtap = "openLocation">查看位置</button>
18.      </view>
19.      < view class = 'demo - box'>
20.        < view class = "title"> 3、wx.chooseLocation 用内置地图选择位置</view>
21.        < button type = "primary" bindtap = "chooseLocation">选择位置</button>
22.        < view class = "page - body - text - location">
23.          < text> E: {{location2.longitude[0]}}°{{location2.longitude[1]}}´</text>
24.          < text> N: {{location2.latitude[0]}}°{{location2.latitude[1]}}´</text>
25.        </view> {{locationAddress}}
26.      </view>
27.    </view>
28. </view>
```

2. JS 代码

页面逻辑文件 JS 代码如下:

```
1.   // pages/demo20 - 1/location.js
2.   Page({
3.     getLocation() {                      //获取当前位置
4.       const that = this
5.       wx.getLocation({
6.         success(res) {
7.           that.setData({
8.             location: formatLocation(res.longitude, res.latitude),
9.             longitude: res.longitude,
10.            latitude: res.latitude
11.          })
```

```
12.          var getAddressUrl = "https://apis.map.qq.com/ws/geocoder/v1/?location=" + res.
      latitude + "," + res.longitude + "&key=PF6BZ-47S3X-RUW4J-7FYAH-LBEK6-HNBOJ&get_poi=
      1"; //通过腾讯地图逆地址解析,再通过经纬度获取详细位置信息数据
13.          wx.request({                          //调用腾讯地图API接口发起请求,得到经纬度信息
14.            url: getAddressUrl,
15.            method: "get",
16.            success: function(ops) {
17.              that.setData({ currentAdress: ops.data.result.address })
18.            }
19.          })
20.        }
21.      })
22.    },
23.    openLocation(e) {                          //打开内置地图查看位置
24.      var that = this
25.      wx.openLocation({
26.        longitude: that.data.longitude,
27.        latitude: that.data.latitude,
28.        name: that.data.currentAdress,
29.        address: that.data.currentAdress,
30.        complete:function(e){ console.log(e) }
31.      })
32.    },
33.    chooseLocation() {                        //测试 wx.chooseLocation 用地图选择位置
34.      const that = this
35.      wx.chooseLocation({
36.        success(res) {
37.          that.setData({
38.            hasLocation: true,
39.            location2: formatLocation(res.longitude, res.latitude),
40.            locationAddress: res.address
41.          })
42.        }
43.      })
44.    },
45.  })
46.  function formatLocation(longitude, latitude) { //格式化经纬度的函数
47.    if (typeof longitude === 'string' && typeof latitude === 'string') {
48.      longitude = parseFloat(longitude)
49.      latitude = parseFloat(latitude)
50.    }
51.    longitude = longitude.toFixed(2)
52.    latitude = latitude.toFixed(2)
53.    return {
```

```
54.    longitude: longitude.toString().split('.'),
55.    latitude: latitude.toString().split('.')
56.  }
57. }
```

20.6.3 腾讯地图 API 调用准备

20.6.2节的JS代码中,第12句调用了腾讯地图的API进行逆地址解析,需要先申请成为开发者并添加一个key,并在key设置中配置Webservice API,具体过程如下。

(1) 申请开发者密钥(key):申请密钥。

(2) 开通 WebserviceAPI 服务:控制台→key 管理→设置(使用该功能的 key)→勾选WebserviceAPI→保存。小程序SDK需要用到WebserviceAPI的部分服务,所以使用该功能的key需要具备相应的权限,如没有自己的服务器域名,仅做测试,可填上自己计算机的IP地址,如图 20-2(c)所示。

(3) 下载微信小程序 JavaScriptSDK v1.2,链接为 http://3gimg.qq.com/lightmap/xcx/jssdk/qqmap-wx-jssdk1.2.zip,可将其保存到小程序项目的 utils 目录下,以便在 JS 代码中利用require 语句引用。

(4) 安全域名设置,在"设置"→"开发设置"中设置 request 合法域名,添加 https://apis.map.qq.com。

具体操作步骤如图 20-2 所示。

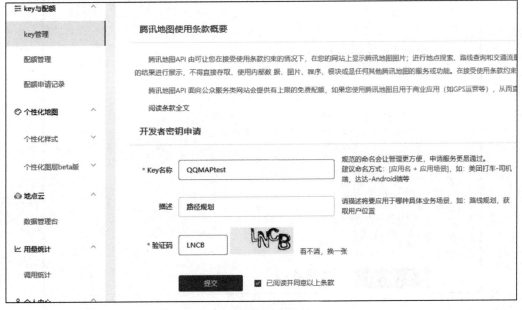

(a) 填写key信息

图 20-2 腾讯地图 API 逆地址解析使用准备

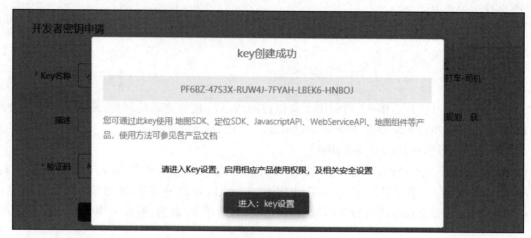

(b) 申请成功复制并保存

(c) 配置WebserviceAPI

图 20-2 （续）

20.7 路径导航案例

20.7.1 实现效果

本节案例采用 chooseLocation 选择需要导航的起始位置和目标位置,点击"导航"按钮实现路径导航,导航功能采用腾讯地图小程序插件实现。因此,本节案例与 20.6 节类似,同样需要在腾讯地图官方网站进行 key 的申请准备工作,并在腾讯公众平台的"微信小程序官方后台"→"设置"→"第三方服务"→"插件管理"中点击"添加插件",搜索"腾讯位置服务路线规划"申请,审核通过后,小程序开发者可在小程序内使用该插件。最终运行效果如图 20-3 所示。

(a) 页面初始状态　　　　　　(b) 选择起点与终点　　　　　　(c) 跳转至规划页面

图 20-3　路径导航案例实现效果

20.7.2 代码说明

1. WXML 代码

```
1.  < view class = 'container'>
2.    < view class = 'page - body'>
3.      < text class = 'h1'>路径导航案例</text>
4.      < view class = 'demo - box'>
5.        < button type = "primary" bindtap = "getStart">选择起点</button>
6.        < view class = "row">
7.          < text>起点:</text> < text>{{start_data.name}}</text>
8.        </view>
9.        < button type = "primary" bindtap = "getEnd">选择起点</button>
```

```
10.        < view class = "row">
11.          < text >终点: </text > < text >{{end_data.name}}</text >
12.        </view>
13.        < view class = "row">
14.          < button type = "primary" bindtap = "navigateMap">开始导航</button >
15.        </view>
16.      </view >
17.    </view >
18. </view >
```

2. JS 代码

```
1.  Page({
2.    getStart(){
3.      wx.chooseLocation({
4.        success: res = > {
5.          this.setData({
6.            start_data: { name: res.name, latitude: res.latitude, longitude:res.longitude }
7.          })
8.        },
9.      })
10.   },
11.   getEnd(){
12.     wx.chooseLocation({
13.       success: res = > {
14.         this.setData({
15.           end_data: { name: res.name, latitude: res.latitude, longitude: res.longitude }
16.         })
17.       },
18.     })
19.   },
20.   navigateMap(){
21.     let plugin = requirePlugin('routePlan');
22.     let key = 'H7MBZ - NIJEX - 23I4I - Z2YIN - ZVI57 - UQBUE';  //使用在腾讯位置服务
23.                                                               //申请的 key
24.     let referer = '路径导航案例';                               //调用插件的 App 的名称
25.     let startPoint = JSON.stringify(this.data.start_data)
26.     let endPoint = JSON.stringify(this.data.end_data)
27.     if(startPoint == "" || endPoint == ""){
28.       wx.showModal({title: '错误提示', content: '请选择起点和终点',showCancel:false,})
29.     }else{
30.       wx.navigateTo({
31.         url: 'plugin://routePlan/index?key = ' + key + '&referer = ' + referer +
    '&startPoint = ' + startPoint + '&endPoint = ' + endPoint
32.       });
33.     }
34.   }
35. })
```

3. app.json 新增插件配置

```
1.   "plugins": {
2.     "routePlan": {
3.       "version": "1.0.3",
4.       "provider": "wx50b5593e81dd937a"
5.     }
6.   }
```

本节案例采用首先使用 wx.chooseLocation API 函数选择需要导航的起始位置和目标位置,而后在代码第 21 句 requirePlugin 语句使用了腾讯地图的导航功能插件 routePlan,并在代码第 31 句跳转到该插件提供的路径规划页面。

20.8　本章小结

本章主要讲解了位置 API 的相关内容,位置 API 函数包括 wx.getLocation、wx.openLocation 和 wx.onLocationChange 等,通过本章的位置 API 测试案例和路径导航案例,可熟悉位置 API 的具体使用方法。

第 21 章

获取用户信息及登录态管理

本章学习目标
- 了解用户数据的分类以及开发数据获取的方式。
- 了解敏感信息获取的两种方式。
- 学习 wx. login 的使用。
- 学习 wx. getUserInfo 的具体使用。

21.1　用户数据分类与开发数据获取

用户的所有开放数据如图 21-1 所示。

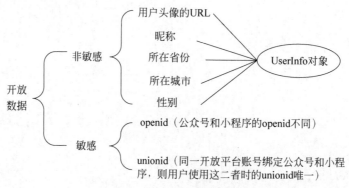

图 21-1　用户的所有开放数据

对于非敏感信息,即图 21-1 中的 UserInfo 对象可以直接调用 21.4 节中的 wx. getUserInfo 获取,操作之前需要用户进行接口授权。如果是直接想在页面中展示用户的头像、昵称等,可直接采用 open-data 组件,并设定 type 的方法显示。代码如下所示:

```
1.  <!-- personal.wxml 文件 -->
```

```
2.  < view class = "userinfo – avatar">
3.  < open – data type = "userAvatarUrl" lang = "zh_CN"></open – data >
4.  </view >
5.  < open – data type = "userNickName" lang = "zh_CN"></open – data >
```

21.2 敏感信息的获取方式

对于敏感信息的获取,主要分以下两种情况对应两种方法:

· 当使用的是开发者自己的服务器时。

· 当使用云开发时。

下面将分情况介绍敏感信息获取流程。

21.2.1 使用开发者的服务器

当开发者使用自己的服务器时,敏感信息获取流程如下。

(1) 调用 wx. login 获取临时登录凭证 code,并回传到开发者服务器。

(2) 开发者在自己服务器端调用 auth. code2Session 接口,向微信接口服务器发起请求换取用户唯一标识 openid 和会话密钥 session_key。

(3) 获取到 openid 和会话密钥 session_key 之后,开发者在自己服务器可以根据用户标识来生成自定义登录态,用于后续业务逻辑中在前后端交互时时识别用户身份。完整的交互过程如图 21-2 所示。

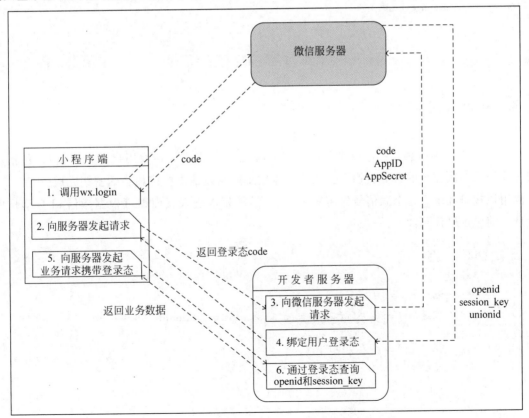

图 21-2 使用自己的服务器获取敏感数据

关于图 21-2 还需注意以下两点：

(1) 会话密钥 session_key 是对用户数据进行加密签名的密钥。为了应用自身的数据安全,开发者服务器不应该把会话密钥下发到小程序,也不应该对外提供这个密钥。

(2) 临时登录凭证 code 只能使用一次。

21.2.2　云开发获取 openid

云开发获取用户 openid 的方式十分简单,自定义云函数 login,在云函数内部通过 cloud. getWXContext 获取微信调用的上下文对象,该对象内部就包括 openid、AppID 及 unionid 等信息。login 云函数的代码如下：

```
1.  exports.main = (event, context) => {
2.  //获取 WX Context (微信调用上下文),包括 OPENID、AppID 及 UNIONID(需满
3.  //足 UNIONID 获取条件)等信息
4.  const wxContext = cloud.getWXContext()
5.  return {
6.    event,
7.    openid: wxContext.OPENID,
8.    AppID: wxContext.AppID,
9.    unionid: wxContext.UNIONID,
10.   env: wxContext.ENV,
11.  }
12. }
```

21.3　wx. login

wx. login 可以调用接口获取登录凭证(code),通过该凭证进而换取用户登录态信息,包括用户的唯一标识及本次登录的会话密钥等。用户数据的加解密通信需要依赖会话密钥完成。

调用该接口登录后每个微信号仅需登录一次,后续每次进入页面即可根据微信 id 自动拉取用户信息。简单示例代码如下：

```
1.  //登录
2.  wx.login({
3.    success: res => {
4.      //发送 res.code 到后台换取 openid, sessionKey, unionid
5.    }
6.  })
```

21.4 wx.getUserInfo 获取信息

21.4.1 参数属性说明

wx.getUserInfo 接口用于获取用户信息,其 object 参数中全部属性如表 21-1 所示(表中属性均非必填)。

表 21-1 wx.getUserInfo 接口参数属性说明

属 性	类 型	说 明
withCredentials	boolean	是否带上登录态信息。当 withCredentials 为 true 时,要求此前调用过 wx.login 且登录态尚未过期,此时返回的数据会包含 encryptedData、iv 等敏感信息;当 withCredentials 为 false 时,不要求有登录态,返回的数据不包含 encryptedData、iv 等敏感信息
lang	string	显示用户信息的语言,默认值为 en,全部取值为 en(英文)、zh_CN(简体中文)、zh_TW(繁体中文)
success	function	接口调用成功的回调函数
fail	function	接口调用失败的回调函数
complete	function	接口调用结束的回调函数

21.4.2 成功回调返回数据

在 wx.getUserInfo 的 success 回调函数中获取到的值如下。
- userInfo:用户信息对象 UserInfo,不包含 openid 等敏感信息。
- rawData:不包括敏感信息的原始数据字符串,用于计算签名。
- signature:使用 sha1(rawData+sessionkey)得到字符串,用于校验用户信息。
- encryptedData:包括敏感数据在内的完整用户信息的加密数据。
- iv:加密算法的初始向量。
- cloudID:敏感数据对应的云 ID,开通云开发的小程序才会返回。

若想获取唯一标识用户的 openid,建议结合云开发模块,可通过云调用直接获取开放数据,详情请见 13.5 节云开发之用户管理案例。

在用户未授权过的情况下调用 wx.getUserInfo,将不再出现授权弹窗,会直接进入 fail 回调。在用户已授权的情况下调用此接口,才能成功获取用户信息。

21.5 与授权相关的 API

21.5.1 API 作用说明

部分接口需要经过用户授权同意才能调用,这些接口按使用范围分成多个 scope,用户选择对 scope 来进行授权,当授权给一个 scope 之后,其对应的所有接口都可以直接使用。如本节的获取用户信息就需要用户授权 scope.userInfo。

授权过的功能接口将在小程序设置界面（"右上角"→"关于"→"右上角"→"设置"）看到。涉及授权的 API 函数主要有以下 3 个。

- wx.openSetting：主动调出设置界面，引导用户进行相关接口的授权。
- wx.getSetting：获取用户当前的授权状态，以确定是否还需要用户进行相应的授权。
- wx.authorize：提前向用户发起授权请求，调用后会立刻出现弹窗询问用户是否同意授权小程序使用某项功能或获取用户的某些数据，但不会实际调用对应接口。如果用户之前已经同意授权，则不会出现弹窗，直接返回成功。

21.5.2　全部 scope

微信小程序中所有需要授权 API 接口函数所对应的 scope 如表 21-2 所示。

表 21-2　授权接口对应 scope

scope	对应接口	描　述
scope.userInfo	wx.getUserInfo	用户信息
scope.userLocation	wx.getLocation，wx.chooseLocation	地理位置
scope.userLocationBackground	wx.startLocationUpdateBackground	后台定位
scope.address	wx.chooseAddress	通信地址
scope.invoiceTitle	wx.chooseInvoiceTitle	发票抬头
scope.invoice	wx.chooseInvoice	获取发票
scope.werun	wx.getWeRunData	微信运动步数
scope.record	wx.startRecord	录音功能
scope.writePhotosAlbum	wx.saveImageToPhotosAlbum，wx.saveVideoToPhotosAlbum	保存到相册
scope.camera	camera 组件	摄像头

21.5.3　授权示例

在获取用户信息时，常需要用户授权。实现授权的代码如下所示：

```
1.  wx.getSetting({ //wx.getSetting 用于获取小程序当前需授权接口的授权情况
2.      success(res) {
3.          if (!res.authSetting['scope.userInfo']) { // scope 是一个长列表,包含所有权限,如
4.                                                     //还有 scope.userLocation'等
5.              wx.authorize({                         //则调用 wx.authorize 弹出弹窗
6.              scope: 'scope.userInfo ',
7.              success() {
8.                //用户已经同意小程序获取用户信息,后续调用不会出现弹窗询问
9.                wx.getUserInfo({
10.               success: res => {
11.                   //可以将 res 发送给后台解码出 unionid
12.                  this.globalData.userInfo = res.userInfo
13.                  }
```

```
14.            })
15.          }
16.        })
17.      }
18.    }
19.  })
```

21.6 用户登录态管理

图 21-2 中除敏感信息与非敏感信息获取外,还有登录态。要理解登录态,需要了解关于客户端与服务端交互的知识,例如经常提到的 session、cookie 等。

21.6.1 session 与 cookie

在传统的 Web 项目中,cookie 存在于浏览器,session 则是存在于服务端的一个能够存储简短信息的对象。譬如用户名、手机号、密码等能够识别当前用户的简短数据,如果每次服务端需要时都去访问数据库那么消耗是很大的,于是可以将之存储在 session 中。

session 的中文翻译是会话,意思是当用户首次登录时就与服务端建立一个新的 session 对话,并将能够识别用户的数据存入 session。一个 session 对应一个唯一的 sessionID,存储于服务端。

服务端不能直接把用户信息发给客户端,而是将这个 sessionID 发送给客户端,客户端将这个 sessionID 又作为值存储为一个 cookie,同样有一个唯一的 JsessionID 与之对应。其中 session 与 cookie 的对应关系如图 21-3 所示。

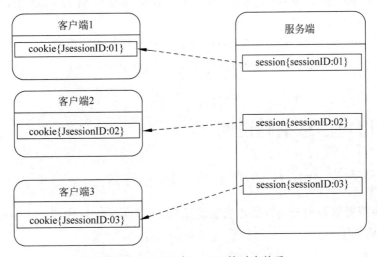

图 21-3 session 与 cookie 的对应关系

21.6.2　小程序登录态实现机制

与浏览器不同的是,小程序不依托于浏览器,所以它没有cookie,无法用session来管理登录态。这给编码造成了麻烦。可以通过在请求头中加入键为JsessionID(或者session)、值为sessionID的cookie来模拟这种操作。同时在服务端响应给小程序的时候,若sessionID有发生变化则再回传给客户端。

小程序本身也有自己的登录态,那就是session_key的生命周期,session_key是小程序中为了加密数据而提供的一个密钥,具有一定的生命周期,是在服务端通过调用code2Session获取的。可以通过小程序的wx.checkSession来校验小程序端的登录态是否过期。登录态的验证过程如下:

(1) 在需要用户登录态的页面,首先从缓存中获取用户数据userInfo,若无数据,则跳至(4)进行完整的登录。

(2) 调用wx.checkSession检查小程序端的登录态是否过期,若没过期,跳至(3),若过期,则跳至(4)。

(3) 调用服务端的代码检查session是否过期(即检查服务端的登录态),若没过期则拿到用户数据继续执行后续的操作。若过期,则跳至(4)。

(4) 登录操作,登录操作即21.2节中敏感信息获取的第一种方式,更具体些分为如下几个步骤:

① 小程序端调用wx.login接口得到code(code只能使用一次)。

② 服务端利用code访问code2Session接口得到session_key和openid,并将session_key和openid存入到session中。

③ 服务端执行登录操作,通过openid去数据库中寻找用户数据,若无则新增用户到数据库,若有则取出用户数据。

④ 将用户数据userInfo、session_key、openid等数据都存放到session中,方便服务端下次取出。

⑤ 将用户数据userInfo和session的sessionID一起响应给小程序端。

⑥ 小程序端得到用户数据和userInfo后更新缓存中的userInfo(包括JsessionID的值sessionID)。

21.7　获取用户信息编码说明

21.7.1　自定义app.js中的getUseInfo方法

因为很多页面需要取到用户的数据才能继续操作,所以在app.js中写一个getUseInfo方法,供各子页面调用,代码如下:

```
1.  //传递的是一个回调函数,获取到用户信息后执行回调函数,传入的参数是 userInfo
2.  getUserInfo: function (cb) {
3.    const that = this;
```

```
4.     wx.checkSession({
5.       success: function () {
6.         let userInfo = wx.getStorageSync('userInfo'); //先从内存中获取 userInfo
7.         if (userInfo.result == 1) {
8.           that.refreshSession(cb);
9.         } else { that.userLogin(cb); }
10.      },
11.      fail: function () { that.userLogin(cb); }
12.    })
13.  },
```

代码说明：上述方法的参数是一个回调函数，不同的页面在获取了 userInfo 以后传入不同的回调函数，回调函数的参数就是要获取的 userInfo。首先调用 wx.checkSession 方法判定小程序端登录态是否失效，失效的话则去执行 userLogin(cb)操作，未失效则从缓存中获取 userInfo 数据。在 userInfo 中，主要存放的是 userName、userFace 等用户数据和 session，还有一个标志位 result，用于判断 userInfo 缓存数据是否失效。

21.7.2　检验服务端 session 的 refreshSession 方法

若小程序端登录态有效，即能够从缓存中获取用户数据，则下一步就要检验服务端的登录态是否有效。小程序端 refreshSession(cb)方法的代码如下：

```
1.   //检查服务端 session 是否过期
2.   refreshSession: function (cb) {
3.     const that = this;
4.     let userInfo = wx.getStorageSync('userInfo');
5.     wx.request({
6.       url: that.domain + that.api.xcxCheckSessionReq,
7.       method: 'GET',
8.       header: {
9.         'Cookie': 'JSESSIONID = ' + userInfo.SESSION + ';SESSION = ' + userInfo.SESSION,
10.      },
11.      success: function (res) {
12.        if (res.data == 1) {
13.          that.globalData.userInfo = userInfo;
14.          typeof cb == "function" && cb(that.globalData.userInfo);
15.        } else {
16.          wx.removeStorageSync('userInfo');
17.          that.userLogin(cb);
18.        }
19.      },
20.      fail: function () {
21.        wx.removeStorageSync('userInfo');
22.        that.userLogin(cb);
23.      }
24.    })
25.  },
```

上述代码第 6 句的作用为调用服务端的接口来验证服务端的 session 是否已经过期,其中服务端的代码如下:

```
1.   public String xcxCheckSession() {
2.    Integer result;
3.    HttpServletRequest req = ServletActionContext.getRequest();
4.    HttpSession s = req.getSession();
5.    if (s.getAttribute( "c_userId" )!= null ){
6.        result = 1;
7.    } else {
8.        result = 0;
9.    }
10.   OutPutMsg.outPutMsg(result.toString());       //OutPutMsg 方法将结果响应给客户端
11.   return null ;
12.  }
```

上述代码根据小程序端传过来的 JsessionID 或者 session 的值,利用 servlet 的特性,根据这个值去获取 session,再判断 session 中是否有用户信息,从而完成服务端的登录态校验。其原理与在服务端使用拦截器校验 session 是否过期是一样的。若服务端登录态校验失败,则需要清空缓存中的 userInfo 信息,然后去执行 userLogin(cb) 方法,进行登录。

21.7.3　完整的登录 userLogin

完整的登录涉及小程序端与服务端,小程序端的代码如下:

```
1.   userLogin: function (cb) {
2.       const that = this;
3.       wx.login({
4.         success: function (res) {
5.           //获取 code 访问服务端登录接口,code 主要是为了换取 openid 和 session_key
6.           if (res.code) {
7.             wx.request({
8.               url: that.domain + that.api.loginCheckReq,
9.               method: 'POST',
10.              header: {
11.                'Content - Type': that.globalData.postHeader
12.              },
13.              data: {
14.                jsCode: res.code,
15.              },
16.              success: function (res) {
17.                //登录成功
18.                if (res.data.result == 1) {
19.                  wx.getUserInfo({
20.                    withCredentials: true,
21.                    success: function (result) {
22.                      res.data.wechatUserInfo = result.userInfo;
```

```
23.                    that.globalData.userInfo = res.data;
24.                    that.globalData.userInfo.face = '/uploadFiles/' + res.data.userFace;
25.                    typeof cb == "function" && cb(that.globalData.userInfo) //检验
```
26. //userLogin 传入的参数 cb 是不是一个函数,如果是就执行它,并在 cb 的参数中传入
27. //最后更新完毕的 userInfo
```
28.                    wx.setStorageSync('userInfo', that.globalData.userInfo);
                       //将用户数据存入内存
29.                },
30.                fail: function () {
31.                    that.globalData.userInfo = res.data;
32.                    that.globalData.userInfo.face = res.data.prefix + '/uploadFiles/' +
    res.data.userFace;
33.                    typeof cb == "function" && cb(that.globalData.userInfo)
34.                    wx.setStorageSync('userInfo', that.globalData.userInfo);
35.                }
36.            })
37.        }
38.      }
39.    })
40.    }
41.  }
42.  })
43.  },
```

小程序端访问 wx.login 接口获取 code,然后调用服务端的登录代码,服务端代码如下:

```
1.  public String xcxLogin(){
2.    Integer result;
3.    Map < String, Object > map = new HashMap < String, Object >();
4.    try {
5.        HttpServletRequest req = ServletActionContext.getRequest();
6.        String jsCode = req.getParameter( "jsCode" );
7.        String url = "https://api.weixin.qq.com/sns/jscode2session?AppID = " + App_ID +
    "&secret = " + App_SECRET + "&js_code = " + jsCode +
    "&grant_type = authorization_code" ;
8.        String urlDetail = URLConnectionUtil.getUrlDetail(url);
           //访问小程序接口,获取 openid,session_key
9.        JSONObject jsonObject = JSONObject.fromObject(urlDetail);
10.       String openId = jsonObject.getString( "openid" );
11.       String session_key = jsonObject.getString( "session_key" );
12.       TUser user = getUserByOpenId(openId);
13.       if (user == null ){                        //新增用户,插入数据库
14.           TUser userTmp = new TUser();
15.           user.setOpenId(openId);
16.           addUser(userTmp);
17.           user = userTmp;
18.       }
```

```
19.        session.put( "user" , user);                      //将 user 信息放入 session
20.        session.put( "session_key" , session_key);       //将 session_key 放入 session
21.        map.put( "user" , user);                          //将 user 信息响应给小程序端
22.        map.put( "SESSION" , req.getSession().getId());  //将 sessionID 响应给小程序端
23.        result = 1 ;                                      //登录操作成功的标志位
24.    } catch (Exception e) {
25.        e.printStackTrace();
26.    }
27.    map.put( "result" , result);
28.    JSONObject resInfo = JsonUtil.mapToJsonObject(map);
29.    OutPutMsg.outPutMsg(resInfo.toString());              //将数据响应给小程序端
30.    return null ;
31. }
```

代码说明：先根据 code 获取 openid 和 session_key，然后从数据库去查询是否有这个 openid 的客户，没有的话直接执行新增操作，然后将 user 信息（包含 openid）和 session_key 信息存入 session，方便服务端下次直接获取。再把 user 信息和 sessionID 回传给小程序端。小程序端拿到这些信息，就可以把他们缓存起来以备下次使用。

21.7.4　其他页面调用 getUserInfo

最后，凡是需要用户登录才能进入的页面都调用 getUserInfo(cb)，并传入 cb 回调方法，代码如下：

```
1. onShow: function () {
2.     var that = this;
3.     app.getUserInfo(function (userInfo) {
4.       that.setData({
5.         userInfo: userInfo,
6.       })
7.     });
8.   }
```

关于上述代码的 userLogin 部分，目前常见的方法有以下两种。

（1）使用 wx.login 静默授权，获取用户的 openid，不要求用户绑定手机号，只在涉及需要用户手机号的时候才让用户绑定手机号。只需要在 userInfo 中预留一个标记用户是否有绑定手机号的字段即可。本书采用这种登录方式。

（2）用户必须输入手机号及验证码才算登录成功，将 userLogin 处的逻辑改为跳转至登录页面，然后服务端的判断逻辑则改为通过手机号和验证码来确认用户是否登录成功，其他部分的逻辑不变。这也是目前比较主流的做法。

可以简单地理解：wx.login 接口是静默授权，它能得到用户的 openid；而 wx.getUserInfo 需要用户授权，可以获取到用户的头像、昵称等信息。还可以通过 wx.getUserInfo 获取 unionId 等私密信息，但是必须在已经调用过 wx.login 且登录态尚未过期的前提下。

21.8 本章小结

本章主要讲解了获取用户信息的方式以及登录态管理的相关内容,在其他应用中往往需要用户注册账号,小程序由于依托微信环境,依据用户与公众平台唯一对应的 openid 免去了注册步骤。本章首先介绍了 openid 与一些敏感数据的分类,接着介绍了用于获取信息的两个 API 函数。获取用户信息往往需要授权,因此讲解了授权 API,并给出了示例代码。最后围绕着 Web 应用中的 session 与 cookie 讲解了登录态实现机制,并给出了利用开发者自己的服务器实现登录机制的具体编码过程。

第章

"扶贫超市Part5"商品图片上传功能

在扶贫超市项目中,管理员端添加商品信息时涉及图片上传功能,图片上传涉及本地图片选择API与云开发端将图片写入数据库等操作,本章将接着第16章中管理员对商品的添加与修改操作,进一步讲解图片的上传功能。

本项目中与图片选择API相关的有两部分,分别是添加商品与编辑商品,二者界面基本一致,但逻辑上有一定的区别。添加是选择新图片后提交,编辑是对已有图片及其相关介绍进行修改并保存,分别如图22-1(a)和图22-1(b)所示。

(a) 添加商品

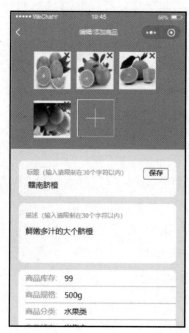

(b) 编辑商品

图 22-1　添加商品与编辑商品图片界面

　　由于图片选择可进行多次,因此首先设置 imageList 数组用于保存第一次所选的图片路径,在后续多次选择时创建临时数组 newAdd 用于储存本次所选的图片路径,二者是包含关系。若是添加商品,可直接将 imageList 数组进行上传并保存至数据库;若是编辑图片,则需要判断 newAdd 数组是否有值,从而确定是否需要从数据库删除已有的商品展示图片或者是直接新增。

　　由于图片选择可进行多次,因此首先设置 imageList 前台展示数组用于保存之前所选的图片的 fileID 以及这次预备要保存的图片的本地路径用来进行前台展示,同时创建了新增数组 newAdd 用于储存本次所预备要添加的图片的本地路径。

　　在用户确认保存新增图片时,系统会将 newAdd 新增数组中的各个图片路径转换成图片对象,替换成对应图片上传到云储存并接收返回的 fileID 数组。通过比较原 imageList 长度和返回的 fileID 数组长度的差值,将保存在 imageList 中的各个本地路径替换成对应图片的 fileID。因此 imageList 和 newAdd 二者是包含关系。

　　若是添加商品,可直接将 newAdd 数组进行上传并保存至云储存并将返回的 fileID 数组改名为 imageList 直接保存至数据库;若是编辑图片,则在删除图片时需要判断是否删除之前保存在 imageList 的图片文件,从而确定是否需要从云储存和数据库删除已有的商品展示图片以及对应的 fileID,或者是直接新增。

22.1　点击加号选择图片

22.1.1　实现效果

　　点击加号后可打开相册进行图片选择或是拍照,确认返回后,页面可看到选中的图片,为了不破坏页面样式,图片的最大限制张数为 6。当第一次选择的图片张数小于 6 时,加号框将继续显示,可进行多次选择,如图 22-2 所示。

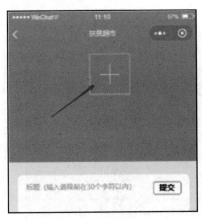
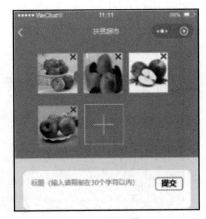

(a) 点击加号　　　　　　　　　　(b) 展示图片

图 22-2　选择图片

22.1.2　代码说明

点击加号触发 chooseImage 函数,该函数使用 API 函数 wx.chooseImage 打开本地相册或拍照进行上传,并且利用 newAdd 数组可存放用户多次选择的图片,利用数组的 concat 方法进行追加,其具体代码如下所示:

```
1.  chooseImage(e) {
2.      var that = this
3.      wx.chooseImage({
4.        sizeType: ['original', 'compressed'],       //可选择原图或压缩后的图片
5.        sourceType: ['album', 'camera'],            //可选择性开放访问相册、相机
6.        count: 6,
7.        success: res => {
8.          that.data.imageList = that.data.imageList.concat(res.tempFilePaths)
9.          that.data.newAdd = that.data.newAdd.concat(res.tempFilePaths) //给新元素添加上
10.         let promise = new Promise(function(resolve, reject) {
11.           resolve();
12.         });
13.         promise.then(function() {
14.           that.setData({
15.             "imageList": that.data.imageList,
16.             "listLength": that.data.imageList.length
17.           })
18.         });
19.       }
20.     })
21.   },
```

22.2　删除指定图片

22.2.1　实现效果

选择完图片后若发现误传,可点击右上角的叉号删除,如图 22-3 所示。

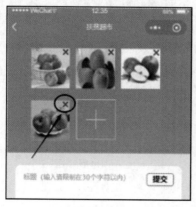

(a) 点击叉号　　　　　　　　　　　(b) 删除成功

图 22-3　删除指定图片

22.2.2 删除图片步骤讲解

删除图片主要指确认提交之前对指定图片的删除操作。

如果删除预备保存到云储存的图片,则只需要对 imageList 和 newAdd 数组进行操作。假设最初商品有两张展示图片,则在查询后将图片数组保存至 imageList,数组长度为 2。编辑时再添加一张图片,则同时将选择的图片的本地路径同时保存至 imageList 和 newAdd 数组。此时 newAdd 的长度为 1,下标为 0。新添加的图片也会添加至 imageList 数组,其索引在 imageList 中下标为 2。当用户又想删除这张图片时,点击"删除"按钮,清除 imageList 中下标为 2 的元素,同时删除 newAdd 中下标为 0 的元素。

考虑到云储存的容量有限,为了减少冗余,对用户不再想要的图片进行删除。对删除图片采用 delImage 数组存储图片的 fileID。用户点击"删除"按钮时,前台会返回该图片对应在 imageList 的下标。根据下标取出对应的 fileID 或者本地路径放进 delImage 数组中。同时删除该下标在 imageList 中的对应元素。在用户保存更改时会将用户不需要的图片根据 delImage 中的 fileID 从云储存中删除,达到减少冗余的目的。

删除图片的流程如图 22-4 所示。

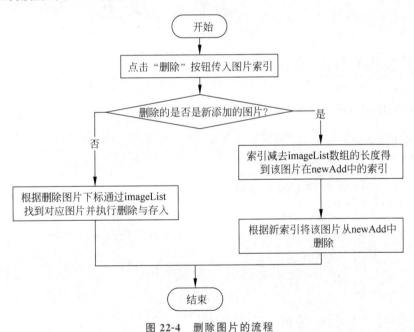

图 22-4 删除图片的流程

22.2.3 代码说明

点击图片右上角的"删除"按钮删除当前图片,具体过程如下:首先获取要删除的图片下标 id,利用 splice 函数进行数组图片的删除时,splice(id,1)将会删除 imageList 第 id+1 个元素。如果返回的索引减去 imageList 的长度小于零,说明不是 newAdd 中的图片,就不会修改 newAdd 中的元素。具体代码如下所示:

```
1.    /* 点击图片右上角的"删除"按钮删除当前图片事件 */
2.    removeImage(e) {
3.      var that = this
4.      var id = parseInt(e.currentTarget.id)
5.      console.log(id)
6.      console.log(parseInt(this.data.newAdd.length))
7.      this.data.delImage.push(this.data.imageList[id])
8.      // console.log("删除图片" + ((id - parseInt(this.data.newAdd.length) - 1)))
9.      console.log(this.data.delImage)
10.     this.data.imageList.splice(id, 1)
11.     if ((id - parseInt(this.data.imagesOldLen)) >= 0) {
12.       console.log("从新添加的里面删除: " + (id - parseInt(this.data.imagesOldLen)))
13.       this.data.newAdd.splice((id - parseInt(this.data.imagesOldLen)), 1)
14.     }
15.     console.log("改变后的新数组为")
16.     console.log(this.data.newAdd)
17.     this.setData({
18.       "imageList": that.data.imageList,
19.       "listLength": that.data.imageList.length
20.     })
21.   },
```

22.3　图片缩略图预览

点击图片的缩略图可进行预览,具体代码如下:

```
1.    /* 预览图片 */
2.    handleImagePreview(e) {
3.      const idx = e.target.dataset.idx
4.      const imageList = this.data.imageList
5.      wx.previewImage({
6.        current: imageList[idx],          //当前预览的图片
7.        urls: imageList,                  //所有要预览的图片
8.      })
9.    },
```

22.4　上传图片到数据库

上传图片到云开发数据库主要用到了 wx.cloud.uploadFile 函数,由于在上传图片后得到图片的路径才能更新 goods 表,因此为了不让 JavaScript 语句异步执行,下述代码用到了 promise 语法。简单来说,promise 中的语句是顺序执行的,只有使用 resolve 语句才能结束当前 promise。下列代码将商品的一张展示缩略图和其他图片分开上传,并在上传完展示缩略图后更新 goods 表。第二个 promise 用于上传其他图片,并在得到了图片数组的 URL 后将其存入 goods_introduce 表,后台使用两个云函数 update 与 addGoodsIntro 分别用于数据库两张表的更新,其详细代码如下所示:

```
1.    /* 添加商品页面 */
2.    /* 新增商品 */
3.  addGoods(e) {
4.    var that = this
5.    //获取表单中的数据
6.    var _description = e.detail.value.description
7.    var _name = e.detail.value.name
8.    //省略其他数据的获取
9.    if (this.checkValidate(_description, _name, _price, ...其他参数)) { //检查数据有效性
10.      const db = wx.cloud.database();
11.      console.log(e)
12.      wx.showLoading({ title: '正在上传...', })
13.      let promise = new Promise(function (resolve, reject) {
14.        wx.cloud.callFunction({
15.          name: 'addGoods',
16.          data: {
17.            name: e.detail.value.name,
18.            price: parseFloat(e.detail.value.price),
19.          },
20.          success: function (res) {
21.            console.log('callFunction test result: ', res)
22.            that.data.goodsId = res.result._id
23.            that.setData({ iconUrl: that.data.imageList[0] })
24.            //上传一张展示缩略图
25.            wx.cloud.uploadFile({
26.              filePath: that.data.iconUrl,
27.              cloudPath: that.data.goodsId + 'ico' + that.data.iconUrl.match(/\.[^.]+?$/)[0],
28.              success: res => {
29.                console.log("上传头像成功")
30.                console.log(res)
31.                that.data.iconUrl = res.fileID
32.                wx.cloud.callFunction({        //得到缩略图 URL 后, 调用'upDate'云函数更新
33.                                               //goods 表
34.                  name: 'upDate',
35.                  data: {
36.                    name: _name,
37.                    price: parseFloat(_price),
38.                    description: _description,
39.                    storage: parseFloat(_storage),
40.                    specification: _specification,
41.                    _id: that.data.goodsId,
42.                    status: 1,
43.                    iconUrl: that.data.iconUrl,
44.                    goodsClassify: _category,
45.                  },
46.                  success: function (res) {
47.                    resolve()                  //退出当前 Promise
48.                    wx.showToast({ title: '提交成功!', icon: 'success', duration: 2000, })
```

```
49.                     }
50.                 })
51.             }
52.         })
53.     }
54.   })
55. })
56. promise.then(res => {
57.     let promise2 = new Promise(function (resolve, reject) {      //用于保存其他展示图片
58.         that.data.imageList.forEach(function (item, index) {      //遍历图片数组 imageList
59.             wx.cloud.uploadFile({
60.                 filePath: item,
61.                 cloudPath: that.data.goodsId + 'img' + (index + that.data.imageList.length) +
     item.match(/\.[^.]+?$/)[0],
62.                 success: res => {
63.                     that.data.imageList[index] = res.fileID
64.                     if (index == (that.data.imageList.length - 1)) {
65.                         resolve()                                 //promise2 结束
66.                     }
67.                 }
68.             })
69.         })
70.     })
71.     promise2.then(res => {
72.         wx.cloud.callFunction({
73.         //得到图片数组的 URL 后,调用'addGoodsIntro'云函数更新 goods_introduce 表
74.             name: 'addGoodsIntro',
75.             data: {
76.                 _id: that.data.goodsId,
77.                 text: e.detail.value.description,
78.                 images: that.data.imageList
79.             },
80.             success: function (res) {
81.                 wx.hideLoading()
82.                 wx.showToast({ title: '上传图片成功', icon: 'success', duration: 2000, })
83.                 console.log(res)
84.             },
85.             fail: function (res) {
86.                 console.log(res)
87.                 wx.hideLoading()
88.                 wx.showToast({ title: '上传图片失败!', icon: 'none', duration: 2000, })
89.             }
90.         })
91.     })
92.     })
93. } else {
94.     that.showToast();
95. }
96. },
```

22.5　本章小结

　　本章针对扶贫超市的商品图片上传功能进行了详细的功能展示与代码讲解,此处用到了前端的图片选择、预览等 API 函数,在进行图片上传时还涉及 wx. cloud. uploadFile 函数的使用,该函数可将图片存入云空间,后续再调用云函数进行数据库集合(表)字段的更新。这些关键代码需要仔细阅读,在本章中均用加粗字体进行提示。另外,本章图片上传内容与第 16 章新增和修改商品信息的内容实际上是在同一界面,因此本章所调用的云函数在第 16 章已给出相应代码,应将两章相结合并深入体会。

第 **6** 篇

综合案例实战

第23章

扶贫超市项目功能完善

本章是本书的最后一章,着重于扶贫超市项目的其他功能完善。由于完整项目功能较多,特别是关于顾客端的订单与管理员端的订单管理、派送管理等,代码量巨大,因此本书中不对这些功能展开介绍。本章主要围绕顾客端购物功能展开,顾客从首页或分类页点击心仪商品,进入详情页进行查看后将其添加入购物车,而后提交订单、选择正确的收货地址,最后确认订单、支付,整个流程将在本章中进行完善。本章的难点部分在于支付,另外在书中给出的代码仅为部分参考代码,完整代码可参见本书配套资源。

视频讲解

23.1 商品详情

23.1.1 实现效果

商品详情页第一部分使用了滑动块组件,中间部分是一些商品的信息,底部是纵向的可滑动商品图片展示。具体如图 23-1 所示。

23.1.2 商品详情页面 WXML 代码

商品详情页面的 WXML 代码如下:

```
1.   < view class = "container">
2.       < swiper class = "swiper_box" indicator - dots = "{{indicatorDots}}" vertical = "{{vertical}}"
   autoplay = "{{ autoplay }}" interval = "{{ interval }}" duration = "{{ duration }}">
3.           < block wx:for = "{{ goodsIntroduce.imagesUrl }}" wx:key = "">
4.               < swiper - item > < image src = "{{ item }}" data - index = "{{ index }}"
   bindtap = "previewImage" />
5.               </swiper - item >
6.           </block >
```

```
7.        </swiper>
8.        <view class = "shopping_container">
9.            <view class = "name">{{ goods.name }}</view>
10.           <view class = "price">￥{{ goods.price }}/{{goods.specification}}</view>
11.           <text class = "remark">{{ goods.star }}</text>
12.           <view>
13.               <text>{{ goodsIntroduce.text }}</text>
14.               <view wx:for = "{{goodsIntroduce.imagesUrl}}">
15.                   <image src = "{{item}}"></image>
16.               </view>
17.           </view>
18.       </view>
19.       <view class = "btn-plus" bindtap = "addCart">
20.           <image class = "icon" src = "../../images/iconfont-plus-circle.png" />
21.           <text>加入购物车</text>
22.       </view>
23. </view>
```

(a) 商品分类页面

(b) 商品详情页面

图 23-1　查看商品详情步骤

23.1.3　JS 代码

商品详情页面接收从上一个页面传递的商品 ID,并利用该 ID 向后台发起请求得到商品的简单信息以及商品图片的 URL。

1. 分类页面跳转函数

分类页面的跳转至商品详情页的逻辑函数代码如下：

```
1.   //分类页面 shop/pages/classify/index.js
2.    /* 跳转至商品详情页 */
3.   navigateTo(e) {
4.     console.log(e)
5.     wx.navigateTo({ url: '/pages/detail/index?id = ' + e.currentTarget.dataset.id });
6.   },
```

2. 详情页面查询商品信息

在详情页面的 onLoad 生命周期函数中，分别访问 goods 与 goods_introduce 表，获取当前商品的基本信息与详细信息，goods_introduce 表中还包含重要的商品介绍图片 URL，详细代码如下：

```
1.   //详情页面 shop/pages/detail/index.js
2.   onLoad(option) {
3.     wx.showLoading({ title: 'loading', });
4.     wx.showNavigationBarLoading();
5.     wx.cloud.init();
6.     App.getDBPromise({                          //查询 goods 表获取商品基本信息
7.       db_name: 'goods',
8.       entity: { _id: option.id }
9.     }).then(res => {
10.       this.setData({
11.         goods: res.data[0],
12.         id: option.id
13.       });
14.     }).catch(err => {
15.     });
16.     App.getDBPromise({
17.       db_name: 'goods_introduce',              //获取商品详细信息,包括商品图片的链接
18.       entity: { goodsId: option.id }
19.     }).then(res => {
20.       this.setData({ goodsIntroduce: res.data[0], });
21.       wx.hideLoading();
22.       wx.hideNavigationBarLoading();
23.       wx.stopPullDownRefresh();
24.     }).catch(err => {
25.     });
26.   },
```

视频讲解

23.2 加入购物车

23.2.1 实现效果

点击详情页底部的"加入购物车"按钮,若是第一次加入该商品,提示"成功添加到购物车"。若商品已在购物车中,提示"该商品已在购物车中",点击"去查询按钮"可跳转至购物车页面,完整过程如图 23-2 所示。

(a) 点击"加入购物车"按钮

(b) 加入成功

(c) 重复加入给出提示

(d) 进入购物车可看到添加商品

图 23-2 加入购物车步骤

23.2.2　JS 代码

　　将商品加入购物车之前需要查询 cart 表，查看当前商品是否已在购物车中。查询的条件共有 3 个，分别是用户的 openid、商品的 id、代表是否被删除的字段 status。若当前商品已在购物车中，给出弹窗提示，若不在购物车中，使用 add 关键字在 cart 表中插入记录，详情页面 JS 代码如下所示：

```
1.  /* "加入购物车"按钮的处理函数 */
2.    addCart(e) {
3.      const db = wx.cloud.database();
4.      //先查询是否已在购物车中
5.      db.collection('cart').where({
6.        openId: App.globalData.userInfo.openId,
7.        goodsId: this.data.goods._id,
8.        status: 1
9.      }).get().then(res => {
10.       if (res.data.length > 0) {
11.         //已在购物车中就进行提示
12.         wx.showModal({ title: '提示', content: '该商品已在购物车中!',
13.           confirmText: "去查看",
14.           success: res => {
15.             if (res.confirm) {
16.               wx.switchTab({ url: '/pages/cart/index', })
17.             }
18.           },
19.         })
20.       } else { //否则就添加到购物车中(现在默认数量为1)
21.         var cart = {
22.           openId: App.globalData.userInfo.openId,
23.           goodsId: this.data.goods._id,
24.           amount: 1,
25.           addTime: "" + new Date().getTime(),
26.           status: 1,
27.           clearTime: null
28.         }
29.         db.collection('cart').add({
30.             data: cart
31.           }).then(res => {
32.             wx.showModal({ title: '提示', content: '成功添加到购物车!',
33.               confirmText: "去查看",
34.               success: res => {
35.                 if (res.confirm) {
36.                   wx.switchTab({ url: 'pages/cart/index', })
37.                 }
38.               },
39.             })
40.           }).catch(console.error)
41.       }
42.     }).catch(err => {
43.     });
44.   },
```

视频讲解

23.3 编辑购物车

23.3.1 实现效果

编辑购物车主要指对购物车中多选的商品进行删除，以及对数量的控制，如图 23-3 所示。

(a) 页面说明

(b) 增加数量与勾选

(c) 删除提示

(d) 删除成功

(e) 清空购物车提示

(f) 空购物车

图 23-3 编辑购物车实现效果

23.3.2 JS 代码

1. 页面初始数据与生命周期函数

页面的初始数据包括存放购物车商品记录的数组 carts、存放商品的数组 goodsMap、存放商品所有 id 的数组 goodsIdArray、用户选中的商品 id 数组 checkedIds 等。生命周期函数 onLoad 首先从缓存获取数据，再通过 getCarts 函数获取购物车条目与所对应的商品信息。由于购物车页面属于底部 tabBar 页面之一，而 tabBar 的切换只会调用 onShow，因此刷新数据需要重新调用 onLoad，详细代码如下：

```
1.  data: {
2.      carts: [],
3.      goodsMap: {},
4.      canEdit: false,
5.      goodsIdArray: [],
6.      checkedIds: [],
7.      checked: [],
8.      canConfirm: false
9.  },
10. onLoad() {
11.     //先从缓存获取数据
12.     var carts = wx.getStorage('carts');
13.     var goodsMap = wx.getStorage('cartsGoodsMap');
14.     this.setData({
15.       carts: carts,
16.       goodsMap: goodsMap
17.     });
18.     wx.showLoading({ title: 'loading', });
19.     this.getCarts();              //请见 2.获取购物车信息
20. },
21. onShow() {                       //存在用户通过 switchTabBar 进入该页面，触发 ononShow
22.     this.onLoad()                //重新再次调用 onLoad 刷新数据
23. },
```

2. 获取购物车信息

获取购物车商品信息调用了 app.js 中封装的 getDBPromise 方法（详情可见 16.2.3 节，主要是利用 where 与 get 关键字查询表中的所有记录），查询完 cart 表后再根据购物车中涉及的商品查询所有的商品信息，此处也用到了 db.command.in 传入商品 id 数组进行批量查询。详细代码如下：

```
1.  /* 获取购物车信息 */
2.  getCarts() {
3.      wx.showNavigationBarLoading();
4.      app.getDBPromise({
5.        db_name: 'cart',
6.        entity: {
```

```
7.          openId: app.globalData.userInfo.openId,
8.          status: 1
9.        }
10.     }).then(res => {
11.       console.log("获取用户购物车信息成功",res);
12.       var resCarts = res.data;
13.       //通过购物车信息获取商品信息,并将购物车信息中的goodsId字段提取出来
14.       var goodsIdArray = resCarts.map(obj => {
15.         return obj.goodsId
16.       });
17.       app.getDBPromise({
18.         db_name: 'goods',
19.         entity: { _id: db.command.in(goodsIdArray), }
20.       }).then(res => {                            //通过用户购物车信息获取商品信息成功
21.         //将商品信息映射成"id: goods"的map,以免出现购物车信息与商品信息不对应情况
22.         var goodsMap = {};
23.         res.data.forEach(element => {
24.           goodsMap.push(element);                //goodsMap 数组追加元素
25.         });
26.         this.setData({
27.           carts: resCarts,
28.           goodsMap: goodsMap,
29.           goodsIdArray: goodsIdArray,
30.           checked: new Array(res.data.length).fill(false),
31.           'prompt.hidden': res.data.length > 0, //是否显示一个购物车为空的页面模板
32.         });
33.         wx.setStorage({ data: resCarts, key: 'carts', });
34.         wx.setStorage({ data: goodsMap, key: 'cartGoodsMap', })
35.       }).catch(err => { console.error("通过用户购物车信息获取商品信息失败",err);
36.       });
37.     }).catch(err => { console.error("获取用户购物车信息失败", err);
38.     }).then(() => {
39.       wx.hideLoading();                          //隐藏加载提示框
40.       wx.hideNavigationBarLoading();
41.       wx.stopPullDownRefresh();
42.     });
43.   },
```

3. 购物车页面商品数量的更改

1) 小程序端

商品数量更改分为两步:首先是对页面数据的更新;其次是调用云函数 updateCart 进行数量的更改。小程序端 putCartByUser 函数代码如下:

```
1.    /* 更新购物车商品的数量 */
2.    putCartByUser(id, amount) {
3.      //先更新本地信息再更新数据库
```

```
4.      var index = this.data.goodsIdArray.indexOf(id);          //获取下标
5.      this.setData({ ["carts[" + index + "].amount"]: amount });
6.      console.log("购物车商品数量本地信息更新成功");
7.      //调用云函数更新数据库
8.      wx.cloud.callFunction({
9.        name: "updateCart",
10.       data: {
11.         openId: app.globalData.userInfo.openId,
12.         goodsIds: id,
13.         amount: amount
14.       },
15.       success: res => { console.log("数据库更新成功") }
16.     })
17.   },
```

点击商品数量编辑框右边的小加号触发 increase 函数,将 amount 值加 1,再调用 putCartByUser 访问数据库修改 amount 值。increase 函数代码如下:

```
1.    /* 增加数量 */
2.    increase(e) {
3.      const id = e.currentTarget.dataset.id          //获取目前的商品 ID
4.      const amount = parseInt(e.currentTarget.dataset.amount)    //获取商品数量并转换为 INT 类型
5.      if (amount + 1 < 100) {
6.        this.putCartByUser(id, amount + 1);
7.      }
8.    },
```

与增加数量类似,decrease 函数可对 amount 值进行减 1 操作,再调用 putCartByUser 函数,不同的是增加了 amount 值减为 0 的判断,减为 0 时提示用户是否要删除该商品,等待用户确认后调用 delgood 函数,传入当前商品的 id 进行删除。decrease 函数代码如下:

```
1.    /* 减少数量 */
2.    decrease(e) {
3.      const id = e.currentTarget.dataset.id
4.      const amount = parseInt(e.currentTarget.dataset.amount);
5.      if (amount - 1 <= 0) {
6.        wx.showModal({ title: "警告",
7.          content: "这样做会使商品从购物车中移除,是否继续?",
8.          success: res => {
9.            if (res.confirm) {
10.               this.delgood([id]);
11.           }
12.         },
13.         fail: err => { console.error(err); }
14.       })
15.     } else { this.putCartByUser(id, amount - 1); }
16.   },
```

2）云函数 updateCart

云函数 updateCart 首先通过传入的 openid、goodsid 查询 cart 表中所有状态为 1 的即未被删除的商品，然后再对该条记录的 amount 字段进行更新，详细代码如下：

```
1.   const cloud = require('wx-server-sdk')
2.   cloud.init()
3.   const db = cloud.database()
4.   //云函数入口函数
5.   exports.main = async (event, context) => {
6.     try {
7.       return await db.collection('cart').where({
8.         openId: event.openId,
9.         goodsId: event.goodsId,
10.        status:1
11.      }).update({ data: { amount: event.amount } })
12.    } catch (e) { console.log(e) }
13.  }
```

4. 删除和清空购物车商品

1）小程序端

删除和清空购物车类似，都是传入选中商品的 id 数组，并调用名为 delCartGoods 的云函数进行商品状态的更新以完成删除，即名义上是删除，实则是调用 update 进行更新操作。小程序端 delgood 函数与 clear 函数代码如下：

```
1.   /* 删除购物车商品 */
2.   delgood(goodsIds) {
3.     cloud.init();                          //云函数初始化
4.     wx.cloud.callFunction({
5.       name: "delCartGoods",
6.       data: {
7.         openId: app.globalData.userInfo.openId,
8.         goodsIds: goodsIds
9.       },
10.      success: res => {
11.        wx.hideLoading()
12.        wx.showToast({ title: '删除成功', })
13.        this.getCarts();                   //刷新购物车
14.        this.setData({                     //设置 canEdit 和 canConfirm
15.          canEdit: false,
16.          canConfirm: false,
17.          checkedIds: [],
18.          checked: new Array(this.data.goodsIdArray.length).fill(false)
19.        })
20.      }
21.    })
22.  },
```

```
23.   /* 清空购物车 */
24.   clear() {
25.     wx.showModal({ title: '友情提示', content: '确定要清空购物车吗?',
26.       success: res => {
27.         if (res.confirm) {
28.           this.delgood(this.data.goodsIdArray) //清空用户购物车
29.         }
30.       }
31.     })
32.   },
```

2）云函数 delCartGoods

由于是多选删除，因此云函数 delCartGoods 也利用用户的唯一 openid、商品 id 数组 goodsIds 查找多条记录进行更新，这里用到了一个特殊语法 db.command.in 提交一个数组进行查询，而不是利用 for 循环逐条删除。另外值得注意的是，由于 JavaScript 异步的特性，for 循环在多数时候都不适用。完整代码如下所示：

```
1.   cloud.init()
2.   const db = cloud.database()
3.   exports.main = async(event, context) => {
4.     try {
5.       return await db.collection('cart').where({
6.         openId: event.openId,
7.         goodsId: db.command.in(event.goodsIds)
8.       }).update({
9.         data: {
10.          status: 2,
11.          clearTime: new Date().getTime() + ""
12.        }
13.      })
14.    } catch (e) { console.log(e) }
15.  }
```

23.4　结算与确认订单

23.4.1　实现效果

视频讲解

购物车页面有多个商品项，需要记住用户勾选商品的 checkedIds，可将其存入本地缓存，以便后续使用。点击"去结算"按钮后，跳转至下一订单确认页，如图 23-4 所示。

(a) 勾选后点击"去结算"按钮　　　　(b) 进入订单确认页

图 23-4　结算与确认步骤

23.4.2　确认订单页面 WXML 代码

为方便查看,下述代码去掉了 view 的样式属性,详细代码可自行参考本书配套资源。订单确认页面 WXML 代码如下:

```
1.  <view>
2.    <view bindtap = "toChooseAddress">
3.      <view wx:if = "{{address}}">
4.        {{ address.name }} {{ address.phone }}</view>
5.      <view wx:if = "{{!address._id}}">点击设置收货地址</view>
6.      <view wx:if = "{{address}} ">
7.        {{ address.postCode }} {{ address.province }}{{ address.city }}
   {{ address.detailInfo }}</view>
8.      <view class = "addr">
9.        <image class = "icon " src = "../../../images/iconfont-addr-default.png " />
10.     </view>
11.   </view>
12.  </view>
13.  <view>
```

```
14.    <view>
15.      <view>
16.        <view>订单总价</view>
17.        <view>￥ {{ order.orderPrice }}</view>
18.      </view>
19.    </view>
20.    <view>
21.      <view wx:for = "{{ orderGoodsList }} " wx:key = " ">
22.        <view>{{ checkedGoods[index].name }}</view>
23.        <view>x{{ item.amount }} ￥ {{ item.goodsPrice }}</view>
24.      </view>
25.    </view>
26.  </view>
27.  <view>
28.    <radio - group name = "deliveryType " bindchange = "setDeliveryType ">
29.      <label wx:for = "{{ deliveryTypes }} ">
30.        <radio value = "{{ item.value }} " checked = "{{ item.checked }} " />
31.        <view>{{ item.type }}</view>
32.      </label>
33.    </radio - group>
34.  </view>
35.  <navigator bindtap = "addOrder">提交订单</navigator>
```

23.4.3　JS 代码

在购物车页面点击"去结算"按钮会触发 confirmOrder 函数,该函数首先访问 getTime 云函数获得系统时间,并将该时间字符串存入本地缓存。而后利用需要记住用户当前的选择状态,把已勾选的商品项 checkedIds 数组存入本地缓存。为防止点击"确定"按钮后重复提交,还需要将页面变量 canEdit、canConfirm 等都设为 false,最后调用 wx.navigateTo 跳转至订单确认页面。详细代码如下所示:

```
1.  //购物车页面
2.  /* 确认订单或是结算 */
3.  confirmOrder(e) {
4.    wx.cloud.callFunction({
5.      name: 'getTime'
6.    }).then(res = > {
7.      wx.setStorageSync('time', res.result.time);
8.      if (this.data.checkedIds.length > 0) {
9.        wx.setStorageSync('checkedIds', this.data.checkedIds); //将购物车信息存放到缓存
10.       this.setData({                                         //设置 canEdit 和 canConfirm
11.         canEdit: false,
```

```
12.            canConfirm: false,
13.            checkedIds: [ ]
14.          });
15.          wx.navigateTo({ url: "/pages/order/confirm/index" }) //跳转到订单确认页面
16.        }
17.      });
18.    },
```

视频讲解

23.5　设置收货地址

23.5.1　实现效果

在订单确认页面的顶部会显示用户当前的默认地址,用户可以通过点击该地址进入地址选择页面,该页面显示了用户的所有收货地址,并有一个默认地址被标记为红色。所有地址条目的头部均有一个单选按钮,选中后即可返回。在地址选择页面还可进行的其他操作包括编辑(会跳转到编辑页)、设置默认地址、新增地址(会跳转到新增地址页)。操作界面如图 23-5 所示。

(a) 确认订单页

(b) 点击顶部收货地址

图 23-5　设置收货地址操作

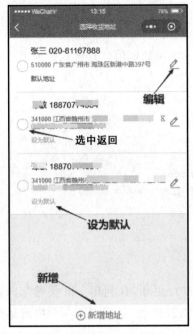 

(c) 地址选择页面所有操作 (d) 编辑页面

图 23-5 （续）

23.5.2 JS 代码

1. 获取所有收货地址列表

getAddressList 函数用于获取所有收货地址列表,首先利用用户的唯一 openid 在 address 表中查询状态为 1 的项,即用户的可用收货地址,获取成功后直接利用 setData 进行赋值。具体代码如下:

```
1.   /* 获取用户的收货地址列表 */
2.   getAddressList() {
3.     console.log("地址页面获取用户地址列表");
4.     db.collection('address').where({
5.       openId: App.globalData.userInfo.openId,
6.       status: 1
7.     }).get().then(res => {
8.       this.setData({
9.         addressList: res.data,
10.      });
11.    }).catch(console.error).then(() => {
12.      wx.stopPullDownRefresh();
13.    });
14.  },
```

2. 获取默认收货地址

getDefalutAddress 函数用于获取默认收货地址，利用用户的唯一 openid 在 user 表中查询该用户信息并返回该条记录，获取成功后可直接利用 setData 函数赋值。具体代码如下：

```
1.  /* 获取默认收货地址 */
2.  getDefalutAddress() {
3.    db.collection('user').where({
4.      openId: App.globalData.userInfo.openId
5.    }).get().then(res => {
6.      console.log("获取默认收货地址 id 成功", res)
7.      this.setData({ defaultAddress: res.data[0].defaultAddress });
8.    }).catch(console.error);
9.  },
```

3. 添加地址

添加地址函数 addAddress 主要是对 address 表进行更新，在利用 add 关键字向数据库插入记录之前，首先需要利用 API 函数 wx.chooseAddress 选择地址，而后从 res 中提取地址详情赋值给变量 address。详细代码如下所示：

```
1.  /* 添加地址 */
2.  addAddress(e) {
3.    wx.chooseAddress({                              //可以查看微信客户端保存的用户地址
4.      success: res => {
5.        console.log("获取到用户地址信息", res);
6.        //更新用户地址信息
7.        var address = App.getAddress();            //App 中封装的函数 getAddress,主要是对
8.                                                    //address 的初始化
9.        address.openId = App.globalData.userInfo.openId;
10.       address.name = res.userName;
11.       address.phone = res.telNumber;
12.       address.postCode = res.postalCode;
13.       address.province = res.provinceName;
14.       address.city = res.cityName;
15.       address.status = 1;
16.       address.detailInfo = res.countyName + res.detailInfo;
17.       db.collection('address').add({
18.         data: address
19.       }).then(res => {
20.         console.log(res);
21.         wx.showToast({ title: '添加成功', mask: true, });
22.         this.onPullDownRefresh();
23.       });
24.     },
25.     fail: err => {
```

```
26.          console.log("获取到用户地址信息失败", err);
27.        }
28.    });
29.  },
```

4. 编辑地址并更新

updataAddress 函数用于编辑地址并更新,在用户编辑完成后点击"确定"按钮时触发。首先检查表单数据的完整性,若用户设置了当前地址为默认地址,还能调用 setDefalutAddress 函数设置默认地址(该函数在本节末尾会讲到),最后再对 address 表进行更新。详细代码如下:

```
1.  /* 更新地址信息 */
2.    updataAddress(e) {
3.        var address = this.data.address;
4.        if (!(address.name && address.phone && address.city && address.detailInfo)) {
5.            wx.showToast({ title: "信息不完整", icon: 'error', mask: true, })
6.        } else {
7.            if (this.data.isDefault && this.data.addressId != this.data.defaultAddress) {
8.                this.setDefalutAddress(this.data.addressId);
9.            }
10.           db.collection('address').doc(this.data.addressId).update({
11.               data: {
12.                   openId: this.data.address.openId,
13.                   name: this.data.address.name,
14.                   phone: this.data.address.phone,
15.                   postCode: this.data.address.postCode,
16.                   province: this.data.address.province,
17.                   city: this.data.address.city,
18.                   detailInfo: this.data.address.detailInfo
19.               }
20.           }).then(res => {
21.               wx.showToast({ title: "修改成功!", icon: 'success', mask: true, })
22.           }).catch(err => { console.error(err); });
23.        }
24.    },
```

5. 删除地址信息

删除地址信息实际上并没有使用云函数中的 remove 关键字在数据库中删除记录,而是找到通过地址的 id 进行状态字段 status 的更新,其具体代码如下:

```
1.  /* 删除地址信息 */
2.    deleteAddress() {
3.        var msg = (this.data.addressId == this.data.defaultAddress) ? '该地址为默认地址,确定删除?' : '确认删除?';
4.        wx.showModal({ title: '警告', content: msg,
```

```
5.              success: res => {
6.                  if (res.confirm) {
7.                      db.collection('address').where({
8.                          _id: this.data.addressId
9.                      }).update({
10.                         data: { status: 0 }
11.                     }).then(res => {
12.                         wx.showToast({ title: "删除成功!", icon: 'success', mask: true, })
13.                     }).catch(err => { console.error(err); });
14.                 }
15.             }
16.         })
17.     },
```

6. 设置为默认地址

1）小程序端

设置收货地址的小程序端代码十分简单，主要是调用名为 setDefalutAddress 的云函数，并传入用户的 openid 以及用户点击的收货地址 id，其详细代码如下：

```
1.  /* 设置默认收货地址 */
2.  setDefalutAddress(e) {
3.    const id = e.currentTarget.dataset.id
4.    wx.cloud.callFunction({
5.      name: 'setDefalutAddress',
6.      data: {
7.        openId: App.globalData.userInfo.openId,
8.        addrid: id
9.      },
10.     success: res => {
11.       wx.showToast({ title: '设置成功!', con: 'none', duration: 1000, })
12.       this.setData({ defaultAddress: id });
13.     }
14.   })
15.   },
```

2）云函数 setDefalutAddress

云函数 setDefalutAddress 主要是根据用户的 openId 在 user 表中查找到相应的用户，并对用户的默认地址即 defaultAddress 字段进行更新，其详细代码如下：

```
1.  // shop/cloudfunctions/setDefalutAddress/index.js
2.  const cloud = require('wx-server-sdk')
3.  cloud.init()
4.  const db = cloud.database()
5.  //云函数入口函数
```

```
6.  exports.main = async(event, context) => {
7.    return db.collection('user').where({
8.      openId: event.openId
9.    }).update({
10.     data: { defaultAddress: event.addrid }
11.   })
12. }
```

视频讲解

23.6　提交订单

23.6.1　实现效果

在设置好收货地址后点击"提交订单"按钮可跳转到支付,其实现效果如图 23-6 所示。

(a) 正在提交订单 　　　　　　　　　　　(b) 跳转支付

图 23-6　提交订单步骤

23.6.2　JS 代码

提交订单的函数 submitOrder 主要涉及对订单表 order 以及订单与商品相对应的 orderGoods 表的更新,最后跳转到支付,其详细代码如下所示:

```
1.    /* 提交订单 */
2.    submitOrder() {
3.        if (!this.data.address) {
4.        wx.showModal({title: '提示',content: '您还未选择收货地址!',showCancel: false, })
5.        return;
6.        }
7.        wx.showLoading({ title: '正在提交订单...', mask: true, });
8.        //先向 order 表添加一条记录
9.        this.data.order.addressId = this.data.address._id;
10.       this.data.order.createTime = new Date().getTime() + "";
11.       db.collection('order').add({
12.         data: this.data.order
13.       }).then(res => {
14.       console.log("订单添加成功!");
15.       //再提交 orderGoodsList
16.       for (var i = 0; i < this.data.orderGoodsList.length; i++) {
17.         db.collection('orderGoods').add({
18.           data: this.data.orderGoodsList[i]
19.         }).then(res => {
20.           console.log("添加 orderGoods 数据" + i + "成功!");
21.         }).catch(err => { console.error(err); });
22.       }
23.       this.clear();                          //调用 clear 函数清空购物车
24.     }).catch(err => { console.error(err); }).then(() => {
25.       wx.hideLoading();
26.       this.goToPay();                        //再跳转支付
27.     });
28.   },
```

视频讲解

23.7　支付

23.7.1　支付流程说明

1. 总流程

支付算得上是商品类购物软件的核心功能,也是较为复杂的功能。完成支付总共需要 3 个步骤,首先在微信公众平台绑定商户完成账号关联,获得支付权限后再调用统一下单接口生成一个生成预支付交易单并得到 prepay_id,最后调用支付接口出现使用微信支付时的支付窗口。支付流程如图 23-7 所示。

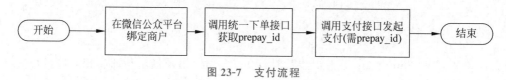

图 23-7　支付流程

2. 绑定商户

微信支付交易发起依赖于公众号、小程序、移动应用等的 AppID 与商户号(即 MCHID)的绑定关系,因此商户在完成签约后,需要确认当前商户号同 AppID 的绑定关系才可使用。商户经营者需要自行在商户平台注册账号成为微信支付的商户,链接为 https://pay.weixin.qq.com/index.php/core/home/login。选择"商户平台"→"产品中心"→"账号关联"(进行 AppID 绑定),再进入授权申请页面,如图 23-8 所示。

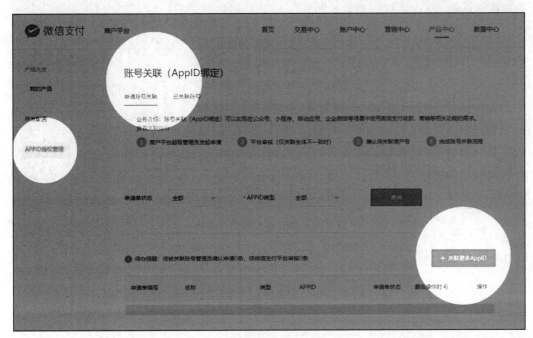

图 23-8　账号关联

填写相关信息以认证 AppID,阅读并签署《微信支付商户号与 AppID 授权协议》,点击"下一步"按钮提交,发起授权申请。操作界面如图 23-9 所示。

发起授权申请后,需自行前往对应平台确认授权申请。如在小程序的微信公众平台,选择"微信支付"→"商户号管理",查看相关商户号信息,确认授权申请,或在"公众平台安全助手"下的模板消息中确认授权信息后,即可绑定成功。

3. 调用统一下单接口

商户在小程序中先调用统一下单接口在微信支付服务后台生成预支付交易单,返回正确的预支付交易后发起支付。值得一提的是调用统一下单接口返回的是 XML,需要进行 XML 解析。其中统一下单接口链接如下:

```
https://api.mch.weixin.qq.com/pay/unifiedorder
```

请求时需要封装的参数格式详情参见官方文档:

```
https://pay.weixin.qq.com/wiki/doc/api/wxa/wxa_api.php
```

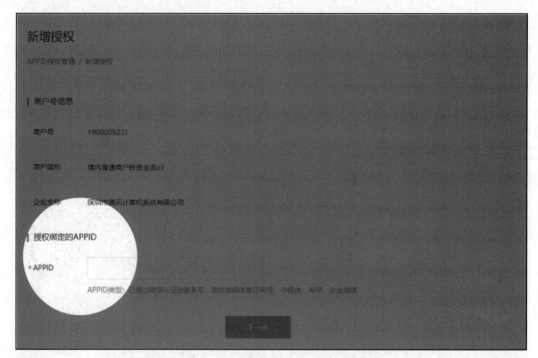

图 23-9　绑定小程序的 AppID

调用统一下单接口生成 prepay_id 的流程如图 23-10 所示。

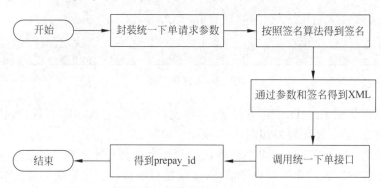

图 23-10　调用统一下单接口生成 prepay_id 的流程

4. 调用支付接口

调用 wx. requestPayment(Object) 发起微信支付时传入的 object 包括的数据主要有签名、prepay_id、时间戳等，具体如表 23-1 所示。

表 23-1　调用支付接口所需函数

参　　数	类　　型	是否必填	说　　明
timeStamp	string	是	时间戳从 1970 年 1 月 1 日 00：00：00 至今的秒数，即当前的时间
nonceStr	string	是	随机字符串，长度为 32 个字符以下

参　　数	类　　型	是 否 必 填	说　　明
package	string	是	统一下单接口返回的 prepay_id 参数值,提交格式如 prepay_id= *
signType	string	是	签名类型,默认为 MD5,支持 HMAC-SHA256 和 MD5。注意此处需与统一下单的签名类型一致
paySign	string	是	签名,具体签名方案参见微信公众号支付帮助文档
success	function	否	接口调用成功的回调函数
fail	function	否	接口调用失败的回调函数
complete	function	否	接口调用结束的回调函数

签名参数 paySign 的获得参考详细文档,链接如下:

https://pay.weixin.qq.com/wiki/doc/api/wxa/wxa_api.php?chapter = 4_3

23.7.2　实现效果

支付流程及其实现效果如图 23-11 所示。

(a) 支付页面　　　　　　(b) 输入密码

图 23-11　支付流程及实现效果

(c) 正在支付

(d) 支付成功

图 23-11 （续）

23.7.3 JS 代码

1. goToPay 函数

```
1.   const pay = require("../../../assets/wxPay")
2.   /* 跳转支付 */
3.   goToPay() {
4.     wx.showLoading({ title: '跳转支付中...', });
5.     //调用引入的 wxPay.js 中的 wxPay 函数
6.     pay.wxPay(
7.       console.globalData.userInfo.openId,
8.       this.data.order,
9.       this.data.orderGoodsList,
10.      this.data.checkedGoods,
11.      console.globalData.ip
12.    ).then(res => {
13.      console.log(res);
14.      wx.showModal({ title: "提示", content: "支付是否已完成?",
```

```
15.         cancelText: "否",
16.         confirmText: "是",
17.         success: res => {
18.           if (res.confirm) {
19.             //更新订单状态
20.             db.collection('order').where({
21.               orderId: this.data.order.orderId,
22.               openId: this.data.order.openId
23.             }).update({
24.               data: { status: db.command.inc(1), }
25.             }).then(res => {
26.               console.log("订单状态更新成功", res);
27.             }).catch(err => { console.error(err); });
28.           };
29.         },
30.       });
31.     }).catch(err => { console.log(err);
32.     wx.showToast({ title: '支付失败', image: '/assets/images/error.png', mask: true, })
33.     }).then(() => {
34.       //重定向到订单详情页
35.       wx.redirectTo({ url: '/pages/order/detail/index?orderId = ' + this.data.order.orderId, });
36.     });
37.   },
```

2. wxPay.js

1）初始数据

```
1.  const md5 = require("./md5");
2.  const xml2json = require("./xml2json");
3.  const sign_type = "MD5";
4.  const key = "xxxxx"; //微信商户平台支付所需要的密钥 key
```

2）生成预支付交易单

```
1.  /* 生成预支付交易单 */
2.  function getPreOrder(xmlStr) {
3.    return new Promise((resolve, reject) => {
4.      wx.request({
5.        url: 'https://api.mch.weixin.qq.com/pay/unifiedorder',
6.        method: 'post',
7.        dataType: '其他',
8.        data: xmlStr,
9.        success: (res) => {
10.         console.log('统一下单成功',res);
```

```
11.            console.log("开始解析 XML");
12.            var resObj = xml2json(res.data).xml;
13.            let keys = Object.keys(resObj);
14.            for (var index of keys) {
15.                resObj[index] = resObj[index]['#text'];
16.            }
17.            console.log(resObj);
18.            resolve(resObj);
19.        },
20.        fail: err => { console.log('统一下单失败');
21.            reject(err);
22.        }
23.    });
24.  })
25. };
```

3) 获取随机字符串

```
1.    /* 获取随机字符串 */
2.    function getRandomStr() {
3.        var str = "";
4.        console.log("生成随机字符串");
5.        str = Math.random().toString(16).substr(2, 15);
6.        console.log("生成的随机数字字符串为: " + str);
7.        return str;
8.    };
```

4) 获取参数字符串

```
1.    /* 获取参数字符串即 key = value 格式的字符串 */
2.    function getParamStr(obj) {
3.        let paramStr = "";
4.        let keys = Object.keys(obj);
5.        keys = keys.sort();
6.        var newObj = {};
7.        for (var index of keys) {
8.            newObj[index] = obj[index];
9.        }
10.       for (var k in newObj) {
11.           paramStr += '&' + k + '=' + newObj[k];
12.       }
13.       paramStr += "&key=" + key;
14.       paramStr = paramStr.substring(1);
15.       console.log("paramStr =" + paramStr);
16.       return paramStr;
17.   };
```

5）生成签名

```
1.  /* 生成签名 */
2.  function getSign(obj) {
3.      let signStr;
4.      let paramStr = getParamStr(obj);
5.      signStr = md5.hexMD5(paramStr).toUpperCase();
6.      return signStr;
7.  };
```

6）调用微信支付接口

```
1.  /* 调用微信支付接口 */
2.  function pay(xmlStr) {
3.      return new Promise((resolve, reject) => {
4.          getPreOrder(xmlStr).then(res => {
5.              if (res.hasOwnProperty("prepay_id")) {
6.                  let payObj = {
7.                      timeStamp: '' + new Date().getTime(),
8.                      nonceStr: getRandomStr(),
9.                      package: 'prepay_id=' + res.prepay_id,
10.                     signType: sign_type,
11.                     AppID: "wxf987d040264e4883",
12.                 };
13.                 payObj['paySign'] = getSign(payObj);
14.                 console.log(payObj);
15.                 wx.requestPayment({
16.                     timeStamp: payObj.timeStamp,
17.                     nonceStr: payObj.nonceStr,
18.                     package: payObj.package,
19.                     signType: payObj.signType,
20.                     paySign: payObj.paySign,
21.                     success: (res) => {
22.                         console.log("调用微信支付成功!");
23.                         resolve(res);
24.                     },
25.                     fail: err => reject(err),
26.                 });
27.             }
28.         }).catch(err => { reject(err); })
29.     })
30. };
```

7）转换为 XML

```
1.   /* 转换为 XML */
2.   function getXmlStr(obj, sign) {
3.       var xmlStr = "";
4.       let Object = obj;
5.       Object['sign'] = sign;
6.       xmlStr += "<xml>\n";
7.       for (const key in Object) {
8.           if (Object.hasOwnProperty(key)) {
9.               const element = Object[key];
10.              xmlStr += "<" + key + ">";
11.              xmlStr += "<![CDATA[" + element + "]]>";
12.              xmlStr += "</" + key + ">\n";
13.          }
14.      }
15.      xmlStr += "</xml>\n";
16.      console.log('xmlStr = ' + xmlStr);
17.      return xmlStr;
18.  };
```

8）主函数

```
1.   /* 用于赋值与调用的主函数 */
2.   function wxPay(openid, order, orderGoodsList, goodsList, ip) {
3.       var obj = {
4.           AppID: "wxf987d040264e4883",
5.           mch_id: "1573084461",
6.           nonce_str: "",
7.           body: "食品",
8.           detail: "",
9.           out_trade_no: "",
10.          total_fee: 0,
11.          spbill_create_ip: "",
12.          notify_url: "http://www.baidu.com",
13.          trade_type: "JSAPI",
14.          openid: null,
15.          sign_type: "MD5"
16.      };
17.      obj.nonce_str = getRandomStr();
18.      obj.spbill_create_ip = ip;
19.      obj.out_trade_no = order.orderId;
20.      obj.openid = openid;
21.      obj.total_fee = order.orderPrice * 100;
22.      var detail = { goods_detail: [] };
```

```
23.    for (let index = 0; index < goodsList.length; index++) {
24.        const element = goodsList[index];
25.        detail.goods_detail.push({
26.            goods_id: element._id,
27.            goods_name: element.name,
28.            quantity: orderGoodsList[index].amount,
29.            price: element.price
30.        })
31.    }
32.    obj.detail = JSON.stringify(detail);
33.    var sign = getSign(obj);
34.    var xmlStr = getXmlStr(obj, sign);
35.    return pay(xmlStr);
36. }
```

9）模块导出

```
1.  module.exports = {
2.      getRandomStr,
3.      wxPay
4.  }
```

23.8　本章小结

本章主要介绍了扶贫超市项目中顾客端功能的实现,对从顾客进入首页或分类页点击心仪的商品,进入详情页进行查看后将商品加入购物车,而后提交订单、选择正确的收货地址,最后确认订单、支付等整个流程进行开发。完成本章的综合练习,对开发一个完整项目会有更深的理解和能力的提升。

参 考 文 献

［1］ 周文洁. 微信小程序开发零基础入门［M］. 北京：清华大学出版社，2019.

［2］ 高洪涛. 从零开始学微信小程序开发［M］. 北京：电子工业出版社，2017.

［3］ 雷磊. 微信小程序开发入门与实践［M］. 北京：清华大学出版社，2020.

［4］ 杨福海（极客学院）视频：『微信小程序』从基础到实战［EB/OL］. https://www.jikexueyuan.com/zhiye/course/34.html?type＝15.

［5］ 微信开发文档［EB/OL］. https://developers.weixin.qq.com/miniprogram/dev/framework/.

［6］ 小程序登录态管理［EB/OL］. https://www.cnblogs.com/roy-blog/p/9951927.html.

［7］ 吴胜. 微信小程序开发基础［M］. 北京：清华大学出版社，2018.

［6］ 张帆. 微信小程序项目开发实战——用 WePY、mpvue、Taro 打造高效的小程序［M］. 北京：电子工业出版社，2019.

［9］ 张帆，陈思含. 微信小程序开发零基础入门［M］. 北京：电子工业出版社，2017.